数字孪生城市建设理论与实践

王　庆　葛晓永　徐　照　吴　刚　编著

东南大学出版社
SOUTHEAST UNIVERSITY PRESS
·南京·

内 容 简 介

本书按照从理论到实践的顺序展开对数字孪生城市建设全过程的介绍,以城市中央商务区作为数字孪生城市的优先落脚点,阐述了从数据获取到系统构建再到管理集成的数字孪生城市建设与管理新方式,结合数字孪生城市工程实践,展示了未来数字孪生城市中枢管理中心的建设方案,并对 5G 通信、区块链和人工智能等新技术在数字孪生城市中的应用前景进行了展望。

本书内容翔实,观点前瞻,通俗易懂,并能用于实践,可供政府管理人员、科研人员、相关企业从业人员、高校教师、在校学生以及对数字孪生城市感兴趣的各类读者阅读、参考。

图书在版编目(CIP)数据

数字孪生城市建设理论与实践/王庆等编著.—南京:
东南大学出版社,2020.12(2024.1 重印)
ISBN 978-7-5641-9310-2

Ⅰ.①数… Ⅱ.①王… Ⅲ.①数字技术—应用—城市建设—研究 Ⅳ.①TU984-39

中国版本图书馆 CIP 数据核字(2020)第 257992 号

数字孪生城市建设理论与实践
Shuzi Luansheng Chengshi Jianshe Lilun Yu Shijian

编 著:	王 庆 葛晓永 徐 照 吴 刚
出版发行:	东南大学出版社
出 版 人:	江建中
社 址:	南京市四牌楼 2 号(邮编:210096)
责任编辑:	姜晓乐(joy_supe@126.com)
经 销:	全国各地新华书店
印 刷:	广东虎彩云印刷有限公司
开 本:	787 mm×1092 mm 1/16
印 张:	17.75
字 数:	443 千字
版 次:	2020 年 12 月第 1 版
印 次:	2024 年 1 月第 3 次印刷
书 号:	ISBN 978-7-5641-9310-2
定 价:	79.00 元

本社图书若有印装质量问题,请直接与营销部联系。电话(传真):025-83791830

序

    智慧城市建设方兴未艾。认识智慧城市有两个视角,一是城市化,二是信息化。城市化是当今社会发展的主趋势,城市正在成为我们这个星球的主宰。当代城市化的重要特征是城市的集聚化,大城市和城市群爆发式增长,主导着社会经济发展和世界经济格局。然而,随着城市规模的扩大、生活节奏的加快和流动性的增加,各类城市问题丛生,严重制约了城市的可持续发展,成为当今社会面临的重大挑战之一。信息化是当今社会发展的主旋律,信息与通信技术正在改变社会结构和生态。随着技术的快速发展,信息的感知、传输、存储和计算能力大幅提升,人类分析和处理复杂问题的能力也大幅提升,为解决城市复杂问题创造了机遇、提供了条件。究其本质,智慧城市是利用信息通信技术解决城市问题,优化城市管理和治理,改善城市宜居宜业环境的城市发展模式和路径,是未来城市的范式。

    如何建设智慧城市仍是一个开放的话题,背景和角色各异的科学家、企业家、工程师和城市管理者见仁见智,或注重顶层设计,或主张示范引领,或强调急用先行,不同观点均具有其内在的逻辑性和合理性。在近年来的开放探索中,一些共识正在逐步形成,其中一个重要的共识是,基于地理信息技术的数字孪生城市被认为是智慧城市的关键基础设施和不可或缺的数字基座。目前,数字孪生城市已经有大量的实践案例,但是,总体上仍处于自由探索阶段,表现在技术成熟度不高,理论、技术和工程路径尚缺乏系统的学术引导。这是当前数字孪生城市建设领域面临的一个共同问题。

    本书是基于一线经验的关于数字孪生城市建设理论、技术和工程经验的全方位总结提升,作者团队从自身建设中央商务区数字孪生城市的实践经验出发,深入浅出地介绍了相关概念内涵、系统架构和工程实践,介绍了5G、人工智能、区块链等新技术在数字孪生城市中的应用。本书的四位作者中,王庆教授长期从事智慧城市时空信息智能采集、规划设计可视化平台、北斗高精度位置监测以及室内外多模融合定位等研究工作;葛晓永博士长期从事城市规划建设、数字孪生城市领域的园区规划建设和运营等管理工作;徐照副教授长期从事工程信息化、BIM 技术、智慧建造等研究工作;吴刚教授长期从事结构健康监测研究工作,包括重大基础设施智慧建造与运维、新型建筑工业化等基础研究和技术攻关。四位专业背景各异又相互衔接的专家的合作本身印证了智慧城市多学科交叉融合的特征,是一次成功的集成创新探索。诚然,智慧城市、数字孪生复杂系统中还有许多问题有待探讨,但有理由相信,本书是对这些问题的有益和大胆探索,对于广大智慧城市建设者和管理者具有重要的参考价值。

郭仁忠

深圳大学教授、智慧城市研究院院长

中国工程院院士

2020 年 11 月

自　　序

　　早在 2016 年我在新疆出差时,黄卫院士与我就智慧城市话题进行了一次长谈。当时国内智慧城市建设还处于早期阶段,各地智慧城市发展水平参差不齐,智慧城市停留在局部工程项目上。考虑到东南大学在与智慧城市密切相关的几个学科具有较高的学术地位和社会影响力,黄卫院士高瞻远瞩地提出东南大学要做智慧城市,随后这一设想得到了张广军校长的支持,于是 2017 年学校批准设立了东南大学校内直属新型科研机构——智慧城市研究院,并列为"双一流"新兴交叉学科创新平台。研究院聚焦多专业融合的新兴智慧城市领域,汇集了校内城市规划、建筑设计、土木交通、信息工程等优势学科的人才队伍和科研成果,专注于国内新型智慧城市的顶层设计、智能建造、管理运营、合作交流、应用技术解决方案、产业发展等。自研究院成立以来,本人参与、组织过多场关于智慧城市、智能建造等方面的学术谈话、讲座,并与玉溪市、扬州市、盐城市、苏州市、铜仁市等众多城市的政府工作人员进行过深入的交流和探讨。通过现场学习,了解到智慧城市建设中的许多共性问题,而随着感知建模、人工智能等信息技术取得了重大突破,这些问题催生了一条城市建设与管理的新兴技术路径,即从智慧城市的局部应用拓展到城市管理全局应用,在虚拟空间中建立一个完全真实的数字孪生城市,在此基础上持续、智能地运营、管理城市。

　　数字孪生也叫数字映射,顾名思义,是在虚拟空间中映射物理实体,从而反映对应实体的全生命周期过程,将这样的技术应用到城市管理中来,在网络空间构建一个与物理世界相匹配的孪生城市,将物理世界中的人、物、事件等所有要素数字化,再与各行业数据有机整合,实时展示城市运行全貌,形成精准监测、主动发现、智能处置的全局城市治理解决方案,辅助城市运营、监测、管理、处理、决策等。数字孪生城市是数字城市发展的高级阶段,是智慧城市的新起点,它是在新技术驱动下城市信息化从量变走向质变的里程碑,基于强大的新技术支持,使数字城市模型作为一个孪生体与物理世界平行运转、虚实融合,蕴含无限的创新空间。数字孪生城市通过城市大脑，汇聚、交融不同来源的海量数据，如实记录、呈现城市动态，尽可能预见各项决策对各个子系统的影响，充分考虑各种规避行为、时间延迟和信息损失等问题，将深度学习功能融入城市管理过程之中，最终达到优化城市系统整体运营的理想效果。

东南大学智慧城市研究院与南京市江北新区中央商务区有深度合作，在已有的中央商务区智慧城市顶层设计方案基础上，从新兴技术合作、特色产业聚集、部门协调机制、群众参与度提升、长效可持续推进、低碳循环发展等方面进一步提升与完善，构建中央商务区数字孪生城市。江北新区中央商务区肩负着新区形象的集中展示和南京市建设具有全球影响力创新名城先锋区域的重任，作为南京"两城一中心"的"一中心"，以打造具有国际形象力的扬子江新金融中心为自身名片，提出了在智慧城市的基础上，率先垂范构建金融特色数字孪生城市的构想。在此次合作的基础上，研究院与新区中央商务区不谋而合，决定出版一本关于数字孪生城市建设理论与实践的专著，书稿既结合了高校、科研院所的最新技术研发成果，又融合了多家企业与新区中央商务区的实践工程经验，具有很强的时效性与实践参考价值。

本书共分 6 章，按照从理论到实践的顺序对数字孪生城市建设的全过程展开介绍，并以城市中央商务区作为数字孪生城市的优先落脚点，阐述了从数据获取到系统构建再到管理集成的数字孪生城市管理新方式。本书第 1 章集中于理论介绍，引入了数字孪生的基本概念，介绍了城市复杂理论以及数字孪生城市与智慧城市的关系；考虑到数据在整个数字孪生城市中的重要性。第 2 章单独介绍了数字孪生城市的血液——数据的种类、采集、处理及应用方法。第 3 章直切正题，选取中央商务区作为数字孪生城市的落脚点，详细介绍了在这一区域构建数字孪生城市系统过程中涉及的系统设计、建设内容、运营体系、实施路径及保障措施。第 4、5 两章结合数字孪生城市工程实践，探讨了智慧建设管理、施工管理、市政管线管理、智慧园区的建设方法，然后将各项管理、市政工程进行集成，展示了数字孪生城市中枢——未来数字孪生城市管理中心的建设方案。本书最后在第 6 章中对 5G 通信、区块链和人工智能等新技术在数字孪生城市中的应用前景进行了展望。考虑到本书的主要读者对象为政府决策部门与有关人员、各学科专业研究人员、相关企业工作人员等，所以数字孪生城市的具体模型、软件组织构架等不在本书的介绍与讨论之中。

本书作者之一葛晓永博士毕业于南京大学商学院管理学专业，高级工程师，南京大学工商管理硕士研究生兼职导师，现任南京市江北新区对外开放合作中心（服务贸易创新发展中心）主任。葛博士多年的国有企业管理工作经历使其对城市规划、设计、建设有更全面的认识,对如何建设智慧化的中央商务区有许多独到的见解,为助力江北新区中央商务区数字孪生城市落地做了大量工作。葛博士在中央商务区的实际规划和建设过程中,积累了大量实际工程经验,为本书的撰写提供了丰富的工程实践素材、管理方案、前景构想,并作为校企之间的桥梁领导本书的结构组织、把关内容质量。

书中涉及大量智能建造、智能运维相关的章节,邀请了东南大学土木工程学院吴刚教授从土木建筑的专业角度阐述了数据孪生城市基础之一——BIM 模型的内涵和基于 BIM 模型的智慧建设管理工程实践。吴刚教授任智慧建造与运维国家地方联合工程研究中心主任,该中心主要研究基于 BIM 技术的智慧建造管理服务系统等关键技术,为本书提供了诸多素材。

本书作者之一徐照副教授作为东南大学土木工程学院的年轻教师,博士毕业于意大利都灵理工大学地域系统高等创新机构环境与地域专业,长期从事工程信息化管理、BIM 技术、智慧建造等方向的研究,擅长新技术在土木建筑中的应用,专业素养扎实,知识面非常广泛,在本书撰写过程中承担了最为基础和琐碎的文稿撰写、资料整理及协调工作,态度严谨认真,本书的撰写离不开徐照老师的辛勤付出。

本书是各位作者对数字孪生城市认识的高度总结,而本人在出版过程中,只是承担了部分章节编排、全书统稿、总结凝练等工作,可以说,没有各位作者和团队所有成员的通力合作、专业互补,就没有本书的顺利出版。数字孪生城市建设仍处于探索阶段,目前尚缺乏系统的基础理论研究,数字孪生城市建设所需的庞大资金问题一直没有找到解决之道,信息壁垒打通仍困难,协同共治难实现,现有的数字孪生城市建设发展模式依然亟待突破。

在这里,我不能不十分感谢蔡建清先生和洪敏博士,他们也参与了本书的编写工作,为本书整理了大量素材。蔡建清先生曾任南京江北新区中心区发展有限公司智慧城市研究中心主任、工程部副部长,是研究员级高工,对业务的理解和熟知是我们高校教师所不能比拟的;洪敏博士主要从事智慧城市中的 GIS 与 BIM 集成研究与应用,有丰富的工程实践经验。还有东南大学智慧城市研究院的科研助理孔颖女士、彭彩虹女士,以及我的博士生、硕士生们,做了大量的文字加工、图表整理、版面编排等具体工作。与此同时,华为技术有限公司、南京纯白矩阵科技有限公司、苏交科集团股份有限公司等承接了中央商务区智慧化建设管理工作,这些实践案例为本书的实用性和针对性奠定了基础。没有他们的共同努力与辛勤付出,本书不可能在如此短的时间内成型定稿。

目前，人们对数字孪生技术的认识还停留在初级阶段，数字孪生城市也需要在数字化水平相对较高的条件下落地实施，而一个初见规模的数字孪生城市数据量和复杂性远超想象，在我们能查阅的书籍中，且目前还没有这方面的专著。为了梳理、总结出我们的初期认识，推动以数字孪生城市为代表的新型智慧城市发展新理念和新模式落地实施，团队还是勇敢地走出了第一步。鉴于数字孪生城市的理念和技术前沿性较强，国内城市建设工作发展很快，团队自身的专业水平、知识广度、认识深度和数字孪生城市的理念和探索时间有限，因此，本书中的错误、不妥、欠缺之处一定难免。作者在这里抛砖引玉，希望专家与读者不吝指教，帮助此书趋于完善，我们将不胜感激。

王　庆

于东南大学四牌楼校区

2020 年 10 月

前　言

城市的智慧化水平是城市发展水平与核心竞争力的重要体现。习近平总书记曾强调："运用大数据、云计算、区块链、人工智能等前沿技术推动城市管理手段、管理模式、管理理念创新，从数字化到智能化再到智慧化，让城市更聪明一些、更智慧一些，是推动城市治理体系和治理能力现代化的必由之路，前景广阔。"这一重要论述，为助推智慧城市建设指明了方向。然而近年来，智慧城市建设在落地过程中逐渐暴露出一些瓶颈和问题，智慧城市发展往往处于局部信息化的阶段，智慧城市不够智慧，没有有效解决城市发展过程中出现的若干问题。

在此背景下，数字孪生城市应运而生。从宏观上讲，数字孪生城市是智慧城市的高级阶段；从微观上讲，数字孪生城市完全不同于以往的智慧城市，是突破式创新，是蝶变。数字孪生城市依托传感技术和三维数字仿真模型，对物理城市进行精准映射和再造，与现实进行虚拟交互，动态、系统地实现城市智慧管理。这与传统的信息化智慧城市有着天壤之别，数字孪生城市相对于传统智慧城市有着鲜明的特性：一是整体性，二是系统性，三是真实性，四是互动性，五是智慧性。数字孪生城市把城市当作一个整体来看，从整体层面推进实施智慧城市，整体大于部分之和，整体有超越部分的新的东西，这与过去在局部层面讨论和实践智慧城市是有显著不同的；城市是一个开放的复杂巨系统，这个系统由若干子系统构成，每个系统与外界交互，每个系统相互影响，数字孪生城市可以有效地构建管理这个复杂巨系统；数字孪生城市构建高仿真城市模型，极大程度地保证模型真实性，同时能够融入、发挥区块链等新技术特性，打破信息壁垒，确保数据真实性；数字孪生城市既是对真实物理世界的镜像，又是对现实城市的实时映射与交互，且随着5G和传感技术的快速发展，系统交互越来越容易；数字孪生城市高仿真的孪生交互系统，可以更完善地模拟、预测和管理城市，让城市真正地智慧、智能。

数字孪生城市与现代城市的发展密切相关，互为促进。现代城市建设更加注重生态、集约和智慧。海绵城市、绿色建筑、装配式建筑、综合管廊和地下空间都是近年来现代城市建设的主要内容,一方面这些新理念让更多的传感器得以有效的布置,极大地促进了数字孪生城市的发展,另一方面数字孪生城市也为这些新理念的落地提供了有力的技术支撑,让生态绿色可持续、看得见、管得好。

本书从数字孪生的基本概念、基础理论开始,介绍了城市复杂理论以及数字孪生城市与智慧城市的关系,探索了构建数字孪生城市需要的各种数据的采集、处理及应用方法,结合中央商务区(CBD)数字孪生的特点,详细介绍了 CBD 数字孪生城市的系统组成、建设内容、运营体系、实施路径及保障措施,从数字孪生城市总体框架设计入手,提出了"5＋5＋N＋N"的体系,并结合数字孪生城市工程实践,探讨了智慧建设管理、施工管理、市政管线管理、智慧园区的建设方法,且将各项管理、市政工程集成,展示了数字孪生城市中枢——未来数字孪生城市管理中心的建设方案,最后对 5G 通信、区块链和人工智能等新技术在数字孪生城市中的应用前景进行了展望。

本书由王庆、葛晓永、徐照、吴刚编著,王庆团队和葛晓永团队在数字孪生城市建设理论和实践层面进行了深入的研究,为数字孪生城市的有效落地做了大量工作。近年来,江北新区中央商务区数字孪生城市建设成果颇丰,多个建设项目获得中国公路学会、中国建筑业协会、中国勘察设计协会和江苏省勘察设计协会等多个国家、省级奖项,并列为 BIM 应用省级示范项目,得到专业领域内专家及同行的广泛认可。感谢江北新区管委会领导和江北新区中央商务区建设管理办公室领导的支持。蔡建清、洪敏等参加了编写,华为技术有限公司、南京纯白矩阵科技有限公司、苏交科集团股份有限公司等单位对本书编写提供了帮助,在此深表感谢。

作 者

2020 年 10 月

目　　录

第1章
数字孪生城市理论基础

数字孪生技术已由最初的美国国家航空航天局项目,逐渐应用于航空航天、工厂生产,以及城市建设和管理领域中。城市作为人力、资源、资本的积累和集中中心,是具有海量自然属性、社会属性、经济属性、空间信息的复杂系统,城市的数字化建设与智慧化管理需要依据科学、系统的理论,以及将不断发展的信息技术应用其中。现阶段我国从中央到地方均在积极推进智慧城市建设,但目前智慧城市建设及应用体系还存在一些不足。数字孪生城市作为智慧城市的升级版本和高级阶段应运而生,其与现有智慧城市在物联网、大数据、云计算等技术构成要素和呈现方式方面有很多共性,但在关键技术、核心平台、应用场景、未来发展等诸多方面又具有传统智慧城市所不具备的优势。数字孪生城市利用数据可视化、物联控制、感知建模等技术来虚拟仿真城市建设管理,为提升城市治理能力、重塑城市管理模式提供新思路,融合城市公安、交通、城管、卫健、园区/社区等城市大数据,在数字空间刻画城市细节、呈现城市体征、推演未来趋势[1],辅助、支撑城市建设管理智能化决策。

本章主要介绍数字孪生城市的理论基础。从数字孪生概念的演化历程和技术应用讲起,概述了数字孪生技术从兴起到发展的全过程,从城市复杂理论的角度,阐述了其与数字孪生城市之间的联系,并详细介绍了数字孪生城市的建设内容,包括其内涵特征、架构核心、系统分析、发展问题、优势所在和发展前景等;最后,分析了国内外基于数字孪生城市理念建设、管理城市的典型案例,介绍了这些数字孪生城市建设案例的优秀做法。

1.1 数字孪生概述

1.1.1 数字孪生的概念

数字孪生(Digital Twin)是指构建与物理实体完全对应的数字化对象的技术、过程和方法。这一概念包括三个主要部分:物理空间的实体;虚拟空间的数字模型;物理实体和虚拟模型之间的数据和信息交互系统[2]。

这一概念最初只有"孪生"(Twin)的意义。在二十世纪六七十年代美国宇航局的阿波罗计划中,建造了多艘相同的太空飞行器作为孪生体,用于飞行准备训练、飞行任务模拟、精确反映飞行条件,从而在危急情况下协助宇航员做出正确判断。这一方法后来也用于飞机制造业,通过飞机孪生体来优化和验证飞机系统的功能。随着仿真技术的发展,越来越多的物理部件被数字模型所取代,并扩展至产品生命周期的各个阶段,直至形成与物理实体完全一致的虚拟数字模型,称为"数字孪生"[2]。

2002年,美国密歇根大学的Michael Grieves教授在组建产品全生命周期管理中心的报告中提出了"Conceptual Ideal for PLM"概念模型,此概念模型虽未被称为数字孪生,却包含组成数字孪生的全部要素,即实体空间、虚拟空间、实体与虚拟空间之间的数据和信息连接。2005—2006年,Grieves将此概念模型进一步称作"镜像空间模型"(Mirrored Spaced Model)和"信息镜像模型"(Information Mirroring Model)[3]。这一时期为数字孪生概念的形成奠定了基础。

2011年,Grieves正式提出"数字孪生体"概念[3],随后美国国家航空航天局(NASA)发布的技术路线图(Technology Roadmap,2010 and 2012)使用了"数字孪生"一词,被概述为"一种综合多物理、多尺度模拟的载体或系统,以反映其对应实体的真实状态"[2],数字孪生概念正式诞生。

2012年,NASA正式给出数字孪生体的明确定义:数字孪生体是指充分利用物理模型、传感器、运行历史等数据,集成多学科、多物理量、多尺度、多概率的仿真过程,在虚拟信息空间中对物理实体进行镜像映射,反映物理实体行为、状态或活动的全生命周期过程[3]。

2015年,Rios等给出通用产品的数字孪生体定义,从此将其由复杂的飞行器领域向一般工业领域进行拓展应用及推广。此后,数字孪生体理念逐渐被美国GE、IBM、Microsoft、PTC,德国Siemens,法国Dassault等企业所接受并应用于技术开发及产品生产,形成了如GE的Predix平台、Siemens的Simcenter 3D等数字孪生体开发软件工具,引起了国内外工业界、学术界及新闻媒体的广泛关注。至此,数字孪生概念得到进一步发展和推广[3]。

2016年底,数字孪生技术入围全球知名的信息技术研究、分析与咨询公司Gartner发布的《2017年十大战略科技发展趋势》,Gartner指出"数以亿计的物件很快将以数字孪生来呈现",自此数字孪生技术连续三年入选Gartner十大战略科技发展趋势,使得这一技术受到广泛关注。

1.1.2 数字孪生技术特点

数字孪生技术源于仿真,在模拟、优化、预演领域具有独特的技术优势,是近年来具有颠覆性的前沿科技之一。

数字孪生集成物理空间中的实时数据,与虚拟数字模型紧密结合,完整、精确地描述物理实体,真实映射物理对象的运行状态;数字孪生是一个高度动态的系统,覆盖物理对象全生命周期的模拟[2],与物理对象协同进化,并随着物理实体系统的变化实时积累知识、适应更新。

数字孪生可以将物理实体运行的实时数据与数字虚拟模型紧密结合,借助历史数据所发掘出来的变化规律,使管理人员能够在实体系统正常运行的同时,在与实体系统对应一致的数字系统中预先对控制与管理带来的影响进行预演和验证,根据模拟结果推演出更好的行动计划,反过来有效改进物理空间中的各项活动,避免不必要的物质资源的损失和浪费,实现动态调整,及时纠偏[2]。

从上述特征可以看出,数字孪生技术的关键在于多领域多尺度融合建模、数据驱动与物理模型融合的状态评估、数据采集和传输、全生命周期数据管理、虚拟现实呈现、高性能计算以及其他技术[4]。数字孪生体对物理实体高度写实,以前管理者只能在物理空间中实地调研管理对象,需要消耗巨大的时间和资源,但有了数字孪生信息空间后,针对虚拟数字模型所做的各种创新方案的预演和验证,基本无需承担物质成本,大幅降低创新的风险,为大众创新提供了最有力的支持。

1.1.3　数字孪生技术应用

近年来,数字孪生模型逐渐实现了高速收集高分辨率数据。与此同时,人工智能、机器学习和深度学习等前沿技术也在同步发展,使得数字孪生技术也逐步得到应用。

最初,数字孪生技术主要应用于制造业的数据管理,包括初期产品模型数据、车间现场制造数据、产品全生命周期数据管理。此外,数字孪生还能模拟下一代产品的性能,或者在新的使用案例或环境中测试该产品[5]。波音 777 是世界首架 100%数字化设计的喷气式客机[6],采用数字孪生技术大幅缩短了其设计建造周期,自此其他飞机也都使用数字技术设计;通用电气在航空业务中探索数字孪生技术,并应用到其他领域,通过喷气式发动机的数字孪生模型,让通用电气的工程师能够预测不同零部件随着时间推移发生故障的概率,及时了解实体发动机的运行状态以及维修配件的需求情况,为设备提供预防性维护。

智能制造是数字孪生的主要应用领域。通过数字孪生产品,能够设计制造流程、预测设备故障、提高运营效率以及改进产品开发,推进设计和制造的高效协同及准确执行。有学者进一步提出了“数字孪生车间”和“数字化工厂”的应用概念,将数字孪生技术的应用范围从产品扩大到车间,甚至是整个企业,通过生产要素管理、生产活动计划、生产过程控制,甚至上下游供应商之间的全要素、全流程、全业务数据的集成、融合和迭代,实现更优的时间周期管理和协同生产效率[2]。

目前,已有多家研究机构、企业单位将数字孪生技术投入多领域实际应用中。法国软件公司达索系统作为数字孪生巨头公司,拥有超高的仿真模拟技术,助推能源转型与可持续开发、个性化医疗、启发性教育、宜居城市管理决策。达索系统建立的 3D 蛋白质结构模型加深了对细胞级医学治疗的了解,助力科学家获得 2013 年诺贝尔化学奖,现在的治疗方法多用此三维数字化表达工具攻克难题;达索系统为新加坡建立了有史以来首个全数字化的城市模型“虚拟新加坡”,彻底改变了城市的组织和管理方式[6]。泰瑞数创作为国内领先的数字孪生技术与服务提供商,专注于该技术在城市管理、交通出行和工业生产领域的应用,泰瑞数创在 2020 年发布的数字孪生底座产品[7],所针对的就是新基建之下的工程管理、城市管理等需求,未来泰瑞数创计划在工业仿真、知识图谱等领域进行技术创新,实现跨领域的多元数据融合和综合分析。

数字孪生技术颠覆了产品的设计和制造方式,现在正势不可挡地让更多应用领域重新审视自身的开发流程和可持续发展需求。在不远的将来,数字孪生技术会给卫星/空间通信网络、船舶、车辆、发电厂、飞机、复杂机电装备、立体仓库、医疗、制造车间、智慧城市[8]等行业带来前所未有的变革。其中,具体到城市发展建设方面,数字孪生技术能够对推进城市精细化治理、城市空间价值增值、智能规划决策起到巨大的积极作用[9]。

1.2　复杂系统理论与数字孪生城市

1.2.1　城市复杂系统理论

　　城市本质上是一个开放演化、具有耦合作用和自适应性的复杂网络系统,城市治理更是一项庞大而复杂的系统工程。由于环境和社会事物的复杂性和不确定性,传统由政府主导的线性管理模式不能对复杂城市问题给出有效的解释和应对方案,有必要引入新的管理范式,即复杂科学管理范式。复杂系统理论与城市治理具有内在的契合性,能够揭示城市管理复杂性产生的内在机理及规律。复杂系统理论表明,越是复杂的系统,系统协调的要求越高,协同效应也就越显著。加强和创新城市治理,需要分析城市系统的复杂网络结构及特征,建立城市管理的协同创新机制和制度安排,展开协同城市治理。复杂系统理论为研究城市管理提供了一种新的研究范式,具有重要的借鉴意义[10]。

　　复杂系统理论是研究系统复杂性及非线性关系,以系统的网络化结构为分析基础的整体性科学[10]。复杂系统理论主要用于解决系统的自适应性、不确定性、动态演化性等问题。复杂系统具有整体性、层次性、动态发展性三大特征。其中,整体性反映了组成系统的各要素之间有机地形成了统一整体,从而具备了独立要素不具备的性质和功能;层次性反映了系统不同组成要素之间结构、功能上的差异性,不同层次的系统发挥着不同的功能;动态发展性则反映了复杂系统的建设目标受内外界因素的影响,具有随时间改变的特性[11]。

　　钱学森先生是我国系统理论的代表,1990年他提出了"开放的复杂巨系统"理论,揭示了系统存在、演化、协同、控制与发展的一般规律:系统是一个有机体,包含了众多元素和子系统,彼此之间相互作用,形成错综复杂的关系,同时还能自我进化和成长,从而呈现出新的组织系统和新的形态、新的功能[12]。钱学森先生还提出人机结合、人网结合和从定性到定量的综合集成研讨厅体系设想,实质上就是将专家体系、机器体系和数据体系有机结合起来组成智能系统,是研究和解决"开放的复杂巨系统"相关复杂问题的有效途径[13]。钱学森先生认为开放的复杂巨系统存在于自然界、人自身以及人类社会,人类依靠自己的思想与智慧构建了庞大而复杂的社会系统、改造了自然环境,社会系统所具有的强大功能和对人类个体的协同又促进了人体这个复杂巨系统的进化与发展。从本质上看,自然界、人自身以及人类社会是一个互相联系的整体[14],在定性、定量、准确描述数字化城市要素的过程中,整体中的任何一方均不可或缺。将复杂系统理论引入城市管理分析框架,已成为近年来国内外管理学理论和实践发展的显著趋势[10]。

城市作为人们依据一定关系联结而成的集合,是一个具有整体性、动态性、层次性和适应性的复杂网络系统[10],它是由区域政治、经济、文化、教育、科技、信息等若干要素形成具有一定新功能的有机整体,是人流、资金流、物资流、能量流、信息流高度交汇的开放复杂巨系统,其子系统繁多、结构繁复,其间关联关系高度繁杂,从技术上呈现其真实状态且跟踪预测难度极大[15]。城市系统的组成、其生成演化过程,以及城市系统与外部环境之间的关联,是我们认识城市复杂巨系统的三个主要层面[14]。总之,城市建设与管理是一项复杂的系统工程,涉及教育、医疗、卫生、住房、社会保障和公共安全等多层次、多领域。对上述城市本质特征的科学认识是创新城市建设与管理的重要理论基础。

1.2.2 智慧城市复杂性特征

智慧城市是指在城市发展过程中,地方政府为行使经济调节、市场监督、社会管理和公共服务的职能,充分利用物联网和互联网等信息通信技术,智能地感知、分析和集成城市所辖的环境、资源、基础设施、公共安全、城市服务、公民、企业和其他社会组织的运行状况,以及它们对政府职能的需求,并做出相应的政府行为。智慧城市的目的是形成城市系统运转的良性循环,以创造一个更好的生活、工作、休息和娱乐的城市环境[16]。

智慧城市是一个开放的复杂巨系统,其系统的复杂性在于技术经济演进、城市价值、主体系统、产业系统、环境系统、政策承接与地区协同相互作用等方面[17],智慧城市建设具有试验性、随机性、创新性、复杂性、结构性、自组织性、不确定性和长期性[17, 18],在规划和建设中必然会出现管理问题、系统问题。钱学森先生主张在研究复杂系统时,在整体的观照下对系统进行分解,基于分解后的研究对系统进行综合集成,实现 1+1>2 的涌现,即综合集成方法,为研究智慧城市建设问题提供了借鉴[15]。

利用综合集成方法研究智慧城市建设问题分为三个阶段:首先,对智慧城市进行定性综合集成,将不同学科和领域的专家及城市职能部门组成智慧城市建设的专家体系,针对智慧城市建设中的问题,结合不同领域专家的经验和智慧,进行全方位的交叉研究,实现对智慧城市复杂系统的全面认识,并在此基础上形成经验性假设和定性判断。然后,采取定性定量相结合的方式进行智慧城市的综合集成,在掌握系统相关的资料、数据的基础上,构建系统信息体系、指标体系和模型体系,以经验知识为指导,以信息体系、指标体系、模型体系为基础,构建系统模型,运用人工智能、大数据、虚拟仿真等技术对上阶段形成的经验性判断进行系统仿真和实验,以证明其正确性,并给出智慧城市的定量描述,实现对智慧城市的整体分析和综合研究。最后,对智慧城市进行定量的综合集成,通过专家体系对系统仿真和实验结果进行综合集成,得到新的定量信息,专家们在加入新的定量信息后进行分析研判,获得对智慧城市的定量描述,采用人机交互、逐次逼近、反复比较等方式,直到综合集成定量结果达到专家们都认可的可信程度,最终将智慧城市经验性的定性认识转化为科学的定量认识[15]。

利用复杂系统理论对智慧城市结构进行分析,能够清晰直观地发现其中的阻滞和问题。

复杂系统理论认为系统是由利益目标和决策方式不同的多元主体构成的创新网络,主体在受到环境和其他主体行为的影响的同时,也会在自我利益优化的动机下主动求变。复杂系统理论强调系统的运行、迭代和创新不是依赖自上往下的正式的系统设计,而是在多主体互动过程中涌现,最终实现社会整体利益最大化[18]。

1.2.3 智慧城市建设催生数字孪生城市

传统的智慧城市的建设,通常是理想很丰满,现实很骨感。在 2017 年底,罗兰贝格发布关于智慧城市的报告,在考察了全球 87 个典型的智慧城市后,平均打分仅为 37 分(100 分制)。过去很多智慧城市都是项目式的,从单纯的建设角度解决了具体行业的智慧需要,但没有从智慧城市的总体入手,很容易建成新的智慧"孤岛",这实际上是与智慧城市的要求相背离的。智慧城市并不是简单的所有行业信息化的总和,它应该是对整个城市各行各业数字化能力的一次重塑,智慧城市所面临的是系统性的难题,本来就不应从单个结点去突破。

目前智慧城市的问题主要有三个:

(1) 缺乏顶层设计入手的建设理念。像智慧城市这样一个庞大的工程,必须要有一个高屋建瓴式的顶层设计:要自上而下地规划,从智慧城市的具体构想,到项目的执行和评估标准,再到子系统的配合执行、各环节的互联互通、交叉信息的处理等等,一个好的顶层设计,是智慧城市成功的先决条件。

(2) 城市的复杂性远远超乎想象。任何一个城市都包含交通、教育、环保、通信、旅游、工商业等数十个行业,要维系城市的运转,就必须将这些子系统涵盖其中,要让这些各司其职的系统交汇并交融与协作,需要在数据层面打通,并通过一种"数字平台"的建设来进行赋能。

(3) 过去智慧城市建设的技术体系不够完善。以物联网技术为例,其本身应用范围广泛,但是项目反馈的效果却并不理想,这是因为感知只是第一步,通信是物联网的瓶颈,获取数据之后不能即时传回就失去了价值。不过随着基础设施云端化,大数据、人工智能技术在各场景的应用逐渐成熟,5G 通信方兴未艾,IoT(Internet of things,物联网)产业发展渐入佳境,智慧城市建设的变革期也即将到来。

推进我国智慧城市发展是一项长期而复杂的系统性工程,不可能一蹴而就,必须做好打持久战和攻坚战的准备。特别要避免设计局限化。智慧城市建设是一个要素复杂、应用多样、相互作用、不断演化的综合性复杂巨系统。要有负责城市顶层设计的"总体部",要有规划设计复杂巨系统的有效方法论。用以往设计电子政务、行业信息化等中小规模系统的组织管理模式和规划方法理论来规划设计智慧城市,从方法上是行不通的[19]。

数字孪生将物理城市中的人、物、事件等所有要素数字化,在网络空间再造一个与之对应的"虚拟城市",由此形成物理维度上的实体城市和信息维度上的虚拟城市同生共存、虚实交融的格局,这是用数字化方式为物理城市创建虚拟模型,由此来模拟现实城市环境的行为。

基于数字孪生城市技术,整体城市建设运营逻辑将完全重构,将重新定义物理城市与数字城市的关系。可以想象,未来的数字孪生城市会将真实城市 1∶1 高拟真虚拟重建,从极致的城市场景和数据可视化、物联控制,到仿真,再到预测、决策,形成优化治理的良性系统,通过提前预演城市建设方案以及仿真结果,来高效地指导真实城市建设。

数字孪生技术解决了过往智慧城市无法做到从顶层设计入手的老问题,同时,这种平台化的思路也杜绝了子系统的重复建设。以城市数字平台支撑城市服务重塑,可以将复杂的跨行业、跨部门、跨平台的行业应用,通过数字场景和物理场景的融合加以解决,即解决了智慧城市建设不同委办局之间无法协同的难题。

数字孪生城市是支撑新型智慧城市建设的复杂综合技术体系,是城市智能运行持续创新的前沿先进模式,是物理维度上的实体城市和信息维度上的虚拟城市同生共存、虚实交融的城市未来发展形态。

数字孪生城市一方面准确反映物理实体城市状态,另一方面精准操控、智能优化现实城市,将极大改变城市面貌,重塑城市基础设施,形成虚实结合、孪生互动的城市发展新形态。

1.3 数字孪生城市

1.3.1 数字孪生城市应运而生

智慧城市从提出至今已有十多年,与繁荣的技术工程市场相比,智慧城市项目并未取得其标榜的效果,特别是“智慧城市不懂城市”无疑是一个巨大而根本性的讽刺[2]。

虽然信息技术是把握城市复杂性的有效手段,但已有智慧城市项目仍然没有跳出机械还原各城市功能领域业务物理场景的认知模式,大多数冠以“智慧”标签的城市行业应用除了简单模仿人工业务流程中的信息传递和处理外,并没有推动城市传统管理方式发生结构性的变革,更缺少智能、智慧的元素。当前许多智慧城市项目实质上是对政府职能和工作流程的信息化改造,是对现有条块分割、机械线性式城市管理系统的片面模仿和技术补丁,而非革新方案,没有解决传统信息化数据孤立、系统分隔的问题,使城市系统间的协同难度和管理成本由于技术屏障而进一步增高,难以真正实现智慧发展[2]。

因此,就目前已有的智慧城市建设方式而言,即使技术不断升级,智慧城市只能达到阶段性的城市局部优化效果,无法引领未来城市发展方向。但智慧城市激发了城市各功能领域的转型升级需求,推动了信息技术在城市各行各业的广泛应用,只是在具体的建设手段上要采取全新的认知和策略。

2017 年 4 月 1 日,河北雄安新区设立。“建设绿色智慧新城,建成国际一流、绿色、现代、智慧城市”位列雄安新区七大重点任务第一条。2018 年 4 月 20 日雄安新区规划纲要获批复,其中写到“坚持数字城市与现实城市同步规划、同步建设,适度超前布局智能基础设施,推动全域智能化应用服务实时可控,建立健全大数据资产管理体系,打造具有深度学习能力、全球领先的数字城市”,并在随后的官方解读中,首次提出了“数字孪生城市”的表述[2]。

作为一个全新的概念,数字孪生城市引发了许多讨论和疑问。

城市是最复杂的人造系统,从技术上呈现其真实状态,并跟踪预测似乎是一件不可能的事情。数字孪生在城市层面的应用有望取得突破,它能够建立一个与城市物理实体几乎一样的"城市数字孪生体",打通物理城市和数字城市之间的实时连接和动态反馈,通过对统一数据的分析来跟踪识别城市动态变化,使城市规划与管理更加契合城市发展规律[2]。

中国信息通信研究院认为,数字孪生城市是数字孪生技术在城市层面的广泛应用,通过构建城市物理世界及网络虚拟空间———对应、相互映射、协同交互的复杂系统,在网络空间再造一个与之匹配、对应的孪生城市,实现城市全要素数字化和虚拟化、城市状态实时化和可视化、城市管理决策协同化和智能化,形成物理维度上的实体世界和信息维度上的虚拟世界同生共存、虚实交融的城市发展新格局[2]。

数字孪生城市是彻底以数据驱动为核心的新的城市生活方式,可以凭借统一的数据基础设施,构建人与人、人与物、物与物多元融合的数字化城市镜像。数字孪生城市是数字时代城市实践的 1.0 版本,而不是"智慧城市"的 N.0 版本。它的最大创新在于物理维度上的实体城市和信息维度上的数字城市同生共长、虚实交融,这也决定了数字孪生城市与现有智慧城市实践在底层逻辑上有着根本区别,也有着不同的技术方案和城市治理理念[2]。

1.3.2　数字孪生城市核心架构

利数字孪生城市技术可一定程度上对城市的人事物进行前瞻性预判,进而通过智能交互系统实现城市内各类主体的适应性变化和城市的最优化运作。数字孪生城市的核心是高精度、多耦合的城市信息模型。通过加载城市信息模型上的全域数据,在城市系统内汇集交融,实现对城市建设、管理、发展的内在规律的认知,为改善和优化城市系统提供有效的引导[20]。

1) 建筑信息模型

建筑信息模型(Building Information Modeling,BIM)是一种以三维数字技术为基础,将建筑工程生命全周期内的各种相关信息加以整合并进行有效管理的设计模式[21]。随着互联网技术的发展,BIM 由原有的模型搭建过程逐步转向更为系统化的管理体系,因此BIM 更科学的一种说法应该是工程项目信息的集成化管理系统,或是工程项目信息的模型化[22]。BIM 具有如下特点:

(1) 数字化:BIM 高质量的数字化要求高水平的可计算性,而后者是依赖信息技术进行基于算法的操作前提。另外,在充足数字化的基础上,BIM 可与地理信息系统、物联网、云计算、大数据、移动网络等技术相融合,构建全面的面向工程乃至城市的数字化基础设施,为机器学习和人工智能的应用提供条件。

(2) 共享化:BIM 重构了工程建设和管理领域的生产关系。与生产和管理相关的业务参与方,既是信息提供者,也是信息使用者,在数据安全的前提下充分共享必要的信息,使信息能够整合和集中处理(即便有时会采用分布式存储和运算的方法),即对多种来源各种类型的信息进行重构,为多个信息使用者形成单一可靠数据源。

（3）全生命周期：BIM 信息的交付和使用涵盖从项目立项到拆除的全过程，也包括材料或产品从生产、安装、使用到废弃或再利用的生命周期。在管理角度上也包括质量、成本、进度等多个职能。

（4）可靠性：在全生命周期中，BIM 信息经过处理、共享、发布、存档等多个状态循环，不断更新和迭代，充分显示出当前的有效状态。具有可检索、可识别、可追溯等多种痕迹管理功能，在计算机系统的帮助下，能够提供非常可靠的决策依据。

（5）决策基础：依托 BIM 将丰富的工程数据进行整合，形成数字化、共享化、涵盖全生命周期的可靠数据源，并呈现高度的结构化特征，充分地体现了工程的基本事实，结合决策目标、价值判断、运算指标等因素，从而形成分析模型和决策模型，为人类社会发展中的各个层级目标提供强有力的决策基础[23]。

目前，BIM 技术逐步应用于建筑设计，一方面实现了建筑公司内部不同部门间的信息共享交流沟通，另一方面可以协调规划各部门的工作，帮助企业实现成本的最低控制限度，进一步降低建设成本投资，进而推动建筑行业的发展，还较好地保障了设计和施工的整体质量和安全系数[24]。

2）城市信息模型的构成

数字孪生城市要求不仅是对城市局部基础公用设施进行数字化建模，还要包括城市三维地理信息模型数据，甚至要数字化城市中巨大建筑空间的内部空间。要解决数字孪生城市的问题，依靠单个、单片的建筑信息模型是远远不能满足城市发展与管理需要的，还需要集合各种 BIM 信息，运用 GIS（Geographic Information System，地理信息系统）物联网等技术构建一张相互联系的城市信息模型（City Information Modeling，CIM），才是城市发展的未来[25]。

CIM 是一个有机的复合体，基于城市三维地理信息模型及建筑信息模型数据，从而构建出全空间、三维立体、高精度的城市数字化模型。三维地理信息模型实现了城市宏观大场景的数字化模型表达和空间分析，BIM 则实现了对城市细胞级建筑物的物理设施、功能信息的精准表达，将这两者有机融合和集成，构建数字孪生智慧城市的城市信息模型，可实现城市彻底地"数字化"。

除城市三维地理信息模型及 BIM 建筑信息模型外，CIM 城市信息模型还需要纳入城市 IoT 智能感知数据。智能感知数据包括城市各种公共设施及各类专业传感器感知的具有时间标识的即时数据。智能感知数据可反映城市的即时运行动态情况，与城市 3D GIS/BIM 空间数据相叠加，将静态的数字城市升级为可感知、动态在线的数字孪生城市[20]。

综合了三维地理信息模型、BIM 建筑信息模型及 IoT 智能感知数据的城市信息模型，可为城市规划、建设、运行管理全过程的"智慧"进行赋能，包括：时空大数据汇聚、三维导览和虚拟漫游、空间规划推演、方案对比分析、方案模拟验证、三维可视化管理、空间量测和分析、空间 3D 导航、应急预案模拟验证等[20]。

数字孪生城市以城市作为整体对象，并不是建立一个单一城市整体模型，而是拥有一个模型集，模型之间具有耦合关系，其价值就在于通过对数据资源的深度挖掘、分析，使不同来源的数据在城市系统内的汇集交融产生新的涌现,实现对城市规律的识别,为改善和优化城市系统提供有效的指引[2]。

数字孪生模式下这些信息悉数加载在城市信息模型上,依靠人工智能技术进行结构化处理、量化索引一座城市,依靠深度学习技术实现自动检测、分割、跟踪矢量、挂接属性入库,形成全景视图和各领域视图,从而给城市管理带来质的飞跃。如通过人口年龄段与学校、药店、养老院等叠加分布分析,能够为学校和药店等选址提供数据支撑,辅助政府决策[20]。

1.3.3　数字孪生城市现存问题

1) 技术局限与支撑平台的问题

数字孪生城市几乎囊括了迄今为止所有的信息科技,是一种前所未有的技术集成创新。数字孪生城市本质上是智慧城市智能技术的创新和升级应用,存在一定自身的局限性和技术边界。首先技术应用背后需要城市治理整体化、高效率的支撑。目前智慧城市项目建设大多基于为特定领域的业务系统各自建立领域模型,具备各自的云计算资源,但无法实现全面的信息数据整合,数字孪生城市可将所有领域的模型统一整合为一个城市的信息系统,因此可以从原有"竖井式"项目建设方式拓展为"分层横向"推进,避免各自为政和信息孤岛现象出现[26]。因此城市信息系统建设的思路也不再按照原有的业务领域,如政务、能源、交通、医疗等方面来划分,而是转变为构成城市系统各层次要素,如城市构建、事件、事务及工作流程等方式统一整合构架,从而在竖井式的机制上增加横向联系,实现城市大数据资源的高效利用。

2) 理论研究与算法技术的滞后

数字孪生城市尚缺乏系统的基础理论研究,如城市全要素建模方法、空间语义数据表达、全域的数字化标识规则、全域传感器的空间布设规则、城市多功能信息采集点的优化布设、感知数据的采集规则与使用权限、城市边缘计算和信息节点的设置规范,以及边缘计算设备与物联网、云计算的优化匹配关系。

数字孪生城市技术的实现受制于当前信息技术的能力以及整体方案的复杂性。在现有技术限制下,数字孪生城市的城市模型建设的核心内容需要依托城市大数据的实时更新,其模型的完善和功能拓展以及理论的发展都与技术方法的创新密切相关。城市智慧化首先要求城市数字化,数字智慧城市首先要求城市数字孪生体。随着当前计算机技术的高速发展,全域立体感知、数字化标识、物联网、VR(Virtual Reality,虚拟现实)等新技术的应用,目前基本具备了构建技术基础,但由于城市系统的复杂性和不断变化的要求,其方案实施及实现具有较大难度,目前以数字孪生城市构建起来的新城市案例稀少,更谈不上孪生体的建设、规划、更新,及全生命周期的实现,因此真正实现数字孪生城市还需要经历理论与实践相结合的较长道路。

3) 对应领域与技术方法的误区

数字孪生城市是技术演进与需求升级驱动下新型智慧城市建设发展的一种新理念、新途径、新思路[27]。"新"既意味着前沿,也意味着相对于其他智慧城市建设的方式,数字孪生城市尚缺乏系统的基础理论研究。当前世界各国在数字孪生城市的实践上,都只是初步完成城市静态建模,主要用于指导城市规划工作。而动态信息如城市事件如何在数字模型中实现语义化表达,政府和社会数据在城市信息模型中的展现规则,数据、软件和模型的关系,如何体现数字孪生模式下城市管理和服务的优势,如何根据静态和动态数据进行决策的仿真优化都是急需完善的基础研究方向。此外,"由虚控实"实现城市智能控制的软硬件系统,更是前所未有,缺乏研究[20]。

数字孪生城市是一种前所未有的技术集成创新,几乎包含了目前所有的信息科技。在建设数字孪生城市时,要能理解并体现非精确、模糊化的城市自理规则和运行机制,实现对物理城市的模拟、监控、诊断、预测和控制等进行融合创新,这五大环节亟待深入探索。第一层:模拟。即建立物理对象的虚拟映射。鉴于城市的复杂性和要素的多样性,其全量模拟的技术和标准还需要深入探索。第二层:监控。即在虚拟模型中反映物理对象的变化,物理对象数据的收集与传递离不开物联网,其编码、寻址、标准、安全等问题还有待解决。第三层:诊断。当城市发生异常,基于人工智能的多维数据复杂处理和异常分析能力,我国与发达国家相比仍存在差距。第四层:预测。即预测潜在风险,合理有效规划城市或对城市设备进行维护。城市预测需要众多技术融合集约,在灵活性和适应性方面存在巨大挑战。第五层:控制。需要庞大复杂的软硬件系统支撑,尤其是通过软件实现对城市管理与服务的赋能,设施控制[20]。

1.3.4　数字孪生城市优势分析

数字孪生城市在关键技术、核心平台、应用场景、未来发展等诸多方面具有传统智慧城市所不具备的优势。

1) 关键技术

与传统智慧城市相比,数字孪生城市技术要素更复杂,不仅覆盖新型测绘、地理信息、语义建模、模拟仿真、智能控制、深度学习、协同计算、虚拟现实等多技术门类,而且对物联网、人工智能、边缘计算等技术赋予新的要求,多技术集成创新需求更加旺盛。其中,新型测绘技术可快速采集地理信息进行城市建模,标识感知技术可实现实时"读写"真实物理城市,协同计算技术能够高效处理城市海量运行数据[28],全要素数字表达技术能精准"描绘"城市前世今生,模拟仿真技术助力在数字空间刻画和推演城市运行态势,深度学习技术使得城市具备自我学习的智慧生长能力。

2) 核心平台

数字孪生城市在传统智慧城市建设所必须的物联网平台、大数据平台、共性技术赋能与应用支撑平台基础上,增加了城市信息模型平台,该平台不仅具有城市时空大数据平台的基本功能,更重要的是成为在数字空间刻画城市细节、呈现城市体征、推演未来趋势的综合信息载体[28]。此外,在数字孪生理念加持下,传统的物联网平台、大数据平台和共性技术赋能与应用支撑平台的深度和广度全面拓展,功能、数据量和实时性大大增强,如与数字孪生相关的场景服务、仿真推演、深度学习等能力将着重体现。

3）应用场景

数字孪生城市的全局视野、精准映射、模拟仿真、虚实交互、智能干预等典型特性正加速推动城市治理和各行业领域应用创新发展。尤其在城市治理领域,将形成若干全域视角的超级应用,如城市规划的空间分析和效果仿真,城市建设项目的交互设计与模拟施工,城市常态运行监测下的城市特征画像,依托城市发展时空轨迹推演未来的演进趋势,洞察城市发展规律支撑政府精准施策,城市交通流量和信号仿真使道路通行能力最大化,城市应急方案的仿真演练使应急预案更贴近实战等。在公共服务领域,数字孪生模拟仿真和三维交互式体验,将重新定义教育、医疗等服务内涵和服务手段。同时,基于个体在数字空间的孪生体,城市将开启个性化服务新时代。

4）未来发展

随着数字孪生城市建设持续深入和功能的不断完善,未来生活场景将发生深刻改变,超级智能时代即将到来。同时,技术加速集成创新将打破智慧城市现有产业格局,促使产业重新洗牌,新的独角兽可能出现。此外,技术的变革将倒逼管理模式的变革,正如生产力进步引发生产关系的变化,数字孪生城市的建设和运行,将推动现有城市治理结构和治理规则重塑调整[1]。

1.3.5 数字孪生城市发展前景

1）"数字孪生"催生新型智慧城市建设的新方案

新方案的核心大致有三点:第一,"数字孪生"将是助推城市发展的新动能。应当将数字孪生、大数据等数字技术充分融入城市规划、建设、运行与治理中。即在城市规划之初,就实现城市的数字化建模,实现人口空间、公共设施布局、基础设施建设、城市治理服务等的分析,极大优化空间布局,支持城市有序治理。第二,基于CIM探索的规、建、管一体化业务融合是重要抓手。欲打破固有城市建设思路,完成高起点治理,就需要基于统一的CIM城市模型,打通规划、建设、管理的数据壁垒,将规划设计、建设管理、竣工移交、市政管理有机融合,管理需求在规划、建设阶段就予以落实,实现一体化的业务融合和数据动态融通,实现城市一张蓝图绘到底、建到底、管到底。第三,构建基于CIM的规建管一体化平台,是实现数字孪生城市的关键举措。通过搭建一体化的运营中心,构建城市大脑,从而实现精细化治理。具体来说,在规划阶段,通过CIM模型,将多规合一,有效解决空间规划冲突,实现城市规划一张图;建设阶段,通过智慧建造,将工程现场与监管中心实时互联,实现从设计图纸审查、建造过程监督和竣工交付的全周期监管,构建建设监管一张网;运营阶段,通过CIM平台,快速掌握城市生命线安全、应急、生态和突发事件,实现城市治理一盘棋。

2）智能化基础设施助力提升城市承载能力

各类城市基础设施基于移动物联网等技术,逐步实现大范围智能化升级,将大幅提升城市承载能力。目前智能抄表、智能停车、智能井盖等应用层出不穷,而对未来影响最大的智能基础设施当属多功能智能杆柱和道路设施智能化升级。随着城市级感知基础设施的建设需求快速增长,感知设施统筹部署需求愈加迫切,多功能智能杆柱集无线通信、信息交互、智慧照明、视频监控、交通管理、环境监测、应急求助等多功能于一体,可能成为新型感知设施的集成载体,逐步全面安装、统筹部署和共建共享。2018 年,深圳市出台《深圳市多功能杆智能化系统技术与工程建设规范》,开展多功能智能杆建设行动,全市范围全面铺开安装。无人驾驶技术带动城市道路设施智能化升级,多个城市抢先部署试验场地设施。如北京亦庄建设全国首条无人驾驶试点道路,对信号、标志、标线等进行改造,便于自动驾驶车辆识别;上海 2018 年将无人驾驶开放道路从 5.6 公里扩大到 12 公里,并积极研发全国首套新型道路标志标线系统;武汉部署了首批 260 套基于 NB-IoT 的智慧交通标志牌,为无人驾驶奠定道路设施基础条件[29]。

3) 数字孪生映射城市变化,全面智能化将成发展主流

数字孪生城市是数字孪生技术在城市层面的广泛应用,在数字孪生城市的驱动下,城市治理体系势必向全面智能化和自主运行转变,具体来看,未来将呈现如下三大主要趋势。一是城市网格化治理模式向去网格化演进。当前城市网格化治理模式受物理世界的约束,未来在数字孪生城市下,城市网格均为数字虚拟网格,城市治理不受网格大小和边界约束,充分发挥网络广覆盖、低延时特性和大数据高性能计算特征,实现全智能化治理监测、分析、处罚和闭环监督。二是后端平台从人工监管向高度智能和自运行转变。随着语音、图像、文本等模式识别技术和深度学习、机器学习、数据挖掘等计算技术的成熟,在数字孪生城市下城市的实施变化均可自动感知,当前人工审核、监督将被全面替代,"城市自动运行"的自治模式逐渐成为现实。三是城市治理从细分领域向大治理模式转变。在数字孪生城市下,城市治理各大领域将全面破除壁垒,实现数据的大融合和治理的大融合,城市治安、消防、环保、环卫、工商、安全生产等诸多领域在同一个数字孪生城市体系中数字化展示,高度智能化极大地解放生产力,真正形成城市治理"一盘棋"的统筹模式[30]。

4) 新城新区将成为下一阶段率先探索创新的亮点

新城新区是新型城镇化的新载体,是发展智慧城市的试验田,新城新区以城市信息模型为关键技术建设数字孪生城市或将成为下一个风口[31]。雄安新区、北京副中心均已广泛应用 CIM 技术开展数字孪生城市建设,未来数字孪生城市一定会在新城新区的 CBD 区域率先实现。

5) 数字孪生城市必将成为生态城市的建设依托

由联合国教科文组织在"人与生物圈计划"中提出的生态城市(Ecological City)理论,为解决城市的人地冲突问题提供了新的发展思路。生态城市是社会、经济、文化和自然高度和谐的复合生态系统,其内部的物质循环、能量流动、信息传递构成环环相扣、协同共生的网络,具有实现物质循环再生、能量充分利用、信息反馈调节、经济高效、社会稳定的机能[32]。目前,我国有 230 个地级以上城市提出"生态城市"建设目标,占比 80%[33],生态文明建设被提到前所未有的高度。

在生态城市建设中引入数字孪生城市的概念有助于解决传统生态城市建设中难以解决的问题,对城市基础建设情况、各类型产业和设施进行全方位数字化实时监测和优化处理,进而形成以政府为主导、企业为具体措施实施者、公众为使用者和反馈者的协同共建数字孪生城市,为城市管理者提供更加智慧化的决策手段,推进智慧化生态城市建设决策[34]。

1.4 数字孪生城市案例分析

1.4.1 虚拟新加坡

1) 基本概况

2015 年,新加坡政府与法国达索系统等多家公司、研究机构签订协议,启动"虚拟新加坡"(Virtual Singapore)项目。该项目计划完全依照真实物理世界中的新加坡,开发一个"动态的三维城市模型和协作数据平台",创建数字孪生城市信息模型。

模型内置海量静态、动态数据,并可根据目的需求,实时显示城市运营状态。模型的关键在于真实世界与虚拟世界的精准映射。模型既是物理世界运行动态的展示,满足城市管理的需求,也能够指导城市未来的建设与运行优化。"虚拟新加坡"平台计划于 2018 年面向政府、市民、企业和研究机构开放,可广泛应用于城市环境模拟仿真、城市服务分析、规划与管理决策、科学研究等领域。新加坡政府在 3 年时间内,累计投入 7 300 万美元,积累了 50TB 数据。

新加坡政府正在同时打造"智慧国家传感平台",并计划设立国家官方网站。该平台部署了西门子公司基于云的开放式物联网操作系统,将统一负责新加坡境内的传感网络设备管理、数据交换、数据融合与理解。

2) 优秀做法

新加坡政府将 11 万路灯互联,以集群的方式部署无线网络设备、各类传感器设备。新加坡政府既建立了安全、高速、经济且具有扩展性的全国通信基础设施,又建立了遍布全国的传感器网络,采集实时数据(如环境、人口密度、交通、天气、能耗和废物回收等),并对重要数据匿名化保护、管理以及适当共享[35]。

政府近 98% 的公共服务通过在线方式提供,民众享受一站式服务。新加坡的愿景是建立一个与国民互动、共同创新的合作型政府,以及一个无缝流畅、以民众为中心的整体型政府。调查显示,新加坡公民对目前电子政务的满意度为 96%,企业的满意度为 93%。日本早稻田大学 2014 年的一项电子政务调查指出,"新加坡近 98% 的公共服务已经同时通过在线方式提供,其中大部分都是民众需要办理的事务"[35]。

未来虚拟新加坡将更侧重在收集数据上,预测民众需求、提供更好的服务。新加坡面向未来提出"智慧国"计划,其重点在于信息的整合以及在此基础上的执行,使政府的政策更具备前瞻性,除了通过技术来收集信息,更关键在于利用这些信息来更好地服务人民,建设覆盖全岛的数据收集、连接和分析的基础设施与操作系统,根据所获数据预测公民需求,提供更好的公共服务[35]。

1.4.2　墨尔本 CBD

1）基本概况

墨尔本是澳大利亚维多利亚州的首府、澳大利亚联邦第二大城市,澳洲文化、工业中心,是南半球最负盛名的文化名城,连续多年被评为全世界最适宜居住的城市。

如今为人们熟知的 CBD 区域,是墨尔本的中央活动核心区,提供了全市范围内最健全的基础设施、最完善的商务、办公、商业、文化、教育等城市功能。在 CBD 2.4 平方公里范围内,聚集着全墨尔本最多且收入最高的工作机会、两所全澳领先的大学、最丰富的购物设施、最具墨尔本特色的文化及休闲娱乐场所,以及最便捷的公共交通网络。

为了应对人口快速增长,除了采取传统的城市外扩、新建居住区的策略外,墨尔本更多采取了在已开发区域进行再开发的方式。而墨尔本 CBD 及市中心区域由于基础设施建设水平高、各种配套完善,围绕其周边区域开发住宅、提高开发强度不仅可以最大限度利用现有设施,更可以节省大量基础设施投资开支。另一方面,作为传统的单中心城市,墨尔本 CBD 的首位度仍有提升空间。据统计,墨尔本 CBD 就业首位度(CBD 就业岗位占全市就业比重)为 11%,虽低于纽约曼哈顿,但已与芝加哥持平,且高于伦敦金融城。而就业强度(9.2 万人/平方公里)与全球发达城市相比仍有提升空间。正基于此,维多利亚州政府在其"墨尔本 2050"(Melbourne 2050)战略规划中,除了强调将引导城市向多中心化方向发展,也强调应强化 CBD 及中心区域的核心功能。

2）优秀做法

（1）City DNA——城市全真 3D 模型

墨尔本 CBD 基于 BIM、GIS、3D 模型以及物联网技术,打造了区域城市的全真 3D 模型,对建筑物、街道、公共基础设施以 1∶1 000 的比例进行全真模拟。模型不仅是城市建设情况的实际体现,也会记录墨尔本 CBD 每个时期的变化情况,以及未来规划的设计模拟。对于 CBD 各个区域正在开展的建设项目、会议以及重要活动,在模型中也可实施查询。通过与 CLUE 系统(墨尔本就业普查与土地使用系统)的联动,基于 CBD 的 3D 模型也可随时查阅各个区域的就业情况、产业发展情况以及土地建筑的使用情况。

（2）墨尔本创新街区——智慧城市的创新创业孵化区

墨尔本 CBD 与墨尔本大学和墨尔本皇家理工大学合作创建了墨尔本创新区(MID),这是一项智能城市计划,旨在推动知识经济投资并帮助墨尔本塑造城市的未来。该合作最初主要集中在 CBD 的北部大学区,该地区拥有墨尔本所有知识部门工作岗位的 21%,并拥有墨尔本皇家理工大学和墨尔本大学,维多利亚州立图书馆,维多利亚女王市场,皇家展览大厦,商业大厅和墨尔本博物馆的中心校区。

通过建立科技创新转化平台、初创企业服务平台,并且搭建公共的办公空间,为墨尔本的知识工作者、研究人员、学生、企业和社区组织提供更多机会进行联系和协作,吸引更多小企业,初创企业和社会企业到该地区。街区的创新主题以墨尔本智慧城市发展计划为核心,囊括智慧城市服务的方方面面,科研成果可能直接被 CBD 政府或本地科技企业采纳,不断激发城市智能创新活力,并培育新的智慧城市产业。

(3) 未来城市实验室——分散到社区等应用场景的新技术实验室

CityLab(未来城市实验室)是墨尔本 CBD 与市政府共同构建的一个测试城市建设、服务创新理念和技术运用的空间。CityLab 的核心实验室位于墨尔本市政厅的一楼,但其具备多个分支场景实验室,在 CBD 商业中心办公区、生活社区、建筑工地、公共服务设施均有相应的测试实验空间。当墨尔本想要引入最新的智慧城市建设理念和新技术时,CBD 的 CityLab 则会承接这些新事物与城市建设管理的"匹配性、适用性、落地性"的测试工作。根据技术或理念的不同运用场景,在 CBD 的不同区域开展实验测试,以确保相应的技术、产品能够根据墨尔本的城市发展需求量身定制。这种延伸至社区、产业的实验室,能够切实考验新技术、新理念的落地性和实用性,保障前沿技术的引入,体现先进性,又可以保障项目的落地实施。

1.4.3 雄安新区

1) 基本概况

雄安新区位于中国河北省保定市境内,地处北京、天津、保定腹地,规划范围涵盖河北省雄县、容城、安新等 3 个小县及周边部分区域,对雄县、容城、安新 3 县及周边区域实行托管。设立河北雄安新区,是以习近平同志为核心的党中央做出的一项重大的历史性战略选择,是继深圳经济特区和上海浦东新区之后又一具有全国意义的新区,是千年大计、国家大事。对于集中疏解北京非首都功能,探索人口经济密集地区优化开发新模式,调整优化京津冀城市布局和空间结构,培育创新驱动发展新引擎,具有重大现实意义和深远历史意义。雄安新区的设计理念是打造北京非首都功能疏解集中承载地,建设一座以新发展理念引领的现代新型城区。

2018 年 2 月 2 日,中央政治局常务委员会听取了雄安新区规划编制情况的汇报,进一步强调要"同步规划建设数字城市,努力打造智能新区"。2018 年 4 月 20 日雄安新区规划纲要获批复,其中写到"坚持数字城市与现实城市同步规划、同步建设,适度超前布局智能基础设施,推动全域智能化应用服务实时可控,建立健全大数据资产管理体系,打造具有深度学习能力、全球领先的数字城市",并在随后的官方解读中,提出了"数字孪生城市"的表述。

2) 优秀做法

(1) 智慧交通系统

根据雄安新区规划纲要要求,新区将构建实时感知、瞬时响应、智能决策的新型智能交通体系框架,建设道路网、信息网和能源网"三网合一"的智能交通基础设施。同时,构建全息泛在互联的感知系统,重点加强环境信息、路面状况信息、交通流信息等感知设施装备的布设,实现道路网中各要素的全息感知,并依托全覆盖的通信网络实现泛在互联[36]。

在交通出行体系上,将智能共享汽车作为雄安新区智慧出行体系的主导,从而极大减少交通驾驶事故,提升交通出行效率,降低车辆排放污染,增加出行便利条件[37]。而交通管控上,雄安新区将建立数据驱动的智能化协同管控系统,探索智能驾驶运载工具的联网联控,采用交叉口通行权智能分配,保障系统运行安全,提升系统运行效率[38]。

（2）智慧型应急指挥中心

在雄安新区市民服务中心的建设中,应急指挥中心作为城市安防系统的"大脑"和指挥"中枢",其信息的安全性被视为重中之重。同时整个指挥中心信息化系统建设的稳定性、可拓展性和强大的互联互通功能也得到各部门的高度重视。

在当前雄安新区的建设中,新区主要采用的是 DS3.1 分布式智慧管控系统,实现了对整个雄安新区 2 000 多路监控图像、无人侦察机图像等信号的快速调取、互联互通、指挥调度以及周边环境的集中智能管控,为雄安市民服务中心倾力打造了一个集"安全性、稳定性、可扩展性、互联互通功能"于一体的智慧型应急指挥中心。进而实现实时感知城市各个角落的安全状况,全方位地衡量事态发展与资源状况从而做出正确决策,协调公安、交通、消防和医疗急救等各个部门共同作战。

（3）智慧工地平台

雄安市民服务中心项目具有工期短、时段特殊、业态多、任务重、标准高、要求严等建设难点,因此在项目开工时就引入智慧工地平台,以该平台为数据集成枢纽,承载项目建设的所有工程数据,包括监控、进度、质量、安全等数据,通过集约化管理,将建造过程的环境、数据、行为近乎透明地展示在决策者面前,辅助项目管理。

该智慧工地平台把传统的智慧工地、BIM、施工信息化管理融合到了一起,其集成度达到了新的高度。该平台作为数据集成枢纽,将虚拟的 BIM 模型、无人机航拍图像、监控影像、施工管理的记录、大量环境监测和水电能耗监测等物联网设备的数据全部囊括,实现建筑施工全过程的数据自动采集、分析并预警。平台分为八个功能模块,分别是全景监控模块、进度管理模块、质量管理模块、安全管理模块、物料管理模块、劳务管理模块、绿色施工模块、工程资料模块。此外,智慧工地平台还可以实现塔吊的限位防碰撞及吊钩的可视化、高支模的安全监测、施工电梯安全监控等多项功能。

为了支撑智慧工地平台的运行,施工现场布设了很多硬件设备,现场通过"一卡通 + 人脸识别"双识别方式进行身份识别。通过在安全帽上安装 GPS 定位芯片,记录施工人员实时位置、移动轨迹。布设环境监测系统,可以在无人看管的情况下进行连续自动监测,通过5G 网络将数据上传。现场设置了监控设备,采用无人机对现场进行航拍。

1.4.4　江北新区 CBD

1）基本概况

南京江北新区于 2015 年 6 月 27 日由国务院批复设立,是全国第 13 个、江苏省唯一的国家级新区。江北新区是承担"一带一路"、长江经济带、改革开放等国家重要发展战略和任务的国家级综合功能区。南京江北新区中央商务区（以下简称"中央商务区"）作为江北新区核心区,融合新金融、商业商务、文化休闲和生态宜居等多种功能,将成为引领南京江北新区发展的活力聚集区和多功能示范区。

中央商务区战略意义重大。中央商务区是江北新区商业和经济中心,紧扣江北新区"两城一中心"战略规划的"一中心",致力于打造辐射长江经济带、具有国际影响力的新金融中心,将努力建设成为扬子江新金融集聚区、具有国际影响力的新金融示范区、产融结合的新金融中心、金融科技创新发展之地、保险创新试验区。

中央商务区区位优势明确。中央商务区北至浦滨路,东至纬三路过江隧道,南至滨江岸线,西至七里河,襟长江而带七里河,控浦口而引主城六区,据南京长江隧道与地铁 10 号线之交通要道,扼长江南北之咽喉。中央商务区依托区位优势和便利的交通条件,将为"一带一路"战略提供有力支撑,引领长江经济带和长江三角洲的发展,并成为南京建设具有全球影响力创新名城的先锋。

2) 优秀做法

南京江北新区中央商务区正在建设过程中,辖区内的市政设施规划、地下空间规划、"小街区、密路网"专项规划等各建设规划陆续出台并开始实施,与此同时,地下空间一期项目、扬子江新金融创意街区项目、江北大道综合环境整治一期工程、老浦口火车站改造等项目接连启动,在未来 2~3 年,项目建设将会逐步加速。在此背景下,江北新区中心区发展有限公司系统性提出了"规划、设计、建设、运营和更新"五大发展历程以及"智慧管廊管线、智慧交通、智慧生态景观、智慧建筑、智慧市政"五大核心智慧化应用及智慧金融、智慧文旅、智慧园区等的"5 + 5 + N"核心思路。

同时,南京江北新区中央商务区利用自身特色和市场资源,搭建智慧金融服务平台和智慧文旅展示体验平台,来实现投融资需求的精准对接和文旅资源的沉浸式体验,利用企业融合服务平台和智慧邻里中心的建设,来提升目标对象的新引力,利用数据资源在新金融行业的创新应用为南京江北新区中央商务区注入活力,为产城人融合发展路径提供全新支撑。

在南京江北新区中央商务区智慧城市规划建设过程中,"数字孪生城市"贯穿始终,物理城市所有的人、物、事件、建筑、道路、设施等,都在数字世界有虚拟映像,信息可见、轨迹可循、状态可查,实现虚实同步运转和情景交融,并通过中央商务区运行管理中心(IOC)的运行状态监测、产业集聚分析和快速应急响应等服务,实现辖区可管可控和一盘棋尽在掌握。

第 2 章
数字孪生城市数据组织

通过前一章的介绍，我们知道数字孪生城市是对现实世界的虚拟映射，是一个虚实结合、相互映射、协同交互的复杂巨系统。数字孪生城市系统建设在基础设施、服务设施、传感器设施以及由此产生的海量数据等方面面临巨大的挑战。5G、人工智能（Artificial Intelligence，AI）、物联网等技术的快速发展，逐渐打破了数字孪生城市建设所遇到的技术瓶颈，但是由此也带来了为全面、客观、及时地描述物理城市所产生的海量数据管理与城市复杂系统的巨大挑战。

本章将从数字孪生城市的数据来源与获取方式、数据预处理、基础建设和可视化四个部分对数据孪生城市的数据组织过程进行介绍。首先，海量数据及复杂关系是数字孪生城市的基础，大数据的采集与获取过程为城市建设与管理提供数据保障。其次，数据预处理过程旨在对多源异构数据进行处理并转换到统一的时空基准。再次，基础建设通过定义标准和规范，为网络及云设施层、城市空间设施、应用服务层和运营决策层搭建数字孪生平台，是数字孪生城市的核心环节。最后，数据可视化平台用于搭建现实世界的虚拟映射，能够仿真和模拟城市建设与管理过程，是数字孪生城市各种功能的具体实现。

2.1 数字孪生城市数据获取

2.1.1 数字孪生城市数据来源

1）基础空间数据

基础空间数据是数字孪生城市建设过程中不可或缺的底层数据源，该类数据的获取包括现有城市管理各行业规划管理数据、现状数据、调查统计数据、多媒体数据、现场勘测、纸图数字化、航测与卫星遥感、遥感影像解译、数据集成、在线地图下载等，并通过数据处理、转换、存储为满足时空地理数据统一基准的基础空间数据。

2）城市 3D 模型

城市信息 3D 模型通过航空摄影测量、激光扫描、倾斜摄影、野外实地测量以及建筑信息模型等手段获取。

（1）大尺度城市 3D 模型

通过无人机倾斜摄影和 3D 建模算法,实现城市外轮廓的快速建模,形成逼真的城市建筑外轮廓模型,并通过图像识别技术自动区分河流、道路、建筑单体、建筑屋顶、树木、停车场、车位、移动物体等城市基本元素。目前城市 3D 模型所需的数据采集手段可以提供厘米级别的分辨率和逼真的建筑表面纹理。

（2）地面高精度 3D 模型

由于空中数据采集无法有效覆盖建筑物、基础设施等所有构成城市的各类要素,而地面数据采集可以提供高精度的近地面城市 3D 数据,和空中采集数据形成有效互补。地面数据采集一般借助地面车辆或者定点扫描,结合图像拍摄、激光扫描等技术,对城市地面、道路景观进行高精度扫描成像。高精度的地面数据可以直接支持城市导航、自动驾驶等应用,精度可达到厘米级甚至毫米级。

（3）室内 3D 模型

对于没有 BIM 模型数据的城市建筑物,可利用专用的室内 3D 模型数据采集设备及配套软件,通过激光、视频等手段捕获室内空间几何信息,可以完成建筑物内部的高精度、逆向建模。同时结合定位数据和专门的 3D 数据融合软件,室内采集的 3D 模型可以和空中、地面的模型进行高精度拟合,形成覆盖室内外、近地表的城市高精度 3D 模型。对于拥有 BIM 模型数据的城市建筑物,可利用 BIM 模型进行室内数字化建模。BIM 是城市内部单体建筑或设施的详细三维数字模型,包含建筑物所有构件、设备的几何和非几何信息及之间的关联关系。通过对竣工交付后的建筑物 BIM 模型数据进行格式转换和轻量化处理,可以生成高精度的城市单体建筑 3D 模型。

3）智能感知数据

智能感知是指通过摄像头、传感器等硬件设备,结合语音识别、视频解析和图像识别等技术,将物理世界的信号映射到虚拟数字环境,进一步将数字信息提升为记忆、规划、决策等可视化层次。实际生活中,智能感知数据是指城市各种公共设施及专业传感器感知的具有时间标识的即时数据,包括建筑物、桥梁、隧道、路面、管线等基础设施运维状态的感知数据,行人、车辆、地铁等位置速度信息的感知数据,光线、温度、湿度、空气颗粒密度等天气水文地震的感知数据,人文经济社会的感知数据和时空地理要素的位置感知数据等。智能感知数据能够反映城市的即时运行动态情况,与城市 GIS/BIM 空间数据相叠加,将静态的数字城市升级为可感知、动态在线的数字孪生城市。依托于物联网技术、5G 技术和智能感知技术,智能感知数据的获取需要各类专业的感知传感器设施,具体分为环境监测传感器、运动监测传感器、电化学传感器 3 类。其中,环境监测传感器包括土壤温度传感器、空气温湿度传感器、蒸发传感器、雨量传感器、光照传感器、风速风向传感器、压力传感器等;运动监测传感器涵盖摄像机、激光雷达、毫米波雷达、超声波雷达、陀螺仪、加速度计等;电化学传感器包括土壤 pH 值、离子活度等。

2.1.2 数字孪生城市全域感知

我国城市各领域感知业务系统大多处于各自为政、条块分割、烟囱林立、信息孤岛的状态,数字孪生城市需要针对不同的应用场景,统筹感知体系建设,统一采集数据,实现城市动态数据整合与共享,形成全域覆盖、动静结合、三维立体的规范化、智能化、全连接的感知布局。但目前产业界对数字孪生城市全域感知体系建设尚没有深刻的认识[27]。

数字孪生城市需要构建全域覆盖、动静结合、三维立体的智能化设施和感知体系[27],即全域感知系统。该智能化设施空间布局方案需针对不同的应用场景,结合实际使用需求与信息采集方式分别进行构建。

1) 基础设施的状态感知

基础设施建设随着经济、社会的发展而变得愈发重要,我国又是世界闻名的基建大国,尤其近十年来,兴建了许多举世瞩目的重大工程,但这些设施在服役过程中不可避免地会受到荷载、环境腐蚀、材料老化、疲劳破坏等因素的耦合作用而产生损伤累积,导致结构的抗力衰减,容易引发突发事故[39]。因此,对基础设施部署相应的监测感知设备,监控其结构数据和运行状态是保障基础设施质量和安全的关键。

对于常见的基础设施如桥梁、隧道、路面、管线等的状态感知主要为结构健康监测,监测指标一般有静负荷、动态负载、应变、弯曲、裂缝、位移、沉降、振动等。结构健康监测的主要流程是工程人员通过监测结构的动态反应来识别结构的特性和损伤程度,并借助建筑结构健康监测系统在第一时间做出安全评估,从而提早发现潜在的问题,采取有效的补救措施[40]。

由于传统的人工检测耗时较长,并且伴有很大的主观性,很难在突发事件后迅速查明结构的健康状态。因此,结构健康的智慧化监测技术逐渐受到关注[39]。物联网技术对物理世界的动态和精细感知的优势,可以应用于建筑物、桥梁、隧道、路面、管线等健康监测中,帮助工程人员掌握其工作状态,及时发现结构损伤,评估桥梁、隧道、路面、管线等基础设施的安全状况。比如,在待监测设施的重要节点上安装用于感测信号的无线网络加速度传感器采集振动数据,这些采集的数据可能会受到传感器附近的局部活动的影响,所以还应该把传感器数据与其周围发生的事件形成准确的对应,然后结合信号处理方法与机器学习方法形成事件检测的框架,以获取可靠的传感器数据,进而为结构健康监测提供准确、可靠的信息[41]。另外,数据采集后需要回传,借由设计好的数据传输和融合算法等将其准确无误地传输到汇聚节点,再通过泛在的无线网络路由协议传送到基站,实时监测基础设施的健康状态。以上方法主要是采取分布式数据处理,它的系统优势在于:

① 缓解汇聚节点和终端基站的数据处理压力,避免汇聚节点和基站因可能收到前段节点送来的大量初始数据而造成瘫痪;

② 提高网络传输有用信息的效率,可以减少大量无用数据的传输,从而能够降低整个系统的能耗[40]。

2) 交通信息的感知

2017 年,工业和信息化部发布《物联网“十三五”发展规划》后,物联网技术得到了快速发展,如何把物联网技术应用到公共服务和城市生活中成为当前研究的热点。近几年来,我国大力发展物联网、5G 通信等技术,加快建设智慧城市的步伐。物联网技术也给智能交通领域带来了新的发展机遇[42]。

传统的交通运输行业包含海陆空等多个领域,其中陆路交通包含铁路、公路及城市道路等[42]。智能交通是交通领域与现代物联网信息技术融合过程中的一个较为典型的应用,实现了交通运输与智能管理的集合与统一,其在开发的过程中,综合使用了电子传感器技术、数据传输技术以及现代物联网信息技术[43]。

交通信息采集设备不尽相同,主要有高清摄像机、车辆检测器、地磁传感器、雷达、超声波、智慧道钉等,检测技术有 RFID(Radio Frequency Identification,射频识别技术)、卫星定位、传感器、图像识别等,如基于 RFID 技术的车流量检测系统,在道路两旁安装 RFID 阅读器,车辆上安装 RFID 阅读标签,根据两个阅读器区间内车辆通过的数量,实时统计某个路段的车流量;基于传感器技术的智慧道钉系统,车道两侧道钉采集的地磁传感器数据经算法计算后,系统可以识别并判断车辆的行驶状态、车辆速度及停留时长等;基于卫星定位技术的交通信息采集系统,采用浮动车来获取道路交通信息,该系统包含车载前端设备、无线通信网络及数据处理中心。车辆内安装的接收机可采集车辆运行时间及行车位置等信息;基于图像识别技术的路况识别系统,在道路的重要路口分支段及隧道段设置全景高清摄像机、事件检测摄像机等前端数据信息采集设备,并在隧道入口端设置动态监控,以高清摄像机等前端设备为依托,结合智能化的仪器和图像识别软件实现同步获取道路交通的实时情况,对超速、压线等违章车辆自动识别并记录储存等[42]。

智能交通各个子系统的应用集中体现在交通集成平台上。交通集成平台结合智能交通中的传输层能有效解决城市发展过程中对交通提出的新问题,使交通运输的管理与运行不再单纯地依靠线路调整,这不仅降低了交通发展过程中的成本,同时也适应了当前智能交通发展的形式。当前,智能交通在运行的过程中,主要是依靠 4G 技术,随着 5G 技术的应用与发展,部分城市也正在探索将 5G 技术融入智能交通中,为智能交通信息的传输提供必要的网络支持。但是,无论是成熟的 4G 网络还是未来的 5G 网络,在成本与传输范围上均有着明显的限制,影响到智能交通的实施。因此,可以从物联网无线网络技术中寻找突破点,将 ZigBee、Wi-Fi、蓝牙等短距离、小范围无线传输技术与 5G 网络技术进行融合,通过网络组合,从而可以实现在一个固定区域范围内,多个信号机进行联网的目的,然后通过手机芯片进行传输,与信号服务系统进行关联,搭建起 ZigBee/Wi-Fi/蓝牙/5G 网络的无线网框架[43]。

3) 天气水文地震等信息的实时感知

气候影响人类方方面面的生产生活。特别是近些年来,更多温室气体排放到空气中,极端天气变得更频繁。灾害天气给人们带来了不同程度的损失,甚至迫使某些地区的居民离开家园。因此,人类需要采取有效手段监测气象,在灾害天气面前采取预防措施[44]。

目前,对于天气水文地震等信息的感知主要还是通过地面观测、卫星、雷达和数据预报产品等几大类的观测数据。其中,地面气象站观测所获取的数据是需要永久保存的,其使用率非常高,除了常规天气预报业务需要用到之外,诸如气候预测、气象农业、环境气象、交通气象以及科研等领域,都需要用到这些数据。另外,除了常规的地面观测站之外,以气象卫星和多普勒天气雷达为代表的遥感遥测业务领域近三十年来取得了飞速发展,这些领域一方面每天产生着数以 TB 级的观测数据,另一方面也需要地面观测等实测数据作为其遥感数据的订正依据[45]。

2.2　数字孪生城市的数据预处理

2.2.1　数字孪生城市的数据类型

数字孪生城市通过融合不同来源的数据,如实记录、展示城市动态变化特征,反向控制城市运营管理和相关主体(如人、车、物),进而实时调配、管理城市的道路、电力、医疗、政务和警务等资源。

数字孪生城市数据主要涵盖城市信息模型和叠加在模型上的大规模多元数据集合。

1）城市信息模型

城市信息模型由城市三维地理信息模型、建筑信息模型数据和 IoT 智能感知数据三部分组成,其中三维地理信息模型实现城市宏观大场景的数字化模型表达和空间分析,BIM 实现对城市细胞级建筑物的物理设施、功能信息的精准表达,智能感知数据与城市 3D GIS/BIM 空间数据相叠加,用于反映城市的实时运行状态。

2）多元数据

多元数据主要包括以下三部分内容:一是城市语义信息,即城市全要素语义化,将其几何属性、自然属性、社会属性以数据形式表征,形成统一的城市知识图谱。二是政府部门掌握的信息,如产权、户籍、社保、法人、纳税、教育、医疗、交通、电信等等,据统计,80%的信息与空间地理相关。三是城市运行产生的大量数据,如路况信息、导航信息、气象信息、车辆轨迹、人口流动等,将物联网、传感器、监控点等实时数据通过语义与空间数据进行时空上的叠加,并向各政府部门和社会企事业单位提供基础服务。

2.2.2　位置感知

每个智慧城市解决方案本质上都是基于地理位置数据。事实上,大多数新一代技术,如人工智能、物联网、5G、北斗等,只有与定位技术同步运行,才能达到预期效果。在普适计算环境下,用户所感兴趣的服务往往依赖于他们的位置,因而位置的精确和实时获取是至关重要的。

目前适合室内定位的 GNSS(Global Navigation Satellite System, 全球导航卫星系统)定位技术可通过四颗卫星解算、确定出接收机的位置,然而 GNSS 定位的精度和可靠性主要取决于跟踪的可见卫星数量和几何图形分布这两个重要因素。对于城市高楼密集区的"城市峡谷",由于 GNSS 信号受遮挡,接收到的 GNSS 卫星数较少,卫星几何图形分布不佳,导致 GNSS 定位精度大大降低,不能满足定位的要求。此外,应用 GNSS 技术进行精密测量,目前在水平方向的静态定位精度可达到毫米级；但在垂直方向，GNSS 定位精度较差，通常是水平定位误差的 2～3 倍。

目前在隧道、室内、地下还无法直接使用 GNSS 卫星信号，因而伪卫星定位技术是解决上述 GNSS 卫星导航和定位现存问题的有效途径之一，由于伪卫星发射的是类似于 GNSS 的信号，并工作在 GNSS 的频率上，所以用户的 GNSS 接收机可以用来同时接收 GNSS 信号和伪卫星信号，而不必增设另一套伪卫星接收设备。地面建立的伪卫星站不仅可以增强区域性 GNSS 卫星导航定位系统，而且可以提高卫星定位系统的可靠性和抗干扰能力[46]。

Wi-Fi 定位技术、ZigBee、蓝牙定位技术等室内定位技术是为了解决室内 GNSS 信号强度不够甚至缺失的情况下而衍生出来的定位技术。通过 Wi-Fi 信号，就能获得设备的 MAC 地址，并把他当成唯一标识。服务器端都有一个 AP 的坐标数据，Wi-Fi 定位通过一个或者多个 AP 设备的坐标来计算得出。ZigBee 技术是一种新兴的低速率、短距离的无线传感网络技术，具有低成本、低功耗的优点，且信号传输不受视距的影响，被广泛地应用于环境监测、工业现场采集、智能家居和医疗护理等领域。蓝牙定位技术通过广播蓝牙信号，实现地理围栏和室内定位功能。用户终端扫描定位蓝牙信号，经过定位引擎处理可以计算出用户当前的位置。因为其成本低、功耗小、工作时间长、易于部署，目前广泛应用于室内定位，具有广泛的应用前景。

1) 坐标系统

（1）2000 国家大地坐标系

2000 国家大地坐标系（China Geodetic Coordinate System 2000，CGCS2000），是我国当前最新的国家大地坐标系。随着经济发展和社会的进步，我国航天、海洋、地震、气象、水利、建设、规划、地质调查、国土资源管理等领域需要一个以全球参考基准为背景的、全国统一的、协调一致的坐标系统，用以处理国家、区域、海洋与全球化的资源、环境、社会和信息等问题[47]。

（2）独立坐标系

独立坐标系是任意选定坐标原点和坐标轴的直角坐标系，是独立于国家坐标系外的局部的平面直角坐标系。在城市范围内布设控制网时，应考虑不仅要满足大比例尺测图的需要，还要满足一般工程放样的需要，通常情况下要求控制网由平面直角坐标反算的长度与实测的长度尽可能地相符，而国家坐标系往往无法满足这些要求，这是因为国家坐标系投影带都是按照一定的间隔划分，由西向东有规律地分布，其中央子午线不可能恰好落在每个城市的中央。为了减小长度投影变形所产生的影响，使由控制点的平面直角坐标反算出来的长度在实际使用时不需要做任何改正，方便测绘实际作业，根据《城市测量规范》的要求，可以建立有别于国家统一坐标系统的城市独立坐标系统[48]。

2) 地上地下坐标信息的叠加

在智慧城市建设过程中，不同的独立坐标系需要混合叠加使用，如地下空间独立坐标系、地铁独立坐标系、地下综合管廊坐标系，城市地上地下室内室外的坐标信息需要叠加，以融合成统一的坐标系统。

竖井联系测量是实现地上地下坐标信息传递与叠加的一种常用手段,它是通过竖井将地面和地下控制网联系在统一坐标系统中的测量工作,把地面上控制点的坐标、方位角和高程传递到地下,作为地下基准网的起算坐标和起始方位角。为了使地面与地下建立统一的高程系统,通过斜井、竖井将地面高程传递到地下。

　　以上地上地下联系测量的方法需要借助全站仪、陀螺经纬仪等设备进行大量而繁重的外业测量和内业数据处理工作,耗时耗力。随着需求的不断提高,现急需一种能够实现全自动、全天时、全天候和高精度的地上地下坐标信息叠加的新技术和新手段。

　　地铁作为一个地上地下坐标信息叠加技术的典型应用场景,其对高精度统一坐标基准框架的需求十分迫切,如地上沿线主要建筑物的变形监测、地铁站点内乘客和工作人员的实时位置服务和地铁隧道和轨道的变形监测等,皆离不开一个地上地下统一坐标基准框架。本书作者提出了基于北斗和伪卫星的地上地下时空基准联系技术,如图 2-1 所示。该技术首先建立地铁沿线北斗超级 CORS 网络,提供建筑物变形监测服务和地上高精度坐标基准,通过伪卫星技术在地铁车站里、隧道内建立大量的时空信息定位节点将坐标基准通过地铁口传递至地铁地下空间内,建立一个精准的地上地下统一坐标框架。通过建立地上地下时空信息网络,采用人工智能技术进行实时或事后精密静态位置解算,对地上地下统一坐标框架进行实时动态更新,从而为地铁站点内人员、设备,为地铁隧道和轨道变形监测提供高精度位置服务。

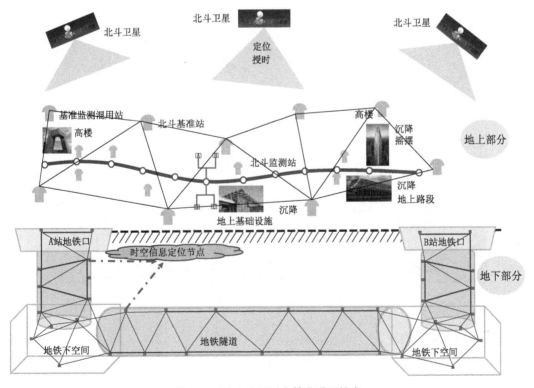

图 2-1　地上地下时空基准联系技术

3）定位新技术

（1）北斗超级CORS（Continuously Operating Reference Stations，连续运行参考站）系统

北斗系统自身提供的定位精度最高可达米级，远远不能满足精确导航和定位的要求。为了将北斗定位和导航精度提高到分米、厘米、毫米，需建立长时间接收卫星信号的北斗连续运行参考站，向用户实时播发各类改正数。常规CORS站点一般相距可达50 km甚至更长，以便能有更大的有效覆盖面积。现今，CORS站点设备的价格已由2000年初的20～50万元降低到万元级别，并且随着近年来5G技术的不断发展，使得在城市区域内大量布设CORS站点成为可能。在堤坝边坡、高层建筑、桥梁、隧道等基础设施上都可以大量安装北斗CORS站点，用于监测他们自身的高程沉降和水平位移，这些点的数量可达几十甚至上百个，而这些监测点有的在短时间内可以认为是稳定不动的，有的其变形移动是有着内在规律的。北斗超级CORS系统就是将这些站点基于5G网络进行系统级互联或站点级直连、基于人工智能的机器学习算法将高层建筑、桥梁、边坡等不同模型下北斗观测值进行模糊度统一固定、基于分布式的大规模超级CORS网并行解算、在海量数据下进行各类形变信息的实时智能判别与提取。北斗超级CORS系统的建立将为整个城市提供全方位、全覆盖、高精度的实时变形沉降信息，可以说北斗超级CORS将作为城市安全与智慧化管理的重要基础设施（新基建）。

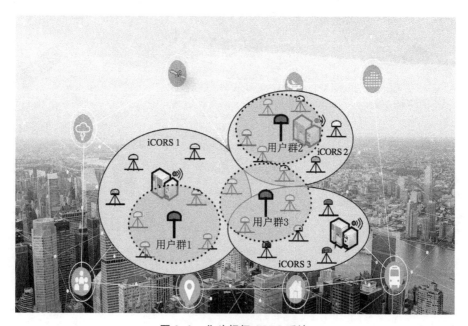

图2-2　北斗超级CORS系统

（2）伪卫星定位系统

伪卫星定位技术是接收机通过接收到伪卫星星座发射的伪卫星信号进行测距交汇定位的技术。伪卫星基站是可发射类似于北斗定位信号的发射装置，相当于可以灵活放置的模拟导航卫星。多个伪卫星基站通过一定的几何布局组成伪卫星定位星座，伪卫星接收机接收

到多个伪卫星信号进行位置坐标计算。

（3）超宽带定位

超宽带定位是一种使用 1GHz 以上带宽且无须载波的无线电定位技术，根据测量参数的不同，可分为基于接收信号强度法、基于到达角度法和基于接收信号时间法，具有低功耗、低成本、抗干扰能力强的特点，定位精度可达厘米级。目前超宽带定位技术可实现厂房、监狱、机场等场景的人员定位，定位精度可达分米级。

（4）Wi-Fi 定位

Wi-Fi 是基于通信协议的无线局域网技术。利用 Wi-Fi 信号进行室内定位，主要采用测距交会与指纹匹配两种方式[49]。测距交会方式通过测量接收机到多个 Wi-Fi 接入点的信号强度，根据距离与信号强度的关系得到位置估值。指纹匹配定位方式预先采集该区域的信号强度，通过对比匹配及相似性分析得到室内估计位置。使用 Wi-Fi 定位技术可实现一般场所 3～5 m 的定位精度。

（5）视觉定位

视觉定位是指采用图像特征检测技术求出目标在各个相机中的像素坐标，然后根据已知的相机中心坐标，通过空间距离后方交会，解算出目标特征在当地坐标系下的三维坐标。目前使用手机比对图像和楼层图可达到 30 cm 的定位精度，采用条形码等辅助参考点标记，可实现厘米级的定位精度。

（6）地磁定位

地磁定位是指利用地磁场特征的特异性获取位置信息的技术方案。现代建筑物基本都是钢筋混凝土结构，这些建筑物墙体内部的金属结构会对室内的地磁场产生很大影响，而室内的电气设备也会对磁场产生影响，室内磁场具有相对较强的稳定性，故室内地磁场是一种可运用于室内定位导航的有效信息源[50]。由于磁场信息是固有的，故成本相比其他定位技术更低，但仍需要人工建立数据库。

4）时间同步技术

作为数字通信网的基础支撑技术，时间同步技术是当前业界关注的焦点。时间同步就是通过对本地时钟的某些操作，为分布式系统提供一个统一时间标度的过程。

（1）时间同步技术原理

时间同步的原理是按照接收到的时间来调控设备内部的时钟和时刻。它既调控时钟的频率又调控时钟的相位，同时将时钟的相位以数值表示，即时间的时刻。时间同步接受非连续的时间信息，非连续调控设备时钟，即设备时钟锁相环的调节控制是周期性的[51]，其周期对应于获取时间的周期，且与调节方式、时钟的准确度和稳定度有关。

（2）时间同步分类

① 无线电波

时间同步的一种方法是用无线电波传播时间信息。即利用无线电波来传递时间标准，然后由授时型接收机恢复时号与本地钟相应时号比对，扣除它在传播路径上的时延及各种误差因素的影响，实现时钟同步[52]。

② 卫星

卫星授时是实现全球范围时钟精密同步的有效办法。利用卫星,可在全球范围内用超短波传播时号,用超短波传播时号不仅传递精度高,而且可提高时钟比对精度,通过共视方法,把卫星钟当作搬运钟使用,且能使授时精度高于直接搬钟。共视可以消除很多系统误差以及随时间慢变化的误差,快变化的随机误差可通过积累平滑消除[53]。

③ 网络

NTP 协议,全称网络时间协议(Network Time Protocol)。它的目的是在国际互联网上传递统一、标准的时间。具体的实现方案是在网络上指定若干时钟源网站,为用户提供授时服务,并且这些网站间应该能够相互比对,提高准确度[54]。NTP 时间同步指的是通过网络的 NTP 协议与时间源进行时间校准。前提条件是,时间源输出必须通过网络接口,以及数据输出格式必须符合 NTP 协议。局域网内所有的 PC、服务器和其他设备通过网络与时间服务器保持同步,NTP 协议自动判断网络延时,并给得到的数据进行时间补偿,从而使局域网设备时间保持统一[55]。

(3) 常用的时间同步技术

针对不同精度的时间同步需求,在通信网中主要应用了以下几种时间同步技术:

① IRIG‐B(Inter Range Instrumentation Group,美国靶场司令委员会的下属机构)和 DCLS(DC Level Shift)技术

IRIG 编码源于为磁带记录时间信息,带有明显的模拟技术色彩[56]。IRIG‐B 采用 1 kHz 的正弦波作为载频进行幅度调制,对最近的秒进行编码。IRIG‐B 的帧内包括的内容有年份、天、时、分、秒及控制信息等,可以用普通的双绞线在楼内传输,也可在模拟电话网上进行远距离传输[57]。

DCLS 是 IRIG 码的另一种传输码形,即用直流电位来携带码元信息,等效于 IRIG 调制码的包络。DCLS 技术比较适合于双绞线局内传输,在利用该技术进行局间传送时间时,需要对传输系统介入的固定时延进行人工补偿,IRIG 的精度通常只能达到 10 微秒量级[57]。

② NTP 协议

在计算机网络中传递时间的协议主要有时间协议、日时协议和网络时间协议(NTP)3 种。另外,还有一个仅用于用户端的简单网络时间协议(SNTP)。网上的时间服务器会在不同的端口上连续监视使用以上协议的定时要求,并将相应格式的时间码发送给客户[57]。NTP 技术可以在局域网和广域网中应用,精度通常只能达到毫秒级或秒级。

近几年来还出现了改进型 NTP。与传统的 NTP 不同,改进型 NTP 在物理层产生和处理时戳标记,这需要对现有的 NTP 接口进行硬件改造。改进型 NTP 依旧采用 NTP 协议的算法,可以与现有 NTP 接口实现互通。与原有 NTP 相比,其时间精度可以得到大幅度提升。目前支持改进型 NTP 的设备还较少,其精度和适用场景等还有待进一步研究。改进型 NTP 标称能达到十微秒量级[56]。

③ 1pps(1 pulse per second,秒脉冲)及串行口 ASCII 字符串

秒脉冲信号,不包含时刻信息,但其上升沿标记了准确的每秒的开始,通常用于本地测试,也可用于局内时间分配。通过 RS232/RS422 串行通信口,将时间信息以 ASCII 码字符串方式进行编码,波特率一般为 9 600 bit/s,精度不高,通常还需同时利用 1pps 信号。由于串行口 ASCII 字符串目前没有统一的标准,不同厂家设备间无法实现互通,故该方法应用范围较小。到 2008 年,中国移动规定了 1pps + ToD 接口的规范,ToD 信息采用二进制协议。1pps + ToD 技术可用于局内时间传送,需要人工补偿传输时延,其精度通常只能达到 100 ns 量级,且不能实现远距离的局间传送[56]。

④ PTP(Precision Time Protocal,精确时间协议)

PTP 与 NTP 的实现原理均是基于双向对等的传输时延,最大的不同是时间标签的产生和处理环节。PTP 通过物理层的时戳标记来获得远高于 NTP 的时间精度。在我国,PTP 技术主要是基于光传输系统实现高精度时间传送的,国内运营商在最近几年中开展了通过地面传输系统传送高精度时间的研究,在实验室及网上进行了大量的试验,并取得了一定的成果,已超过了国外相关方面的研究水平。目前国内已在一定规模的网络环境下实现了 PTP 局间时间传送,精度能达到微秒级[56]。

(4) 时间同步在城市管理中的重要意义

随着信息技术的不断发展,城市信息化应用水平不断提升,智慧城市建设应运而生。21 世纪的智慧城市,其建设要求通过以移动技术为代表的物联网、云计算等新一代信息技术应用实现全面感知、泛在互联、普适计算与融合应用,而其中的技术应用中,越来越多的系统是由分布在不同位置的多个分系统组成的,实现各个分系统之间的精准时间同步成为重要的研究课题。

2.2.3　数字孪生城市的数据处理

1) 时空数据坐标基准的确立

虽然目前的 GNSS/北斗地面基准网技术已经趋于成熟,但是由于 GNSS/北斗的信号特点,导致其无法应用于室内、隧道中、地铁内等非暴露空间,当前地下的控制网建立仍然采用矿山测量所用的技术手段,通过联系测量将地面的平面坐标和高程引入井下,使井上下具有相同的坐标系统。随着智慧城市的不断发展,急需建立全自动、全天时、全天候和高精度的地上地下统一时空基准。

2) 时空数据组织与管理

为实现三维模型融合,以及地上、地下一体化展示,需要对数字孪生城市时空数据进行统一管理,具体包括空间数据实时监测与计算、数字孪生时空大数据归一化组织管理、时空大数据共享与快速更新方法、地下空间时空大数据特征表示。

3) 数据库建设

数字孪生城市数据库的建设需要从城市空间出发,充分融合大数据、云计算、GIS + BIM、三维建模、物联网实时感知、人工智能等技术,逐步构建城市空间信息模型。基于数字孪生城市建模与智能分析技术,进行一体化城市信息模型构建,实现时空信息与空间模型的高效集成。

4）多源异构数据融合

传统的城市信息模型依赖于关系型数据库,大多为单一数据类型,在海量数据组织、多尺度时空可视化等方面存在明显不足,因此基于大规模城市多维空间集成建模、并行计算、动态存储与调度等技术,进行多维空间数据索引和一致性维护等技术的研究,并延伸到多维空间分析功能,这对复杂三维空间模型、空间实体结构的精准建模与质量控制具有重要的实际价值。

实现多源异构数据模型的高效融合,首先需要预先构建地表建筑物模型、地下管网模型、地质模型、水域模型、地下空间开发模型、属性模型等,并与 BIM、GIS、数值模拟等模型数据进行无缝集成,实现室外到室内、宏观到微观、地上地下一体化管理。其次,由于过程复杂、模型应用标准各不相同、数据与信息间存在孤岛问题,需要进行数据的二次处理,如数据格式统一、坐标转换、数据重构、高程基准转变、分块渲染等。最后,实现 GIS、BIM 数据、多元数据、物联网感知数据的有机结合,建立数字孪生城市三维空间模型与城市信息模型的综合体[58]。

2.3 数字孪生城市基础建设

物理世界中通过钢筋水泥建造的建筑是一个城市的基础载体,同理,映射在数字世界中,二进制贮存的地理场景、建筑模型等数据成为城市的数字基础。由于大型建筑与市政基础设施工程建设过程的不可逆性,城市孪生数据、模型只能在规划设计、施工建设阶段同步生成。城市建设过程中生成的业务数据及工程模型具有唯一性和不可逆性等特征,是数字世界中的无价资产。

2.3.1 技术基础

1）GIS

GIS 通过 3D 模型构建方法显示建筑物的空间位置、外观样式等信息,实现对现实地理环境的真实还原。GIS 可用于组织各种空间信息并建立管理平台,从而实现对三维模型周边环境信息的管理。但是对城市建筑周边信息的管理往往忽略了许多城市规划、建筑设计所关注的信息,难以获取建筑物内部的几何信息和相关业务数据,GIS 自身难以集成和组织建筑物各阶段的信息[59]。

2）BIM

BIM 是建筑项目的物理和功能特征的数字表达,它是一种知识的共享平台,可为工程规划、设计、施工、运营、维护到拆除的整个项目生命周期中的所有分析决策提供可靠的基础。在项目的不同阶段,多个利益相关者在 BIM 中进行信息的插入、提取、更新和修改,以表达各职责的协作工作。

BIM 是建筑物的三维信息数字化模型,BIM 技术基于这些信息开发数字模型,并设计、建造和管理项目。也正是因为 BIM 关注的是建筑物本身,而无法纳管建筑物周边的情况,导致其无法涵盖城市的所有信息[60]。

3) GIS＋BIM

　　近年来,BIM 与 GIS 技术的无缝融合而形成的 CIM 技术已成为智慧城市建设领域中一个新的方向,越来越广泛地应用于城市和工程的全生命周期管理。GIS 侧重建筑之外的城市环境,BIM 更关注建筑本身,两者不可替代,在空间上也不会重叠,但可以通过空间位置进行一体化管理,是一种互补关系。GIS 的出现奠定了城市智能发展的基础,BIM 则叠加了城市建筑的全部组件,BIM 与 GIS 的结合能够构建一个涵盖大规模城市信息的数字孪生城市模型。微观 BIM 模型与宏观 GIS 数据的集成与交换对于实现完整的数字孪生城市建设起着至关重要的作用。

　　数字孪生城市相关技术的快速发展,表明 GIS 难以独自完成如此庞大的工程,必须结合 BIM 才能真实还原现实世界。BIM 具有明确的研究对象,在室内数据的管理方面具有明显的优势。GIS 关注的是宏观尺度,构建城市级的地理场景。GIS 只需要建筑物的模型外观数据、兴趣点数据、道路路网和自然环境等数据,并不关注工程进度、成本、材质等信息,而这几方面正是 BIM 承载和流转数据所具备的特有能力。BIM 模型易于获取建筑的外部轮廓尺寸、高度,以及内部实体信息。BIM 和 GIS 技术的结合,通过将建筑空间模型与周边环境数据关联,进行辅助城市三维 GIS 分析,以此来降低城市信息构建的成本。

　　"BIM＋GIS＋物联网＋云技术"已经成为智慧城市建设的基本架构,BIM 和 GIS 是数字孪生城市建设的重要数据源。BIM 和 GIS 已从各自领域的应用逐步走向两个领域的融合。GIS 能够将 BIM 带入宏观的应用场景,从而宏观掌控、全盘统筹实际案例。此外,BIM 将 GIS 引入室内空间,实现室内与室外的一体化管理。通过集成 GIS 与 BIM、IoT、AI 技术,进行城市智能数字化,能够为数字城市、数字孪生城市建设奠定稳定的基础数据。

　　数字孪生城市基于 GIS 和 BIM 技术、精细化三维模型构建技术、广泛的城市网络感知设备以及实时的行人与车辆流量监控技术,促进城市的智能化发展。基于 GIS 和 BIM 技术构建的集成室外道路网络与室内楼宇的城市实体模型,能够增强城市的三维展示效果,让智慧城市"未建先见",通过"数字孪生沙盘"带来建设的全新体验。实际应用中,我们能够体会到 BIM 和 GIS 都具有可视化的特点,融合后将进一步拥有精细化和室内外一体化的特点,应用领域更为广阔。

　　结合 GIS 和 BIM 的数字孪生城市将成为智能感知的容器和载体,通过植入物联网、云计算等高新技术,实现数据浓缩的在线"虚拟世界",从数字基础层打造全面的数字孪生[61]。

2.3.2　标准与规范

　　城市建筑的空间分布是复杂多样的,各个板块的建设时序也不尽相同,而 GIS＋BIM 的应用是全局性的,这将势必会碰到不同场景、不同环境的异构问题,因此要在应用之前全面考虑一致性问题,建立统一的标准与规范。

1) 基础地理信息标准

数字化城市数据中的地理信息,需统一为 2000 国家大地坐标系标准,规范二维、三维地理信息数据的供给、集成标准,避免因坐标系、数据格式不一致导致的无法匹配问题,确保城市管理所有空间数据能够实现"一张图"管理。

2) BIM 建模精度标准

不同的建设阶段对 BIM 建模的精度要求不同,总体上 BIM 模型的几何精度依据规划、设计、施工、维护的顺序逐步精细化,属性信息逐步完善,实现从 LOD100 到 LOD500 的精细度,从而在基础数据层面满足 BIM 应用开展的要求。

3) BIM 应用交付标准

在 BIM 项目的规划、设计、施工和维护过程中,BIM 应用的深度和广度不同,每个阶段都有相应的深度和广度。如在施工建设的各个阶段,交付标准应执行 GB/T 51301—2018《建筑信息模型设计交付标准》、GB/T 51212—2016《建筑信息模型应用统一标准》、GB/T 51235—2017《建筑信息模型施工应用标准》等规范要求,主要包括基于 BIM 的施工方案模拟、预制加工、进度监察、质量控制、安全防治、成本管理、质检和过程控制资料、图纸管理以及场地布置等方面的应用,并能以视频、文档、图形、图像等扩展信息展示。

4) BIM 编码标准体系

BIM 编码对整个建筑领域进行描述,从完整的建筑结构、大型建设项目、复合结构的建筑综合体,到个别的建筑产品、构件材料。BIM 编码应从项目构思、可行性研究、计划、设计、施工、维护到拆除整个周期的信息。在统一的构架之下来描述和组织这些信息,为业主、其他利益相关方提供详细信息以进行辅助决策,它描述各种形式的建筑物、构筑物。BIM 编码标准体系的建立描述了各种建筑活动、参与者、工具,以及在设计、施工、维护过程中使用的各种信息。许多业主希望在开发项目的过程中掌握项目的所有信息,例如各种决策数据、选择方案、管理记录等。这些信息可以促进物业设施的高效管理并为未来的业主提供适于销售的产品。

工程项目在其整个生命周期中需要经历业主、规划设计商、建造方、建设主体、供应商等多方共同参与。上述利益相关单位或个人在工程建设过程中有各自的利益需求,需要了解项目的详细建设情况。BIM 分类和编码标准应以统一、标准的方式管理项目建设情况,以满足不同参与者的需求,促进数据的共享与交流[62]。

2.3.3 数字孪生平台

数字孪生平台与传统的物联网平台以及大数据平台一样,都是致力于打造从数据到模型再到服务的信息化、标准化、智能化的管理系统。但是,数字孪生平台又有自己的特色和优势。数字孪生平台是以城市信息系统为共性支撑平台,融合了 BIM + GIS 能力平台、IoT 能力平台、大数据支撑平台、ICT(Information and Communications Techndogy,信息与通信技术)能力开放平台、业务集成服务平台、应用开发服务平台、AI 支撑平台等丰富的平台能力,构建一个与物理空间"一一对应、相互映射、协同交互"的数字空间,通过城市信息系统对城市运行状况进行实时记录、仿真、监测、预测,并自动反馈到物理空间,实现数字空间与物理空间的联动。数字孪生平台的最终目标是实现三维城市空间模型和城市信息的有机融合,进而打造一个"状态感知-实时分析-自助决策-精准执行-学习提升-自我更新"的数字孪生城市,实现城市状态实时化和可视化、城市管理决策协同化和智能化,开创一个物理维度上的实体世界和信息维度上的虚拟世界同生共存、虚实交融的城市发展新格局。数字孪生平台一般的架构包括网络和云设施层、城市空间基础设施层、城市应用与服务层以及城市智慧运营决策层,由底层信息基础设施获取、存储和处理数据,进而向上构件数据可视化模型,为应用和服务层以及决策层提供智能化服务机制。

1) 网络及云基础设施层

为了保证数字孪生城市的有序运行,满足各类城市智能场景的实际需求,实现城市全域空间智能感知设施数据的高效流通,需要建设地上地下全通达、有线无线全接入、万物互联全感知的城市智能网络及云基础设施,动态采集城市各主体、各要素、全过程运行的数据资源信息,满足数字城市与物理城市虚实融合、孪生并行的运行模式需求。

2) 城市空间基础设施层

(1) CIM 时空信息云平台

数字孪生城市的基础是城市时空孪生数据,为支撑数字孪生城市的建设,需要具备以下四个能力:

一是搭建 BIM + GIS 三维图形平台,实现城市宏观场景和微观场景一体化。基于国产化的 BIM + GIS 平台技术,为时空信息模型数据管理提供底层的引擎支撑,以及时空模型数据存储、调度、渲染的管理,满足时空大数据高并发和大数据量、视觉效果等要求,特别是以 GIS 的宏观地理环境为基础的专业空间查询分析能力,BIM 模型与 GIS 倾斜摄影模型、地形、三维管线等多元空间数据的融合等,使得空间建模精度更加精细,实现城市宏观微观、地上地下、室内室外的虚拟时空数据模型一体化管理。平台的搭建主要涉及 BIM + GIS 多模型数据集成、模型数据存储技术、模型数据高性能调度技术、云端高性能分布式任务调度引擎、模型轻量化显示与渲染引擎、模型版本管理、模型数据 API(Application Programming Interface,应用程序编程接口)等核心组件。

二是 IoT 平台,对多源物联网数据和不同的协议接口进行松耦合管理,并提供统一的接口和数据服务,保证物联网数据接入的有效性、完备性、准确性和高扩展性。通过物联网引擎实现智能采集空间位置与时空模型进行数据对接,实现空间定位、虚实结合,并通过传感设备,如 RFID、GPRS(General Packer Radio Service,通用天线分组业务)、物联网等传感器获取的实时数据,例如温度、湿度、位置等数据,并实现数据空间可视化展示、预警和联动等管理业务,为规建管远程监测提供支撑。

三是数据管理平台对多源异构数据实现高效管理。城市时空信息一定是来源不同、类型不同的多源异构数据,通过数据管理平台对基础地理信息、地上地下空间数据、二三维 GIS 数据、城市建筑及市政设施 BIM 数据、城市 IoT 感知数据以及产业经济、社会民生、政务服务、交通出行等应用数据进行多源异构数据集成、统一管理和调度,形成基于统一标准和规范的城市信息平台。

四是时空大数据分析平台,实现基于空间的动态虚拟仿真、关联分析、灾害预测分析等。通过大数据引擎、数据管理引擎等,时空数据进行有效整合、清洗、转换和提取及其他时空数据预处理,结合基础地理信息和业务规则等特点,实现时空数据的浅层分析、关联分析、深度挖掘、专题建模、预测推演等功能。同时提供不同层次的大数据分析工具。

五是基础保障服务平台,提供基础消息引擎、数据管理引擎、系统接口服务、平台运维管理(权限、系统配置等)等。通过该平台的建设,对各个业务系统的运行和接口、数据联通、城市数字化、物联网连接提供基础保障,保障系统的顺利运行。

(2)城市时空信息模型中心

首先,从数据资源类型上来讲,时空信息模型中心汇聚了城市基础时空数据(矢量数据、栅格影像数据、DEM 数据、空间对象数据、测绘数据等)、公共专题数据(法人、人口、宏观经济、地理国情监测等)、物联网实时感知数据(交通、水利、消防、气象等行业)、互联网在线抓取数据(房产、舆情、实时人口流动、居民消费等)、本地特色扩展数据(历史文物、农业生产交易等),建立全空间信息模型,实现地上地下、室内室外、微宏观一体化的时空大数据中心,对各类异构多源数据进行动态获取、感知存储、整合集成、增量更新、挖掘分析、历史回溯等。

其次,从数据建设角度来讲,城市信息模型是在城市维护、建设和发展过程中动态增长的,并且能够在 CIM 平台基础支撑下,实现与实体城市运行数据的互联互通,其实现过程可以总结为三个一体化:

时空一体化:基于 BIM 和 GIS 技术,快速构建全域 CIM 模型,实现数据的微观宏观一体化、动态增长、可支撑业务应用、可延伸和追溯性,从而增强数字城市各垂直业务、数据的集成,实现城市的可视化、模拟和决策的功能。如基于 CIM 时空地理数据云平台,可以实现三维规划集成展示、多规合一(即形成规划底图 GIS)辅助决策。

纵向一体化:即通过物联网等技术实现实时数据的互联互通,相关业务逻辑的纵向关联。如建造阶段,向上同建筑行业管理系统对接,向下与智慧工地对接,打通监管层与现场层的数据通道,打造基于 CIM 的建设监管一张图,实现市场、现场两场数据联动、集成监管,提升多项目综合监管能力;运营阶段,依托 CIM 时空信息模型,集成城市运行关键环节的各种监测数据,进行可视化呈现与分析,全面掌控城市运行数据变化态势,让规律清晰可见,让决策有数可依、更加高效,进而实现城市智慧式管理和运行。

横向一体化:形成城市规、建、管、服一体化孪生数据的融合与关联,以及数据的动态更新与迭代。通过 CIM 平台打通规划、建设、管理、服务数据壁垒,解决原有模式下各环节组织结构封闭的问题,实地落实城市规划、建设方面的组织需求,实现数据资产的有效积累,并更好地服务于城市治理领域,在规划方面提供指导意见。

3)城市应用与服务层

基于 CIM 的时空信息云平台,可为数字城市提供规划、建设、管理全过程。同时,以 CIM 平台为支撑,建立统一数据标准,与智慧城市的交通、安防、应急、产业经济等各类垂直应用系统进行数据对接,为不同业务场景提供时空数据服务,进行"智慧"赋能支撑。

城市规划,可以通过在 CIM 模型中全面整合导入城乡、土地、生态环境保护、市政等多方规划数据,在多规合一基础上构建城市规划一张图,可实现多规的动态监管,集成可视和冲突检测,有效解决空间规划冲突;在充分保证"一张图"实时性和有效性的前提下,通过对各种规划方案及结果进行模拟仿真及可视化展示,实现方案的优化和比选。

城市建设,可构建项目监管一张网系统,以 CIM 模型为基础对工程项目从深化设计、建造施工到竣工交付全过程的项目进度、成本、质量、安全、绿色施工、劳务进行数字化综合监管,实现多建造参与方的实时沟通、多方协同协作,确保重大工程项目的按时、高质、安全交付。例如福州滨海新城通过数字化监管平台建立工程施工现场与建筑市场监管数据的有效关联,如施工现场的工作单位出现重大违法违规案例将会对单位未来的投标工作造成严重影响。平台会基于大数据云计算方法自动预判重大项目中进度滞后的原因,并实时给出相应的处置方案。

城市治理,基于 CIM 平台,结合前端布设各种传感器和智能终端,可实现对城市基础设施、地下空间、能源系统、生态环境、道路交通等运行状况的实时监测和统一呈现,通过数字模型和软硬件系统,实现快速响应、决策仿真、应急处置以及设备的预测性维护,提升城市的综合抗灾、防灾能力,让城市运行更安全、可靠。

城市服务,所有的服务场景与服务内容将从实体向数字化转变,基于 CIM 平台的城市服务可以全面采集城市居民的日常出行轨迹、收入水准、家庭结构、日常消费、生活习惯等,洞察、提取居民行为特征,在"数字空间"上,预测人口结构和迁徙轨迹,推演未来的设施布局、评估商业项目影响等,以智能人机交互、网络主页提醒、智能服务推送等形式,实现城市居民政务服务、教育文化、诊疗健康、交通出行等服务的快速响应,个性化服务,形成具有巨大影响力和重塑力的数字孪生服务体系。

4) 城市智慧运营决策层

城市信息模型 CIM 和叠加在模型上的城市业务多元数据集合,能够充分运用人工智能和深度学习技术整体认知城市态势,洞悉难以直观发现的城市复杂运行规律和自组织隐性秩序,制定超越局部次优决策的全局最优策略,形成城市层面的全局统一调度与协同,使得城市各类资源等得以及时调配,问题得以快速处置,使整个城市越来越美好。例如,根据地铁线路、旅游景点、图书馆、公园、医院、道路等场景的运行情况实时生成人流热力图,可通过后台计算平台,智能决策城市治理方案,疏导城市人流、决策警力部署、远程调控能源利用、指挥应急调度、推送交通诱导等。

2.4　数字孪生城市数据可视化

随着时空大数据技术的飞速发展,人们对数字化信息的真实性、可视性提出了更高的要求,逐渐从二维平面效果转变为三维、多维的视觉呈现效果。数据可视化平台能够通过三维可视化技术实现对海量复杂三维时空信息的精细表达。可视化技术参考人们的视觉显示功能,基于数据之间的关联关系来收集、处理相关的视觉数据。平台揭示了数据内部隐藏的关联信息以及发展趋势,提升数据的复用率,摆脱传统关系数据表在数据分析方面的局限性,实现观测数据的直观可视性。

2.4.1 可视化平台的特点

随着时间的推移,各行各业针对不同的业务需求都会产生大量的时空数据。数据可视化平台能够最大限度地发挥这些数据的作用,进行准确的城市辅助决策分析。数据可视化平台包括以下几方面特点:

(1) 数据可视化平台能够容纳海量的时空地理数据,并具有高效的扩展性,可满足各行业快速发展的大数据要求,降低企业在数据扩展延伸方面的需求。

(2) 数据可视化平台能够提升时空数据检索查询、动态运作的效率,减少数据冗余,增强数据的复用性与运转效率。

(3) 数据可视化平台为客户提供了高级分析功能,能够满足更多用户对高精度数据的分析决策需求。基于大数据分析引擎内置的时空数据查询分析功能,能够实时获取有效的业务信息,支持统计分析、图形处理等操作。

2.4.2 数字孪生城市可视化平台

1) 虚拟环境搭建

城市虚拟环境搭建的基本流程如图 2-3 所示,主要由几何建模、场景构建、人机交互和场景优化等构成。几何建模是虚拟环境搭建的基础,环境搭建是对几何建模的进一步完善,其通过添加必要的光线、温度、材质、特效使虚拟环境产生真实的质感;人机交互包括人机交互界面设计和外部输入事件响应,目的在于实现三维虚拟场景中的场景漫游;为了平衡虚拟环境绘制复杂度和实时性之间的矛盾,保证大型场景下系统的流畅性,需优化虚拟环境,最终获得虚拟城市环境模型。

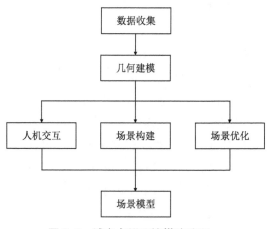

图 2-3 城市虚拟环境搭建流程

(1) 几何建模

数字孪生城市三维可视化平台通过孪生数据驱动模型实现城市运行状态的三维可视化,为实现基于孪生数据的实时映射不仅需要对孪生数据进行有效管理,还需要对虚拟环境几何模型进行有效管理。本书采用"根-茎-叶"三层组织结构实现城市几何模型的管理,城市几何模型结构如图 2-4 所示。

城市几何模型以城市为根层次,以城市地理信息、人、城市建筑、环境为茎层次,以构成

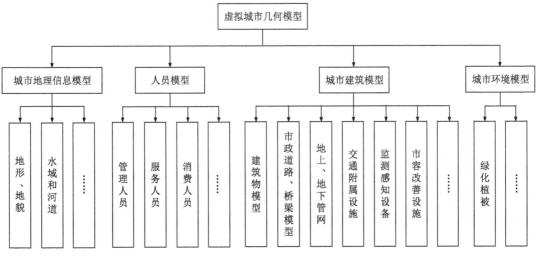

图 2-4　虚拟城市几何模型

各茎层次的基础设施作为叶层次,如图2-4所示。

几何模型以三层结构化形式来组织城市资源,对数字化城市可能涉及的人员、建筑和设备、城市地形地貌和环境等对象,在几何维度上对物理城市进行准确描述。针对设施层次的几何模型,则采用父子节点嵌套的组织形式实现模型的高效驱动。几何模型结构确定后可通过三维建模软件建立城市几何模型。

(2) 环境搭建

数字孪生可视化平台要求创建的虚拟环境不仅具有良好的真实感和沉浸感,而且具有良好的人机交互性能,以满足三维可视化系统六维模型服务的需求,因此在选择开发方式时应考虑以下几点:

① 平台应具有较强的模型构建和处理能力,支持常见格式的导入导出;

② 平台应具有强大的图形处理能力,能够满足复杂场景、大场景下图形的优化渲染输出;

③ 系统应具有开源的接口,使用常见的面向对象的计算机语言进行编程,便于系统程序的开发。

虚拟环境搭建涉及几何模型的优化、渲染,虚拟环境的管理、视点漫游、碰撞体检测、粒子特效、UI 界面设计以及系统集成等。目前实现的方法主要有以下几种:

① 三维动画制作;

② 基于 OpenGL/Direct X 等底层图形应用程序设计接口编程;

③ Web 3D 技术;

④ 多专业软件协同开发。前三种方法存在开发效率低的问题,目前普遍采用虚拟现实开发引擎(如 Unity 3D、IdeaVR)结合模型渲染软件(如 Maya、3d Max)的多专业协同开发方法,可以充分发挥各专业软件的性能优势,降低底层系统开发的门槛要求与工作量,提高设计开发的效率。

（3）人机交互

三维虚拟场景与实时视频监控方式相比，其显著的优势就是能够对人机交互事件进行响应，从而改变虚拟场景展示的内容。基于人机交互的场景漫游主要包括几何变换的实现和外部输入事件的响应，可通过鼠标点击事件、键盘操作事件等方式实现。几何变换是场景漫游的基础，虚拟场景中所有模型的运动、场景漫游都是基于几何变换技术实现的。几何变换是各种图形处理方法的基础，通过变换像素的空间位置，在新的空间位置上显示原坐标点的新位置，几何变换包括平移、旋转和缩放三种[63]。在三维可视化系统中，鼠标和键盘是最基本的输入方式之一。场景中如摄像机视角方向的改变、视距的远近、多场景的切换等可通过鼠标操作完成。场景中如摄像机视角方向的改变、前进、后退、左移、右移、上升、下降等可通过键盘操作完成。

（4）场景优化

实时性作为三维可视化平台性能优劣的一个重要尺度，贯穿于三维可视化平台设计的全过程。尽管随着计算机图形处理技术在软件、硬件方面的迅速发展，许多图元的绘制可通过硬件升级来实现加速，但是如果只依靠硬件性能则远远满足不了大型复杂场景的实时绘制需求[63]。为了保证大型场景下虚拟场景的高质量流畅显示，解决虚拟场景绘制复杂度和绘制实时性之间的矛盾，须对虚拟场景进行优化。能够通过软件从图形绘制的底层算法出发，降低图形的复杂度以提升图形的实时绘制效率。目前常用的方法有可见性剔除、数据库结构优化、多细节层次模型等。

2）实时数据映射

物理城市到虚拟城市的实时映射是实现城市三维可视化的核心。在城市运行期间，城市资源发生动态变化，为了形成能够覆盖城市运行全生命周期的可视化实时监控，本书从设备、业务流程以及参数调整方面建立基于孪生数据驱动的虚拟城市三层映射体系，准确地描述城市动态变化。

（1）设备层次：设备的映射是通过物联网技术、传感器技术，接口技术等实现城市环境因素的实时感知，比如光线、温度、湿度以及空气颗粒密度等等。

（2）参数调整层次：参数的映射是根据城市规划、设计、施工等，对无法直接测得的模型数据参数做出修正，比如返工重建记录，隐蔽工程检查记录等。

（3）业务流程层次：业务流程的映射是在实现设备层次和参数调整层次映射的基础上，业务主体根据自身需求对模型数据进行提取，比如查看任意时间段内的项目完成情况与进度状态。

3）数据可视化模型

数据可视化模型映射过程中的数据多为常见、通用的数据结构。可视化映射过程首先需要输入可视化数据，根据特定的数据特征和可视化目的要求映射产生可视化结构数据，然后基于可视化结构和用户布局，通过空间布局获取可视化对象，最后以可视化对象为可视化映射的输入要素，执行图形绘制过程，生成可视化成果[64]。

数据可视化模型映射的核心是将数据所具备的属性信息展现到地理空间，实现可视化数据到视图的映射操作。图 2-5 描述了数据可视化模型的具体映射过程。映射过程以模型数据为中心,包括结构映射、空间布局映射和视图映射三部分。生成的模型实例分为可视化结果、对象和视图。可视化控制则围绕用户,进行视图交互、可视化空间布局与结构的转变、数据迭代更新等环节。具体流程概括如下:

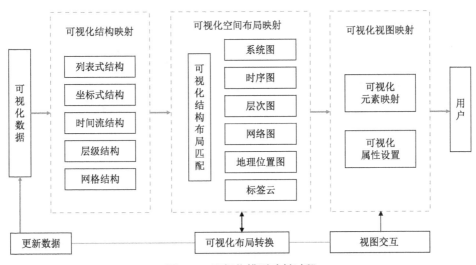

图 2-5 可视化模型映射过程

(1) 可视化结构映射:旨在根据数据特征和可视化目的要求,将数据映射为可视化结构。

(2) 可视化空间布局映射:依据可视化结构和空间布局,生成可视化对象。

(3) 可视化视图映射:在用户界面上以图形绘制的形式显示由可视对象转换的可视化要素及其属性信息。

2.4.3 可视化平台的应用

数字孪生城市可视化平台基于数字孪生模型的智能响应特征,建立三维地质结构模型,提供接口的无缝集成,结合数值模拟数据模型,进行地学模型、地上景观、建筑物模型、地下三维地质结构模型、地下管线模型、地铁模型、地下水流模型、地下水位模型等模型的融合,实现了地上、地下实体一体化展示功能[65]。可视化平台的应用价值包括:

(1) 快速部署与搭建

平台基于强大的分析与展示功能,能够快速搭建前端可视化、分析决策界面,并集成各类 CIM 模型数据、多元数据与全域感知信息,缩短运行维护的工作周期,降低重复搭建的成本。

(2) 全域时空数据展示与查询

平台基于业务规则的驱动,以可扩展的复杂模型为基础,实现多源数据的一体化组织与管理,提供空间和属性查询工具,辅助用户查询感兴趣的信息。

（3）立体数据动态呈现

平台通过对时空大数据的动态展示，并集成智能分析决策功能，能够实现对实时数据的动态监控与解析应用，使得数据以更加直观生动的效果显示出来。

（4）灵活搭配提升费效比

可视化平台采用轻量级的解决方案，实现对大数据的可视化，具有高效的扩展和延伸性，能够满足数据展示、数据融合、各行各业对多源数据的分析决策等功能需求。

（5）支持移动端数据

数据可视化平台的适应性强大，能够满足平台与后台的无缝对接，并实时呈现移动端数据，高效展示数据随时间的变化趋势。

第3章
智慧 CBD 数字孪生城市系统

由上一章节,我们了解了数字孪生城市数据从获取到预处理再到数据平台建设,以及最后达到可视化效果的全过程,即数字孪生城市概念下应对海量大数据的方法及举措。而中央商务区(简称 CBD)是城市中主要商业活动进行的地区,是城市的功能核心,它高度集中了城市的经济、科技和文化力量,具备完善的金融、商业、服务、展览、文旅和咨询功能。中央商务区的多功能综合特征决定了其势必每时每刻都会产生不可估量的数据信息,这些数据信息和多功能需求都对现代化的信息交换系统和数字化的管理手段提出了更高的要求。随着新技术、新理念不断运用于城市的建设、管理与运营,全球范围内各城市的数字化转型正持续加速。作为城市经济、科技和文化力量高度集中的核心区域,世界各地的中央商务区均在不断以智慧城市建设重塑服务模式,积极探索智慧城市的创新运营模式,持续以数字化手段强化城市的规划、设计、建设、运营等全生命过程。在第一章中,我们分析了国内外典型商务区的优秀做法,总体来看,中央商务区的数字化转型出现了以"数字孪生城市"为代表,以数据为中心的城市发展新范式。技术创新则重塑以人为本的服务模式,强调面向对象的服务,打造以友好的、可感知、可互动的城市运行体系。在运用先进技术的同时,设计合理的商业模式和鼓励政策,实现可持续的经营和收益,打造绿色可持续的商务区环境。

本章将依据顶层设计的思路和方法,提出智慧 CBD 数字孪生系统设计方案以及建设内容。在规划设计部分,依照顶层设计的思路,首先介绍了当下 CBD 建设的政策背景和战略意义,从而分析了智慧 CBD 的建设需求,即在建筑、市政、交通、管廊管线、生态景观等领域统筹布局信息基础设施,为商务区内营造优质便捷的信息基础环境;从最初的规划建设到后期的维护运营,在 CBD 建设发展的全生命周期内,打造整体业务协同平台,高效协同内外业务,全面提升 CBD 管理服务水平。然后在"以统筹规划为主旨,以融合服务为主线,以集约共享为驱动,以智能技术为支撑"设计原则引导下,提出了"5 + 5 + N"[发展的 5 大历程(智慧规划、智慧设计、智慧建设、智慧运维、智慧更新) + 发展的 5 大物理空间(智慧交通、智慧建筑、智慧市政、智慧生态、智慧管线与管廊) + N 个智慧城市应用场景]的设计思想,进而绘制了智慧 CBD 建设的愿景蓝图和发展目标:智慧 CBD 建设将以"统筹集约、高度共享、融合服务、智慧决策"为核心特征,以构建"服务之心、融合之心、智慧之心、引领之心"为总体愿景,实现 CBD 区域内产城人融合发展、创新要素高度集聚、公共服务便捷普惠、城市管理智能高效。紧接着我们从总体到局部,从逻辑结构到技术细化,逐步深入地提出智慧 CBD 数字孪生系统的总体架构、技术架构、数据架构以及安全架构,融入了大数据、云计算、区块链、

5G、人工智能等信息技术,塑造了一个数字化、信息化、智能化的数字孪生城市体系。我们还将对商业模式、投资收益以及风险管控等运营体系进行了探讨和设计。最后,按照由下往上的顺序,从底层的信息基础设施到城市信息系统,中层的智慧实验室到综合服务平台,再到上层的CBD运行管理中心,逐层次地描述了具体的建设方案,并提出了智慧CBD数字孪生系统的保障措施。

本章节所述的智慧CBD数字孪生城市系统的设计和建设方案,旨在为智慧城市背景下未来商务区的建设提供一些可供参考的经验和建议。

3.1 系统设计

当前,信息技术加速创新,新技术、新业态、新模式层出不穷,人类社会、物理世界的二元结构正在转变为人类社会、物理世界、信息空间的三元结构,国家和地区之间竞争和博弈的重心逐步从土地、人力、机器的数量和质量转移至智慧化发展水平,从物理空间延展到信息空间,以信息空间的竞争和博弈为主导与引领,掌握信息空间核心竞争优势的国家、地区和城市,将在新一轮竞争态势展开的博弈中抢先占据价值链制高点[66]。全球一批技术、人才集聚发展,产业规模与创新能力较为突出的现代化城市和CBD已陆续尝试智慧城市与现实城市的同步规划,并逐渐上升为两者的同步建设和同步管理;同时,市政、交通、水务等传统基础设施也正在逐步与互联网、大数据、人工智能等新一代信息技术深度融合,向着智慧市政、智能交通、智能水务转型升级,显著提升资源利用效率和调度能力,智慧城市运营管理决策的系统级平台得到持续的开发与完善,并逐渐形成城市管理和服务能力提升的重要特征[66,67]。

3.1.1 政策背景与需求分析

1) 政策环境解读

(1) 国家智慧城市战略相继出台,新理念迎接新机遇

党中央、国务院高度重视新型智慧城市发展,习近平总书记多次做出重要指示。2016年3月,中共中央办公厅、国务院印发的《国民经济和社会发展第十三个五年规划纲要》,明确提出"以基础设施智能化、公共服务便利化、社会治理精细化为重点,充分运用现代信息技术和大数据,建设一批新型示范性智慧城市[68]";2016年4月,在网络安全和信息化工作座谈会上,习近平总书记指出"要以信息化推进国家治理体系和治理能力现代化,统筹发展电子政务,构建一体化在线服务平台,分级分类推进新型智慧城市建设[69,70]";国家重点研发计划"物联网与智慧城市关键技术及示范"重点专项2019年度定向项目申报指南中提出的总体目标是:重点突破智慧城市"感—联—知—用—融"的基础理论与关键技术,基于自主研发技术和产品构建物联网与智慧城市一体化服务体系,推动我国成为智慧城市,推动物联网与智慧城市规模化发展,形成完善的产业生态链,使我国物联网与智慧城市技术研究、标准

规范与产业应用达到国际领先水平。在最新的"十四五"规划的大背景下,上海、浙江、江苏、山东等地陆续发布了"十四五"规划前期研究重大课题指南,新型城市化发展思路、智慧城市建设是各地重点关注的课题。一系列国家以及省份智慧城市的重要文件和政策的相继出台,吹响了智慧城市作为推动新型城镇化建设的号角,已成为未来城市发展的新目标和新模式[71]。

(2) 把握新一轮的创新发展趋势,新常态需要新突破

当前经济社会发展进入新的历史阶段,习近平总书记提出我国经济社会发展步入"新常态"[72]。新常态下,我国经济增长速度要从高速转向中高速,发展方式要从规模速度型转向质量效率型,经济结构调整要从增量扩能为主转向调整存量、做优增量并举,发展动力要从主要依靠资源和低成本劳动力等要素投入转向创新驱动[73]。在新一轮发展趋势下,创新驱动加快发力,党的十九大报告指出"加快技术创新和体制机制创新[74],推动互联网、大数据、人工智能和实体经济深度融合[75]",并明确提出了"数字中国"和"智慧社会"的建设,新型智慧城市是数字中国的重要内容,是智慧社会建设的基础,新型智慧城市建设将进一步夯实数字化基础,充分利用数字资源在城市发展和社会进步中的关键性作用,为构建数字中国奠定坚实基础[74,76]。

(3) 新型智慧城市评价标准体系的构建,推动了智慧城市健康发展

推动新型智慧城市建设是党中央、国务院立足于我国信息化和新型城镇化发展实际,为提升城市管理水平,促进城市科学发展而做出的重大决策。《"十三五"国家信息化规划》中提到,到 2020 年,新型智慧城市建设取得显著成效,形成无所不在的惠民服务、透明高效的在线政府、融合创新的信息经济、精细精准的城市治理、安全可靠的运行体系。《关于组织开展新型智慧城市评价工作务实推动新型智慧城市健康快速发展的通知》指出:一是以评价工作为指引,明确新型智慧城市工作方向;二是以评价工作为手段,提升城市便民惠民水平;三是以评价工作为抓手,促进新型智慧城市经验共享和推广。2016 年《新型智慧城市评价指标》出炉,分别从客观指标(成效类和引导类)和主观指标两个方向给出了 21 个二级指标,建立以提升智慧城市建设和管理水平,推动智慧城市健康发展为目标导向的评价体系。《关于开展智慧城市标准体系和评价指标体系建设及应用实施的指导意见》明确提到,到 2020 年累计完成 50 项左右的智慧城市领域标准制定工作。评价指标体系和相关标准的内容一般具有城市管理精细化、生活环境宜居化和基础设施智能化等鲜明特色,其主要目标都是为了推动智慧城市健康发展。

2) 战略意义分析

(1) 推进 CBD 智慧城市建设,是更进一步促进产城人融合发展的重要途径

CBD 区域的重大基础设施等物理空间的建设,势必会吸引大量的产业资源、资金资源和人力资源,将成为绿色金融、科技金融和文化旅游的集聚地,也必将集聚大量的金融、文化和技术等创新资源,如何围绕 CBD 的鲜明特征,从入驻企业和目标人群的需求出发,促进产城人融合发展,成为摆在 CBD 面前的一个重要课题。

(2) 推进 CBD 智慧城市建设,是进一步提升 CBD 竞争力和吸引力的必由之路

随着经济全球化深入发展,科技进步日新月异,世界范围竞争日趋激烈,多伦多未来城市、墨尔本中央商务区、英国曼彻斯特金融小镇、上海浦东陆家嘴等国际国内知名中央商务区都采取多项有效措施,积极抢占科技创新和高技术产业发展的制高点。多伦多未来城市采用数字孪生城市规划理念,突出科技感的城市物理空间设计;墨尔本中央商务区依托分布式未来城市实验室,实现全真城市 3D 模型辅助城市管理;英国曼彻斯特金融小镇依托信息化手段实现自动化的金融监管;上海浦东陆家嘴围绕社区幸福生活和人才发展两大主题打造智慧大社区。突破传统园区的管理和服务模式,以智慧城市建设提升其竞争力和吸引力,已成为中央商务区创新发展的必由之路。

加快推进 CBD 智慧城市建设,统筹集约构筑泛在城市光网、随处可及热点和云数据中心等前瞻信息基础设施,面向商务人群、消费人群和居住人群的便捷化和智能化服务需求,广泛运用新一代信息技术,提供全方位快捷贴心服务体验,充分利用共享数据资源,打造 CBD 的数据共享中心,推动数据在新金融领域的深度应用,充分整合信息资源,有助于实现中央商务区企业的内外业务协同,提升管理服务和科学决策水平。

(3) 推进 CBD 智慧城市建设,是进一步统筹物理空间和数字空间的迫切需求

CBD 区域的建设体量巨大、建设节奏快速、建设任务繁重。CBD 物理空间的统筹协调将是保障 CBD 科学、高效、有序开展建设的关键。在此背景下,本书系统性地提出了"规划、设计、建设、运营和更新"城市五大发展历程以及"智慧管廊管线、智慧交通、智慧生态景观、智慧建筑、智慧市政"五大智慧化物理载体的核心思路。因此,如何应用信息化手段,为物理空间的构建提供支撑工具,更进一步统筹物理空间和数字空间,成为 CBD 的迫切需求。

在 CBD 的智慧城市规划建设过程中,"数字孪生城市"将贯穿始终,物理城市所有的人、物、事件、建筑、道路、设施等,都在数字世界有虚拟映像,信息可见,轨迹可循,状态可查,实现虚实同步运转和情景交融,并通过 CBD 运营管理中心的运行状态监测、产业集聚分析和快速应急响应等服务,实现可管可控。

3) 建设需求分析

(1) 各项建设规划陆续实施,需统筹布局信息基础设施

在 CBD 各项规划实施过程中,需要重点考虑物理基础设施的智能化以及信息基础设施的统筹建设。以"5 + 5 + N"思路为指引,在建筑、市政、交通、管廊管线、生态景观等领域广泛部署物联网采集终端,实现 CBD 视频资源数据、地理信息、物联网数据、应用系统等全方位数据采集和统一数据传输,并依托大数据平台、时空信息云平台、视频资源共享平台、人工智能平台等共性支撑平台进行数据整合分析;在信息基础设施层面,需要通过"无线 CBD""光网 CBD""可视 CBD"和统一数据中心等信息基础设施工程的实施,建设更高速、更安全、更融合、更泛在的信息基础设施体系,使信息网络带宽达到国际先进水平,实现光纤到企入户,为企业发展运营和信息消费升级营造优质便捷的信息基础环境。

(2) 内外部业务协同需求迫切,需提升 CBD 管理服务水平

在 CBD 的运营期,建设方需要与交通服务企业、基础商业运营服务企业、信息化服务提

供方等多类运营企业开展协同合作。因此,CBD 建设期就需要将内外部业务协同提上议事日程,基于已有的办公系统,逐步接入监理方的项目评价体系、施工方的智慧工地、智慧建设管理平台等多类应用,打造整体业务协同平台,促进内外部的多方业务协同,全面提升 CBD 管理服务水平。

(3) 围绕目标对象强势吸引,需构筑创新要素集聚能力

根据产业及目标人群的不同气质,可以将智慧 CBD 区域划分成科技金融、文创金融与创新金融等要素的集聚区,并相应配套不同风格的城市功能与业态,在科技金融方面,主要集聚科技金融和金融服务企业,其人群更多呈现出领导创新、锐意进取的创业先锋等特征;在文化金融方面,主要集聚如设计、内容、影视等文化创意,以及文化金融、绿色金融、产业基金等企业,其人群以自由文艺、不同凡响的创意先锐为主;在创新金融中心方面,主要集聚创新融资、投资、保险等新金融产业总部经济,其人群以致力于开拓的商业领袖和中坚力量为主。在规划、建设和运营过程中,需要围绕目标企业和目标人群的强势吸引,打造金融服务平台和文创服务平台,并辅以便捷贴心的企业融合服务和邻里中心服务,全面构筑 CBD 对创新要素和目标人群的集聚能力。

(4) 强化数据资源整合利用,需打造 CBD 运营管理中心

数据资源的共享利用能力,在很大程度上反映出城市/园区管理部门的管理服务水平,基于统一的大数据管理平台,对数据进行梳理、整合、提质,促进数据按需共享和高效利用,是业界诸多城市和园区经过实践探索的可靠做法。智慧 CBD 的建设初期属于数据积累期,与 CBD 相关的土地空间信息、市政基础设施信息、环境监测信息、企业贡献信息、消费人群画像等系列基础信息和专题信息,应该在发展初期就纳入大数据管理平台,为 CBD 的运营管理奠定坚实的数据基础。智慧 CBD 运营管理中心是中央商务区"数字空间"的中枢,汇聚中央商务区城市运行的各类数据资源,将不同业务管理与服务领域进行有效融合,提供完备的功能模块接口,实现服务功能模块的可插拔式接入和嵌套,全面展现和监测中央商务区运行状态,并提供信息综合、资源共享、综合决策、应急调度、三维视图监控等服务,增强各业务领域的联动性。

3.1.2　指导思想与设计原则

1) 指导思想

深入贯彻落实党的十九大精神和中央城市工作会议精神,认真践行习近平新时代中国特色社会主义思想,牢牢把握习近平总书记关于推动实施国家大数据战略,加快建设数字中国和智慧社会的重要讲话精神,以及遵循《促进大数据发展行动纲要》《智慧城市顶层设计指南》《"十三五"国家信息化规划》等要求,将物联网、大数据、人工智能等新一代先进信息技术与 CBD 在金融和文旅等方面的特色优势进行有机结合,打造一个具有现代化多功能服务的综合商务区[77-80]。

2) 设计原则

智慧 CBD 设计以"统筹规划、融合服务、集约共享、智能技术"为四大原则,促进"产城融

合、要素集聚、服务创新、持续运营"四个方面发展,如图 3-1 所示。

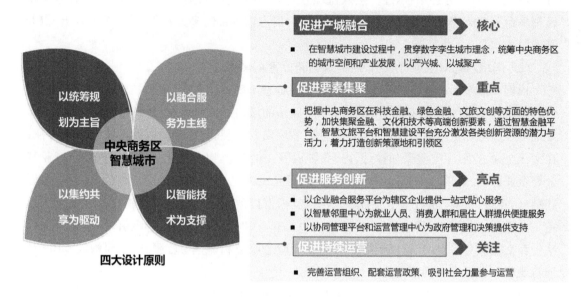

图 3-1 四大设计原则

（1）以统筹规划为主旨：在"一个中心"核心定位的指引下,立足 CBD 的建设需求,实事求是地从服务企业、服务人群和服务 CBD 发展的需求出发,统筹规划 CBD 智慧城市建设的主要任务和重点工程,强化政府引导,积极吸引社会力量参与,精心制定项目实施路径,有组织、有步骤地推进[81]。

（2）以融合服务为主线：面对 CBD 服务企业和服务人群的精准化和智能化服务需求,以信息技术为手段,创新服务模式、整合服务渠道、优化服务资源,构建 CBD 特有的智慧融合服务,并逐步形成惠及辖区内所有企业和所有从业人员的方便快捷的融合服务体系,使之成为 CBD 的独特吸引力和亮丽名片。

（3）以集约共享为驱动：按照"5＋5＋N"的核心思路,围绕 CBD 在提升物理基础设施智慧化和领先的信息基础设施方面的需求,实现全面统一的数据采集与分析、全面共享的数据整合与分析、全面贴心的服务平台与应用以及全面智慧的运营管理与决策,以集约共享为驱动,全面系统地打造数字空间,落实数字孪生城市理念。

（4）以智能技术为支撑：把握新一代智能信息技术发展动态,以"智慧 CBD"为指引,积极探索和拓展新一代智能技术在基础设施构筑、创新环境打造、创新要素集聚、创新主体壮大和 CBD 持续发展等方面的创新性应用与服务,为辖区企业和服务人群全力构建高效智能、便捷贴心、信任可靠的创新创业和宜居宜业良好环境。

3.1.3 设计思想与整体框架

城市发展的高级形态是在物理的实体城市之外,还有一个与之对应的数字孪生城市,物理城市所有的人、建筑、道路、设施以及物件、事件,都在数字孪生城市有虚拟映象。信息可见、轨迹可循、状态可查,虚实同步运转,过去可追溯、未来可预期、当下可控制。中央商务区的智慧城市应基于 GIS、BIM、IoT 的城市信息模型,运用云计算、大数据、人工智能及区块链等新一代信息技术与城市发展深度融合,由技术进步和发展理念共同驱动,创建全时空"5 + 5 + N"数字孪生城市体系,打造新型中央商务区智慧城市,如图 3-2 所示。

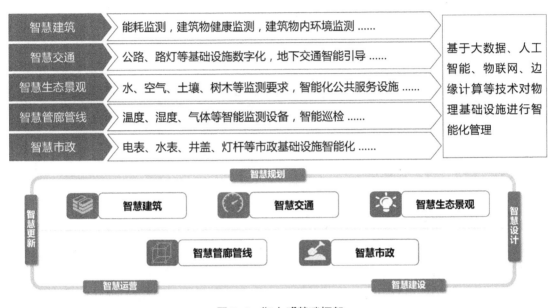

图 3-2 "5+5"基础框架

1) 5 大发展历程

在时间维度上,智慧城市的建设内容是指市发展全生命周期的"规划、设计、建设、运营和更新"五大发展历程。

智慧规划:通过城市信息系统打造智慧规划体系;通过大数据支撑平台,向城市总体规划、市政规划、交通规划、产业规划等各项规划提供规划源数据,并构建大数据专题库实现各类规划源数据统一接入及统一标准;通过大数据分析平台对各类数据进行统计分析,为各项规划提供决策分析模型;通过业务集成服务平台为各项规划工作提供集成的规划工具及应用,辅助开展各类规划编制及规划评估。

智慧设计:通过城市信息系统打造智慧设计体系;通过大数据支撑平台,向路网设计、建筑设计、市政设计、景观设计等提供各类源数据、关联数据及数据分析能力;通过 BIM + GIS 能力平台将影响规划的所有因素资源进行三维建模分析以及可视化管理;通过业务集成服务平台提供集成的设计工具及应用,从而提升各类设计工作的效率与各项设计内容的协同性。

智慧建设:通过城市信息系统打造智慧建设体系;通过 IoT 能力平台,向各类建设项目提供实时数据采集能力;通过 AI 支撑平台,提供面向"端、边、云"的 AI 基础方案;通过 BIM + GIS 能力平台为各类建设项目提供二维及三维模型,实现建设项目可视化管理;通过大数据支撑平台,对各类项目中收集到的海量数据进行统计分析,为各类建设项目建设提供精准高效的决策建议;通过业务集成服务平台,提供各类智慧化的项目管理应用、项目协同应用及第三方应用,从而实现高效开展城市建设,精准开展工程管理;通过积累建设数据,不断叠加建成项目模型,为建设数字孪生城市提供支撑。

智慧运营:通过城市信息系统打造智慧运营体系;通过 IoT 能力平台提供实时数据采集能力;通过 BIM + GIS 能力平台提供数据可视化能力;通过大数据支撑平台提供大数据处理及分析能力;通过 ICT 能力开放平台提供各类城市信息化资源的综合管理能力;通过业务集成平台提供各类城市应用的集成服务能力;通过应用开发服务平台提供定制化的智慧应用能力;通过以上能力实现 CBD 智慧化运营,促进 CBD 城市运行监管、应急指挥调度、城市决策分析更加智慧高效。

智慧更新:城市更新走向未来,并非词语与口号简单的转换,而是有深刻的意义。城市更新这一提法较早源于欧美国家,原来的城市中心区开始衰落从而兴起了城市更新运动。虽然我国在城市建设与改造中也遇到了类似问题,如局部环境恶化等,但与西方城市更新有很大的不同。因此,不能全部照搬别人的做法。需要更多的因地制宜、综合考量、科学规划、择优决策,基于大数据、IoT、云计算、人工智能强大的智能纠错能力,让城市更新更精准、更智慧化。

2) 5 大物理空间

在空间维度上,智慧城市的建设内容是指城市的主要部件,即"管廊管线、交通、生态景观、建筑、市政"五大物理空间。

智慧管廊管线:以云计算、物联网、人工智能等多种技术手段为支撑,建设智慧管线系统、智慧管廊系统,并基于城市信息模型,实现中央商务区管线管廊的智慧规划、智慧建设、智慧管理、智慧运维,构筑全面感知、智能可视、永远在线的"城市生命线"。

智慧交通:打造地上地下无缝衔接的立体化智慧交通体系。依托中央商务区交通规划,结合地上小街区密路网规划及地下空间规划,建设智慧公共交通系统、智慧慢行系统、智慧地下空间交通系统、智慧停车系统,实现全区域交通动态管控,停车资源动态管理、交通服务高效便捷,并选取路线开展无人驾驶示范,从而打造地上地下无缝衔接立体化智慧交通服务体系。

智慧生态景观:打造全面感知、动态监测、智能交互的生态体系。建立统一的生态网格化监测系统,构建实时感知、友好交互的智慧微环境体系,全域水资源可测、可管、可控的智慧水务体系,人与自然和谐互动的智慧景观体系,实现生态环境的全面感知、动态监测、智能交互,建设美丽中央商务区。

智慧建筑:打造人、建筑、环境互为协调的智能建筑群。依托各单体建筑智能化系统,构建中央商务区智慧建筑平台,提供"智能管理服务、开放创新服务、第三方服务"三大类服务,针对中央商务区内不同建筑群类型,分别打造互联共享、高度智能的商务建筑群,超智能、超安全的高层建筑群,全面感知、实时交互的地下空间,具有文化 + 科技的历史建筑群,便捷舒适、智能交互的服务建筑群,智能安全、可定制化的私有建筑群,整体上实现对全区域建筑及建筑群的安全监测、负荷监测及数据进阶分析。

　　智慧市政：基于物联网和大数据技术，统一部件数字标识，建立智慧给水、智慧排水（含雨水、污水）、智慧燃气、智慧供热、智慧道路（含桥梁）、智慧公共交通、智慧环境卫生、智慧园林绿化等，打造全流程数字化市政管理体系。实现城市照明、给排水、环卫、道路等市政领域管理与服务智能化，对路面、桥梁、隧道、地下管网危险源气体、井盖、路灯等市政信息的实时在线监测，并基于城市信息系统打造市政管理一体化体系，实现市政管理可视化、智能化、协同化，创新城市管理模式。

3）N 个应用场景

　　根据中央商务区城市建设的推进进度以及技术发展的演进速度，为了满足 CBD 建设对智慧城市建设新要求，即拓展"N"类应用，如"智慧金融示范区、智慧金融、智慧文旅"等，从而完善"5＋5"思想，落地具体场景，形成"5＋5＋N"思想体系，如图 3-3 所示。

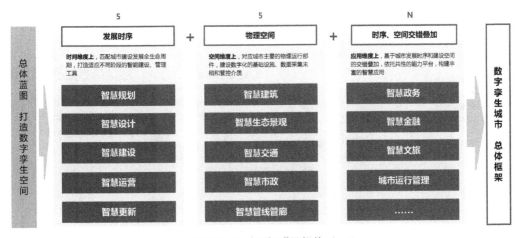

图 3-3　"5＋5＋N"思想体系

　　智慧金融示范区：以人工智能、大数据、区块链等先进技术为手段，优化统筹，实现金融示范区的智慧管理、智慧服务、智慧体验、智慧运营、智慧运维，解决政府、企业、核心人群各方的需求痛点。

　　智慧金融：充分运用最新的金融科技、监管科技、融资科技，建设信用激励机制、风险补偿机制、投保贷联动机制等配套机制，打造中央商务区新金融服务平台，以智慧彰显品质、以品质提升质量、以质量形成引力、以引力聚集人气。

　　智慧文旅：以移动互联网为入口，应用 AR（Augmented Reality，增强现实）、裸眼 3D、全息技术、电子导览等新科技手段，对文化旅游重点区域进行数字化解读，全面提高游客参观体验的观赏性、互动性和趣味性，以此开启新区旅游升级，打造全域游览新体验。

　　在一个全新的空间，地上地下连通一体，从城市规划、设计、建设、运营、更新到交通、建筑、管线管廊、市政设施和生态景观，用伴生的数字孪生城市实现各类资源要素的优化配置和智慧化运营。

3.1.4 愿景蓝图与发展目标

1) 总体愿景

CBD智慧城市建设将以"统筹集约、高度共享、融合服务、智慧决策"为核心特征,以构建"服务之心、融合之心、智慧之心、引领之心"为总体愿景,实现CBD区域内产城人融合发展、创新要素高度集聚、公共服务便捷普惠、城市管理智能高效,如图3-4所示。

图3-4 CBD智慧城市建设总体愿景

服务之心(Service Center),通过打造独具吸引力的公共服务模式,实现企业的招商、入驻、运营的一站式服务,商务、居住、消费人群的一条龙服务,建设和运营合作企业的一网式协同;

融合之心(Alliance Center),以智慧手段促进CBD"产、城、人"有机融合,通过物理空间与数字空间的虚实融合实现多规合一的统筹协调、基础设施的智慧提升、数字孪生的实践落实;

智慧之心(Intelligence Center),全方位全领域推进智慧城市建设,建设全面统一的数据采集与传输体系、全面共享的数据整合与分析体系、全面贴心的服务平台与应用以及全面智慧的运营管理与决策体系;

引领之心(Leading Center),加快金融、文化和技术等高端创新要素集聚,充分运用新技术激发各类创新资源的潜力与活力,着力打造全国创新的策源地和引领区[82]。

2) 发展理念

CBD智慧城市建设采用"未来城市实验室 + 数字孪生"两大创新理念,通过两大创新理

念双轮驱动支撑"服务之心、融合之心、智慧之心、引领之心"(SAIL)总体愿景,如图 3-5
所示。

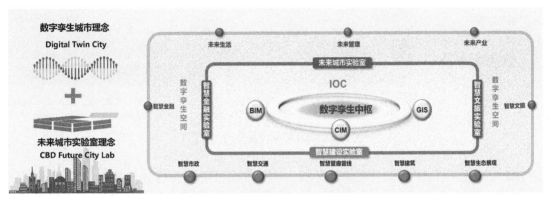

图 3-5　CBD 智慧城市建设的发展理念

(1) 数字孪生空间理念

CBD 智慧城市建设采用数字孪生空间的理念,利用大数据、人工智能、边缘计算、BIM、GIS 以及移动互联等技术手段,对区域内城市公用设施、交通设施、园林设施、特种设备等实体城市部件进行唯一数字化身份标识,打造全面感知的物理空间[83];其次对物理空间进行全面数字化建模,构建一个与物理空间"一一对应、相互映射、协同交互"的数字空间[84],并通过城市信息系统对城市运行状况进行实时记录、仿真、监测、预测,并自动反馈到物理空间,实现数字空间与物理空间的联动,最终打造一个"状态感知—实时分析—自助决策—精准执行—学习提升—自我更新"的数字孪生城市,实现城市状态实时化和可视化、城市管理决策协同化和智能化,开创一个物理维度上的实体世界和信息维度上的虚拟世界同生共存、虚实交融的城市发展新格局[84-86],如图 3-6 所示。

(2) 未来城市实验室理念

"未来城市实验室"作为 CBD 数字孪生城市的智库大脑,将汇聚一流的企业资源、一流的高校资源和一流的专家资源,主要提供"创新研究"和"服务实践"两大功能,一方面致力于城市发展研究与未来新兴科技相结合,以定量研究手段对城市社会、产业、生态、环境、空间等多重要素进行分析统计和模拟预测,探索建立 CBD 未来城市的理论框架和数据模型,更加客观地认识城市的现状和未来,发现城市发展的趋势和需求;另一方面搭建开放的分实验室,对城市发展需求所衍生的新理论、新模式、新技术进行实践验证,对通过检验的项目进行推广应用,从而实现各领域智慧城市解决方案和创新性应用从需求识别、设计开发、集成测试到应用服务等各环节逐步落地,并不定期发布智慧城市建设成果、领域创新性应用以及即

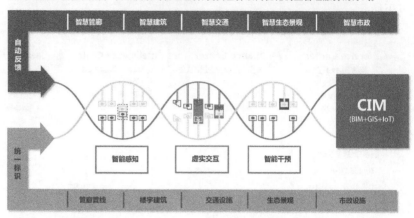

数字空间：通过CIM平台将数字世界和物理世界联动起来，数字世界可以通过预测试错等方式提前判断得到结果，自动反馈到物理世界/真实世界从而优化调整管理服务的方式。

物理空间：全面数字化标识，利用二维码、RFID、GIS、移动互联等技术手段，对中央商务区城市公用设施、交通设施、园林设施、特种设备等多种实体城市部件进行唯一数字化身份标识。

图 3-6　CBD 数字孪生空间示意图

将启动的建设项目，不断吸引更多企业加入 CBD 智慧城市建设行列。此外，未来城市实验室的研究成果不仅可运用在城市的规划、设计、建设、运营及评估中，也可应用于城市政策的定制参考等多个领域，如图 3-7 所示。

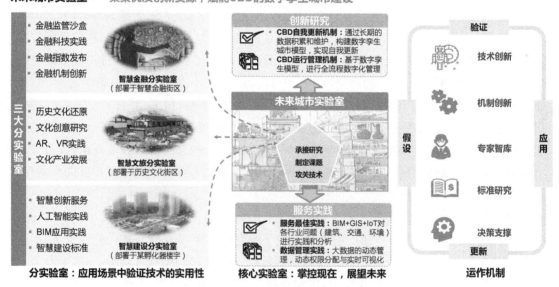

图 3-7　CBD 未来城市实验室理念示意图

3）总体蓝图

CBD 智慧城市建设将利用物联网、边缘计算、大数据、BIM、人工智能、区块链等新技术，构筑出"人-机-物"之间实时、动态、交互的数字孪生体，以数字孪生空间来智慧支撑和扩展物理世界的动态可持续发展，如图 3-8 所示。

利用物联网、边缘计算、大数据、BIM、人工智能、区块链等新技术，构筑出人-机-物之间实时、动态、交互数字孪生体，以数字孪生空间来智慧支撑和扩展物理世界的动态可持续发展。

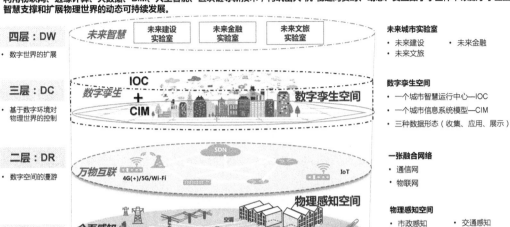

图 3-8　CBD 智慧城市总体蓝图设计

以"数字孪生 + 未来城市实验室"两大发展理念为核心的 CBD 智慧城市体系，主要分成四层：数字化层（Digital Twin）、数据漫游层（Digital Reality）、虚实控制层（Digital Control）、数字世界扩展层（Digital World）。

第一层（数字孪生空间的感知末梢）：通过对 CBD 的天空、地面、地下等空间层面进行物联网传感器布设，打造包括市政感知、交通感知、生态感知、建筑感知、安全感知的全面感知物理空间，并结合 BIM、GIS、IoT 等技术对 CBD 各类城市部件及物件进行统一数字标识，实现区域内道路、桥梁、井盖、灯盖、建筑等基础设施的全面数字化建模。

第二层（数字孪生空间的神经网络）：打造一张融合的网络，包括一张高速、弹性、智能的宽带网络，一张全面覆盖、广泛触及的物联网。推进光纤宽带网络深度覆盖以及无线网络（Wi-Fi、5G）立体化全覆盖，打造覆盖 CBD 区域室内室外、地上地下不同环境的物联网络，对海量传感器及终端设备进行有效控制，最终通过通信网络与物联网的融合，将各类前端数据汇聚至 CBD 的 CIM 系统，以支撑各类智慧应用建设。

第三层（数字孪生空间的智能中枢）：建设 CBD 城市智慧运营中心、城市信息系统，打造数字孪生空间的智能中枢。

城市智慧运营中心：打造智慧运营管理中心，对区域内全面运行状态进行"可视、可控、可管"，实现各领域业务运行协同。

城市信息系统：作为智慧城市建设的共性支撑平台[87]，城市信息系统主要包括 BIM + GIS 能力平台、IoT 能力平台、大数据支撑平台、ICT 能力开放平台、业务集成服务平台、应用开发服务平台、AI 支撑平台，通过丰富的平台能力，实现三维城市空间模型和城市信息的有机融合。并通过城市信息系统对 CBD 的城市空间、公共设施布局、土地利用变化、基础设施建设、城市治理服务等进行模拟分析与各种预案优化,打通规划、建设、管理等阶段及交通、生态、市政等业务领域的数据壁垒。

三种数据形态:通过对 CBD 的持续建设与发展,将会逐渐形成一个动态更新的城市数字化资产,未来 CBD 的数字化资产将会有三种数据运用及服务的形态:

(1)无处不在的主动数据服务:在区域内拥有海量、多样、实时的运营数据之后,可通过大数据挖掘分析手段预测各个利益相关体的需求,从而针对不同主体设计出各种匹配的服务方案,并主动、智能化地提供给受用方;

(2)自适应的数据管理方式:通过对 CBD 区域内数据的共享交换,构建专题数据库,根据数据的特征不断自动调整处理方法,以输出最佳的处理结果,并自动分发给相关的业务数据需求方,提升整个数据管理的效率;

(3)数据驱动的新型业态:充分利用 CBD 区域内丰富的数据资产,为以人工智能、大数据、共享经济为代表的新型业态的创新实践提供优质土壤。

第四层(数字孪生空间的未来应用):打造 CBD"未来城市实验室",结合 CBD 整体开发进展构建三大领域分实验室(未来建设分实验室、未来金融分实验室、未来文旅分实验室),致力于 CBD 城市发展创新研究以及服务实践。

(1)未来金融分实验室:CBD 智慧金融分实验室主要搭建科技金融平台,通过建立金融行业信用评级体系、价值评估体系、金融指数发布体系以及金融服务信息数据库,向政府机构及企事业单位提供覆盖投融资对接、第三方资信评价、行业分析、动态预警、信息推送、科技企业展示、培训教育等一体化金融服务。同时智慧金融分实验室将围绕数字化资产配置、超大规模关联网络、在线机器人、监管科技、区块链技术等领域进行深入研究,积极探索前沿技术在金融场景中的应用。

(2)未来建设分实验室:智慧建设分实验室将主要研究 BIM、GIS、IoT 等信息技术在智慧 CBD 规划、勘察、设计、施工和运营维护全过程的集成应用,推广智慧建设中传感器、物联网、动态监控等关键技术的使用,推进 CBD 智慧建造标准和技术体系建设,制定基于 BIM 的城市运维机制,包括建模、建筑物(预防)维护、建筑物系统分析、资产管理、空间管理、应急防灾等,最终构建 CBD 区域全数字化建设管理模式。

(3)未来文旅分实验室:打造智慧文旅实验室,主要包括以下功能:第一,用交互技术和数据可视化手段研究并展现 CBD 文旅产业资源分布、产业发展变化以及未来发展趋势;第二,研究文化传播手段与传播形式创新,通过影视、动漫等艺术形态,结合现实与虚拟合成、交互体验等技术手段,为区域内的文旅资源量身打造宣传方案;第三,专注于 CBD 区域内文旅相关的创意集聚区、创意集群、创意产业园区的规划、建设及运营,实现文化资源创新集聚。

4)分项蓝图

围绕未来城市实验室,构建 7 大专项蓝图,如图 3-9 所示。

(1)智慧建筑蓝图——打造人、建筑、环境互为协调的智能建筑群

依托各单体建筑智能化系统,构建 CBD 智慧建筑平台,提供"智能管理服务、开放创新

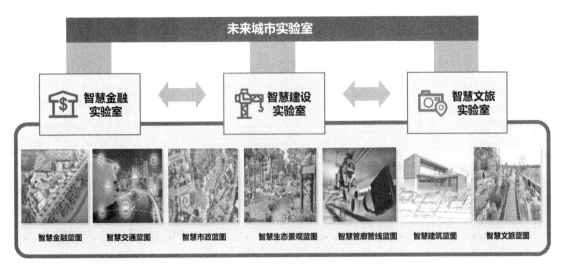

图 3-9　分项蓝图

服务、第三方服务"三大类服务,针对 CBD 区域内不同建筑群类型,分别打造互联共享、高度智能的商务建筑群,超智能、超安全的高层建筑群,全面感知、实时交互的地下空间,具有"文化＋科技"的历史建筑群,便捷舒适、智能交互的服务建筑群,智能安全、可定制化的私有建筑群,整体上实现对全区域建筑及建筑群的安全监测、负荷监测及数据进阶分析,如图 3-10所示。

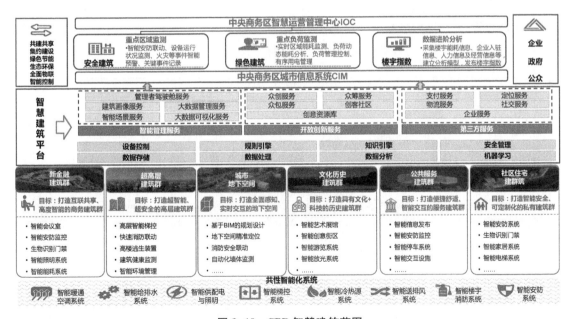

图 3-10　CBD 智慧建筑蓝图

（2）智慧生态景观蓝图——打造全面感知、动态监测、智能交互的生态体系

建立统一的生态网格化监测系统,构建实时感知、友好交互的智慧微环境体系,全域水

资源可测、可管、可控的智慧水务体系,人与自然和谐互动的智慧景观体系,实现生态环境的全面感知、动态监测、智能交互,建设美丽 CBD,如图 3-11 所示。

图 3-11　智慧生态景观蓝图

(3) 智慧交通蓝图——打造地上地下无缝衔接的立体化智慧交通体系

依托 CBD 交通规划,结合地上小街区密度网规划及地下空间规划,建设智慧公共交通系统、智慧慢性系统、智慧地下空间交通系统、智慧停车系统,实现全区域交通动态管控,停车资源动态管理、交通服务高效便捷,并选取路线开展无人驾驶示范,从而打造地上地下无缝衔接的立体化智慧交通服务体系,如图 3-12 所示。

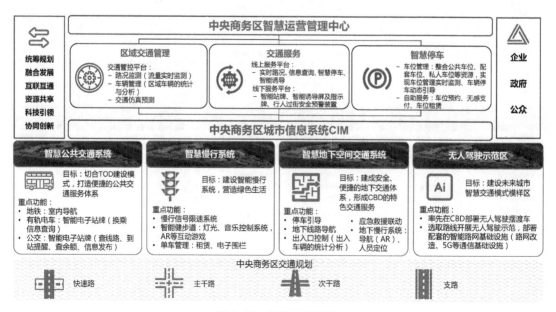

图 3-12　智慧交通蓝图

（4）智慧市政蓝图——统一部件数字标识，打造全流程数字化市政管理体系

统一城市部件数字标识，建立智慧给排水、智慧道路、智慧照明、智能绿化、智能环卫系统，实现城市照明、给排水、环卫、道路等市政领域管理与服务智能化[88]，并基于城市信息系统，打造市政管理一体化体系，实现市政管理可视化、智能化、协同化，创新城市管理模式，如图 3-13 所示。

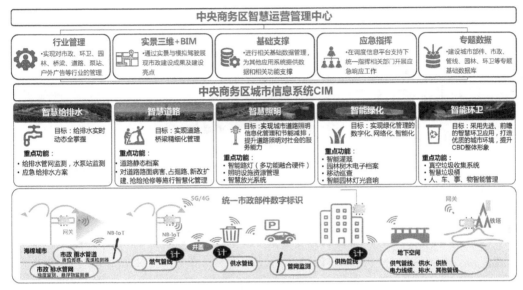

图 3-13　智慧市政蓝图

（5）智慧管线管廊蓝图——打造全面感知和永远在线的"城市生命线"[89]

运用云计算、物联网、人工智能等多种技术手段为支撑，建设智慧管线系统、智慧管廊系统，并基于城市信息系统，实现 CBD 管线管廊的智慧规划、智慧建设、智慧管理、智慧运维，构筑全面感知、智能可视、永远在线的"城市生命线"[89]，如图 3-14 所示。

图 3-14　智慧管线管廊蓝图

（6）智慧金融蓝图——打造新金融服务平台，引领金融科技创新示范

构建CBD新金融服务平台，充分运用最新的金融科技、监管科技、融资科技，并配套信用激励、风险补偿、投保贷联动等机制，以多种组合模式，向市场提供智能投研服务、智能投资服务、信用查询服务、金融指数服务、监管沙盒服务、产业金融服务，如图3-15所示。

图3-15　智慧金融蓝图

（7）智慧文旅蓝图——科技引领新体验，呈现历史文化灵魂

依托CBD区域内文化资源，打造智慧营销、智慧空间、智慧游览三大体系，应用AR、裸眼3D、全息技术、BIM、3D GIS等手段，打造全流程数字化文化旅游体系，打造沉浸式游览新体验，创新特色旅游发展模式，如图3-16所示。

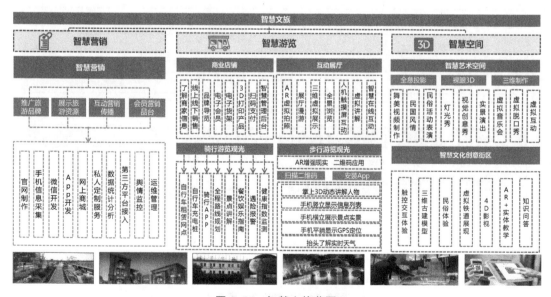

图3-16　智慧文旅蓝图

5）发展目标

（1）基础设施领先发展

打造国际一流的智慧化基础设施，建设高速、弹性、智能的宽带网络，推进光纤宽带网络深度覆盖，实现商业楼宇"万兆到楼、千兆到层、百兆到桌面"，并且打造极简的网络服务开通流程，为入驻企业提供优质网络环境体验；打造室内、室外，地上、地下泛在的无线网络，实现 Wi-Fi 网络在地上空间、地下空间、楼宇空间的 100% 覆盖，推进 5G 网络先试先行，逐步完成 5G 网络的商业部署；全面对 CBD 区域内公用设施、交通设施、园林设施、特种设备等城市部件及物件进行唯一数字化身份标识，建成全面感知城市安全、交通、环境、网络空间的感知网络体系，更好地用信息化手段感知物理空间和数字空间的社会运行态势[83,90]。

（2）创新要素融合集聚

以创新驱动发展为主线，把握 CBD 在高端商务办公、科技金融、绿色金融、文旅文创等方面的特色优势要素，通过对智慧金融、智慧文旅和智慧建设体系的打造，充分激发各类创新资源的潜力与活力，加快集聚金融、文化和技术等高端创新要素，促进 CBD 承载更多创新要素、集聚更多创新能量，着力打造创新的策源地和引领区[82]。

（3）融合服务智能便捷

聚焦辖区内企业、人群和建设方三类服务对象，加快 CBD 融合服务体系建设，提供多样化、全方位、智能化及便捷化服务。以企业融合服务平台为 CBD 企业提供一站式贴心服务，以智慧邻里中心为就业人员、消费人群和居住人群提供一站式便捷服务，以协同管理平台和运营管理中心向 CBD 区域管理者提供一站式管理服务。

（4）管理决策科学高效

依托"数字孪生城市"建设，实现城市规划、城市设计、城市建设到城市运营的全流程数字化、智能化[91]；并通过城市信息系统及城市运营管理中心，打通规划、建设、管理及运营的数据壁垒，实现对 CBD 区域内的建设状态、运行状态的"可视、可控、可管"，促进各领域业务管理创新协同，真正实现 CBD 一盘棋尽在掌握，一切可管可控。

（5）信息资源主动共享

建设一个覆盖城市"规划、设计、建设、运维"全生命周期的城市数据库，并根据 CBD 建设发展实时动态更新，通过大数据支撑平台打破行业数据壁垒，实现物理空间与数字空间数据实时动态交互，并通过对数据进行挖掘分析，为 CBD 区域内城市管理者提供决策支撑，进而实现数据增值。

（6）绿色生态和谐互动

建设 CBD 统一能耗管理系统，覆盖区域内 100% 公共建筑；建设智慧环保体系，实现物联网环境的数据直采覆盖率达到 100%，水资源监控率达到 90%，园林绿化物联网监控率达到 90%，基于数据分析的环境及水资源的预警预测更加准确。最终实现 CBD 城市生态环保设施和城市绿地、湿地等重要生态要素的全面感知，逐步建立一个具有独立生态系统、生物多样性和具有自我修复能力的高品质生态发展示范区。

3.1.5 系统架构与总体设计

1）总体架构

围绕CBD的发展定位,基于对CBD智慧城市建设需求的深入调查研究,充分参考借鉴国内外研究机构在智慧城市顶层设计方面的成果,依托"5+5+N"思路,构建CBD智慧城市"四个一"总体架构,即"一个统一的云基础设施、一个城市信息系统、一个未来城市实验室、一个智慧运营管理中心"。通过"四个一"总体架构,实现CBD区域内城市全要素数字化和虚拟化、城市状态实时化和可视化、城市管理决策协同化和智能化,形成物理空间与数字空间同生共存、虚实交融的孪生体系[86,92],如图3-17所示。

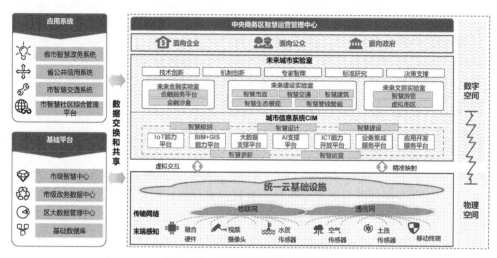

图3-17　CBD智慧城市总体框架

（1）统一云基础设施

统一云基础设施提供将物理空间的人、事、物等精准映射到数字空间的基础能力,包括由各类传感器和智能感知设备构成的城市末端感知能力、物联网和通信网组成的传输网络以及提供计算、存储、安全保障等能力与服务的云数据中心。

（2）城市信息系统

城市信息系统作为智慧城市建设的支撑平台,建立在完善的基础设施之上,并且直接支撑各类智慧应用的高效运行,通过丰富的平台能力,有机融合三维城市空间模型和城市信息。

（3）未来城市实验室

未来城市实验室是CBD智慧城市建设的核心组织,承担着技术创新、机制创新、专家智库、标准研究、决策支撑等职责,下设智慧建设、智慧金融、智慧文旅三个分实验室,分别针对智慧建设、金融、文旅等领域开展创新性研究和具体智慧应用的落地建设。

（4）智慧运营管理中心

智慧运营管理中心面向CBD区域内的管理者,提供一体化、可视化、智慧化的综合管理与决策支撑平台。智慧运营管理中心通过广泛汇聚CBD城市运行、产业发展等各类数据资源,依托大数据分析、人工智能等技术手段,促进 CBD 内数据资源充分共享、业务高效协同,实现对 CBD 运行状态的全面分析、在线诊断、态势感知、智能预警、科学处置,打造 CBD 的智慧中枢。

2) 技术架构

智慧 CBD 数字孪生城市系统建设在技术逻辑上考虑"物联＋互联＋智能"的支撑体系,物联网、互联网和云计算是整个技术逻辑体系的基础子系统,所有子系统并不是孤立存在的,也不是简单的叠加,而是深度契合智慧城市复杂系统的特征[71]。

（1）依靠全面感知的物联网去塑造孪生实体。物联网技术具有全域、全时、全景的功能,通过前端物联感知设备,实时获取物理实体的位置、状态以及工况,同时基于数字化标识和终端初步计算能力,将有价值的数据和信息收集、编码、加密、上传,呈现出一个全息复制的数字孪生体,以此来保证对真实世界的全景式还原[71,93]。

（2）依靠全面覆盖的互联网搭建数字孪生系统的神经网络。基于互联网不受空间和时间约束的特征,物联网生成的数据信息可以通过泛在的互联网在数字孪生城市系统中传递与交流、共享[94]。全面覆盖的互联网将应用全新的 5G、Wi-Fi 6 等高速加密传输技术,保证瞬间将真实的现实世界数据和信息通过网络传输到网络处理中心[71]。

（3）依靠云计算和人工智能等技术给数字孪生城市建立智慧中枢。"智慧中枢"的作用在于对商务区进行监控、治理和优化。技术架构主要是集合边缘计算、大数据、人工智能、区块链等技术工具,打造 IoT、ICT 能力开放、大数据支撑以及业务集成和融合等能力模块;同时基于具有全域立体感知、数字化标识、万物可信互连、泛在普惠计算、数据驱动决策等特征的技术模型,实现运行状态可视化、数据资产标准化、业务融合智能化的功能目标。以上"工具＋模型"的组合构成了数字孪生城市的技术逻辑基础[71]。

CBD 智慧城市技术架构明确智慧城市建设的技术框架,设计由基础设施、支撑平台、智慧应用、运营管理组成的逻辑结构,涵盖支撑智慧城市建设与运营管理所需的技术组件,如图 3-18 所示。

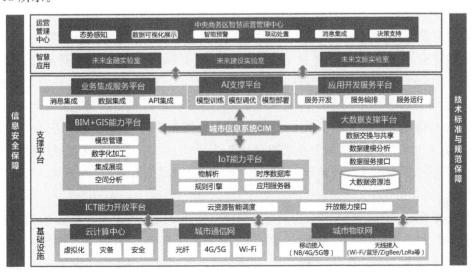

图 3-18　CBD 智慧城市技术架构

（1）基础设施层

基础设施层主要应用到云计算中心技术、城市通信网络技术和城市物联网技术。其中，云计算中心技术主要运用虚拟化、灾备、信息安全、节能等技术，提供最基础的计算、存储与安全保障能力；城市通信网技术实现数据的高速传输；城市物联网技术可对城市环境及各方面的数据进行智能感知识别，并通过物联网将数据进行传输与汇聚。

（2）支撑平台层

支撑平台层主要为城市信息系统提供管理下层基础设施资源的能力以及支撑上层智慧应用开发、运行的能力。其中，ICT能力开放平台主要负责对基础云资源进行管理与智能调度；IoT能力平台针对物联网应用的快速开发、安全部署、统一运维提供物联网数据接入与管理、传感器安全认证与状态监测等功能；大数据支撑平台包括汇聚CBD区域内各类数据资源的大数据资源池，以及数据交换、大数据分析等能力服务；业务集成服务平台聚焦应用和数据连接，提供消息、数据、API等集成能力，支持云上云下、跨区域集成，是实现异构系统之间数据资源共享和业务协同的重要保障[95]；应用开发服务平台通过接口封装的方式，面向智慧应用提供包括人工智能、服务开发、服务编排、服务运行等多种服务，同时可将符合规范的第三方应用能力接入平台。

（3）智慧应用层

智慧应用层主要包括智慧建设、金融、文旅等领域的公共服务平台和智慧应用[96]。智慧应用的建设以CBD城市建设与运营管理需求为导向，重点聚焦金融、文旅等产业的未来发展方向及相关产业创新要素的聚集需求，依托支撑平台层提供的各项能力，通过未来城市实验室的三大分实验室开展建设。

（4）运营管理层

运营管理层即CBD智慧运营管理中心，依托城市信息系统提供的大数据分析、人工智能等能力，进一步应用数据可视化展示技术、消息集成技术、多维协同技术等，构成面向城市管理者的统一运营管理与决策指挥中心。

3）数据架构

数据资源是CBD重要的战略性资源，也是建设智慧城市的重要基石。设计CBD智慧城市数据架构，构建全方位、一体化、全流程的数据框架体系，帮助CBD合理规范、评估和治理数据，并以统一的数据框架为基础，保证数据的质量并可有效共享流动。通过对数据进行挖掘分析，提供数据可视化展示，为城市管理者提供决策支撑，进而实现数据增值。

CBD智慧城市数据架构体系由大数据采集、大数据资源平台、大数据服务、大数据应用、大数据治理和管理、大数据生命周期管理构成；重点解决各个应用所需要的管理机制和共性技术问题，同时提供对外服务能力的接口。数据架构设计如图3-19所示。

（1）大数据采集

建立技术接口、数据标准和相应管理办法，实现CBD区域各类数据资源的采集与汇聚。在一般数据采集接口基础上，补充个别特定交换与采集接口，运用通用数据比对与清洗规则，解决目前数据源不一致、权威性不足、同一个数据不同时期格式不一致等问题，依托数据

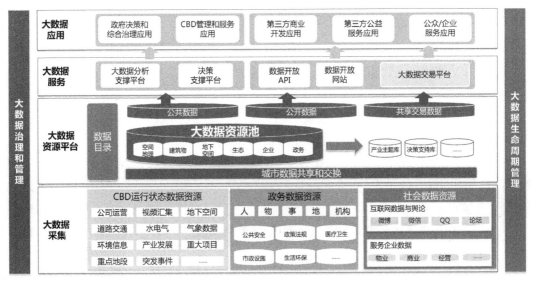

图 3-19　CBD 智慧城市数据架构

采集平台实现 CBD 所有城市管理数据、城市运行数据、社会资源数据的有效采集、统一汇聚。

（2）大数据资源平台

构建 CBD 统一的大数据资源池，奠定各类智慧应用的数据基础。编制数据目录，对CBD 区域内的数据资源进行科学梳理，统一数据资源编码、规范数据格式，明确数据资源分类，即城市公共数据、可向社会公开数据、可面向社会交易数据；建立数据交换平台，解决目前数据分散、数据管理不规范的问题，促进数据资源积累和充分使用；建设基础数据专题库，通过业务模型建立一批与城市管理、产业发展等业务息息相关的主题库。

（3）大数据服务

依托大数据资源池，打造大数据应用开放能力。将数据资源及平台能力封装为标准服务接口，面向上层应用开放大数据分析、大数据展现、大数据决策等能力。通过提供数据开放 API、建设数据开放网站、对接大数据交易平台等方式，鼓励社会利用 CBD 的大数据资源及平台能力开展大数据创新应用。

（4）大数据应用

在基础数据资源和大数据服务能力的支撑下，开展基于大数据的智慧应用建设。大数据是辅助各业务领域实现智慧化的关键，是开展人工智能的基础。基于数据架构，将大数据资源与能力充分融入 CBD 各类智慧应用的建设中，不断创造与实现新价值，全面提升 CBD的大数据应用水平和数据资源综合效益。

（5）大数据管理体系

建立数据治理与数据全生命周期管理体系，为大数据高质量应用提供制度保障。在国家以及 CBD 所在省份、行政区政务资源管理办法基础上，结合实际，编制数据资源实施办法，建立数据目录与交换共享目录、共享管理办法以及大数据对外服务接口标准，明确数据资源的归属权,规范数据资源采集、清洗、应用、维护等规则,明确数据维护、管理责任,确保CBD数据在交换和对外服务时高效、安全、可控,实现数据资源全生命周期管理。

4) 安全架构

CBD智慧城市建设和运营是一项复杂的系统工程[97],信息安全可控是保证智慧城市各平台与应用发挥效用的前提。设计安全架构,建立一套科学完善的信息安全体系[98],技术和机制两手抓,提升CBD智慧城市建设的信息安全保障能力,以充分发挥智慧城市在提升CBD服务能力和创建具有国际影响力新区的重要作用。

通过构建安全管理体系、技术防御体系、安全运维体系,实现可信、可控的城市信息安全架构。安全架构设计如图3-20所示。

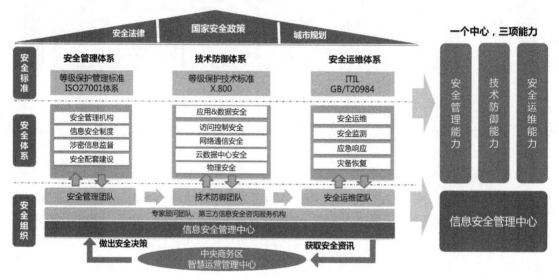

图 3-20　CBD智慧城市安全架构

（1）建立信息安全管理体系

建立健全信息安全组织体系,完善由信息安全管理中心总体负责,安全管理团队、技术防御团队、安全运维团队,以及专家顾问团队、第三方信息安全咨询服务机构共同组成的智慧城市信息安全组织体系。信息安全管理中心负责人由CBD建设方负责人担任,各相关部门主管领导为成员,整体把控智慧城市信息安全工作。工作推进团队由智慧城市建设主管领导及各部门信息化负责人组成,具体推进智慧城市信息安全建设工作;各部门信息化工作人员、系统开发商、系统集成商构成信息安全技术防御团队和运行维护团队,建立和完善信息安全保障规范及流程,有效推进日常信息安全运维和应急安全事件处置;建立信息安全专家库,聘请业界专家构建信息安全专家顾问团队,为CBD信息安全建设提供专家咨询意见;定期聘请第三方的信息安全测评机构开展信息安全评测,弥补自身技术与管理的不足。

建立信息安全标准规范体系,建立信息安全技术、业务、监管三大类标准规范,加强标准宣贯和培训,强化信息安全规范标准在智慧城市建设各个环节中的应用,提升信息安全管理能力和水平。

建立信息安全责任制,明确各部门信息安全负责人、要害信息系统运营单位负责人的信息安全责任,建立责任追究机制。加大宣传教育力度,提高智慧城市规划、建设、管理、维护等各环节工作人员的网络信息安全风险意识、责任意识、工作技能和管理水平[27]。

充分利用第三方安全咨询服务机构提供的专业服务,梳理安全管理需求,实现包括安全管理机构、安全管理制度、人员安全、系统建设管理和系统运维管理在内的安全管理体系,确保智慧城市符合等级保护的管理要求;在CBD智慧城市建设过程中和运营过程中,邀请第三方测评机构进行信息系统的整体安全测评,及时发现信息安全隐患,并根据测评结果提出优化解决方案,弥补信息安全漏洞,提升网络、系统及平台的安全等级,为网络信息安全提供持续保障[99]。

(2) 建立信息安全技术体系

针对通信网络、区域边界、计算环境,综合采用防火墙、入侵防御、恶意代码防范、安全审计、防病毒、传输加密、集中数据备份等多种技术和措施[100],并充分考虑各种技术的组合和功能的互补性,构建从外到内的安全防御体系,实现智慧城市业务应用的可用性、完整性和保密性保护,并进一步实现综合集中的安全管理[101]。重点包括:

① 建立云数据中心物理安全体系。包括建设和完善数据中心的冗余供电设施、冗余温湿度控制设备等基础设施,结合门禁、视频监控控制人员进出,保障数据中心物理环境安全。

② 建立网络安全体系。通过部署防火墙、抗分布式拒绝服务、网络流量分析、安全审计系统保护各类平台和应用免受恶意攻击、非法入侵。建设前端感知设施可信准入控制系统,对摄像机、传感器等前端感知设备进行认证,防止非授权设备接入网络。

③ 建立数据中心主机、应用、数据安全体系。对部署在数据中心的服务器操作系统进行安全加固和防病毒保护,增强主机的安全性和健壮性;对城市管理、公共服务、公共信息平台实施数据分级保护和数据防泄露防护,防止敏感信息、隐私信息外泄。针对Web类应用建设Web防火墙,防止网页被非法篡改。定期对部署在数据中心内的应用进行漏洞扫描,提高应用系统的安全性。

④ 建立CBD统一安全管理平台,对安全设备和系统进行统一管理和监控、安全事件进行分析审计预警、安全风险进行分析和评估、安全运维流程和应急响应进行标准化管理,保障系统持续安全运营。

⑤ 建立CBD区域内统一的CA体系,结合数字证书,实现用户身份和权限的统一分配管理。

(3) 建立信息安全运维体系

制定和完善安全运维服务流程和内容,构建一体化的安全运维体系。包括制定和完善定期评估、定期加固、应急响应、日常巡检、审计取证、教育培训、安全通告和安全值守等安全运维服务制度;梳理完善安全运维标准、制度和流程,建立统一、完善的安全运维管理流程[102];引入安全服务外包,全面提高运维水平,逐步实现安全运维由被动支持转为主动式服务,形成一体化的安全运维体系。

3.2 系统建设

3.2.1 信息基础设施

立足 CBD 的智慧化定位及需求，超前部署信息基础设施，重点建设高速弹性的宽带网络工程、泛在可靠的 Wi-Fi 网络工程、全面覆盖的物联网络、新一代云数据中心与信息安全管理平台，提供优质安全的网络环境，进而夯实 CBD 智慧化发展的基础。

1）宽带网络建设工程

（1）建设目标

积极协调运营商，打造 CBD 高速、泛在的宽带网络，充分满足入驻企业的办公需求，助力实时提供各项智慧服务内容，提升区域办公及生活的移动互联网体验。

（2）建设内容（图 3-21）

图 3-21　宽带网络建设工程主要建设内容

① 打造高速、弹性、智能的宽带网络

提供超高速的企业网络：针对商业楼宇，推进光纤宽带网络深度覆盖，实现万兆到楼、千兆到层、百兆到桌面，并且打造极简的网络服务开通流程，为企业提供"拎包入驻、即刻办公"的优质网络环境体验。

提供安全、弹性的金融网络：针对银行、金融科研组织等有个性化网络需求的机构，实现万兆光纤到楼，并预留楼层管线能力，确保入驻各主体根据自身需求开展网络部署。同时，为入驻金融企业提供自动化和按需响应的网络服务，实现物理网络、虚拟网络和策略的全自动化，构建弹性的金融网络服务。基于人工智能技术和大数据引擎，构建金融网络的智能运维能力,实现网络的故障预测性分析、网络故障精准定位和自治自愈,保障金融科技企业业务运营的可持续性。

提供便捷的生活网络:针对新金融街区公寓、CBD 社区等居住类建筑和公共活动场所,建设百兆光纤入户,依托高速网络提供基于电视终端、PC 端的高清视频及在线娱乐服务,打造 CBD 全光网生活环境。

② 打造室内、室外,地上、地下泛在的无线网络

5G:在 CBD 的开发建设过程中,与运营商进行协调,统筹布局蜂窝网络铁塔和基站,实现 5G 网络在地上、地下、楼宇空间的全面覆盖,尤其在 CBD 的超大地下空间中,在商圈、地下停车场、地铁、楼宇地下室等重点区域实现 5G 网络覆盖;在 CBD 无人驾驶车运行区域试点部署 5G 网络,为无人驾驶提供更加高速、可靠的网络传输环境。同时,充分考虑 CBD 整体的生态景观设计需求,将美化的基站和谐融入 CBD 的环境,充分考虑与其他传感网共用杆塔,减少资源浪费和重复建设。

Wi-Fi:在区域内新金融街区、地下空间商业街等人流集中区域,广泛部署无线终端设备,提供免费的城市 Wi-Fi 上网服务,通过移动终端快捷注册登录,即可随时享受高速的无线网络体验。同时,Wi-Fi 网络可作为 5G 网络覆盖盲区的有效补充手段,在部分室内场所、地下空间封闭环境中进行部署,配合 5G 网络共同构成 CBD 泛在的无线网络服务环境。

2)物联网建设工程

(1)建设目标

构建全面覆盖、广泛触及的物联网,打造 CBD 物理城市与数字孪生城市全面互联互通的神经网络。依托物联网,实现对 CBD 区域内超大量物联终端的高度覆盖容纳,并根据建筑、管廊管线、市政、生态景观、交通等不同的城市管理场景,提供各类物联网设备的控制、管理及数据传输功能,为各类专业智慧建设应用提供感知和互联能力基础。

(2)建设内容(图 3-22)

图 3-22　物联网建设工程主要建设内容

① 基于重点监控及数据采集场景，部署各类物联感知设备

在 CBD 重点建设区域和主要管理运营区域广泛部署物联网传感器和终端设备，实时采集城市的各项运行数据。在地下管线管廊部署温湿度传感器、气体气压监测器、视频监控设备、结构变形监测器，时刻监控管线管廊设备的运行情况；在灯杆、井盖、垃圾桶等市政设施部件上安装传感器，对设备位置、设备周边环境进行监控；在图书馆、艺术中心等楼宇中部署能源消耗检测器、烟雾监测器、视频监控设备、消防设施监测器、结构变形监测器，及时监测楼宇及室内信息，保障公共安全，并为各类智慧建筑应用提供数据采集基础节点；在主要道路、十字路口、核心聚焦场所周边交通节点部署违章监控摄像头、路况监控摄像头、红绿灯监控器、交通指示牌监控器等设备，对交通情况进行及时监控，并可通过终端设备调度调节交通状态；在各类生态景观部署水质监测器、空气监测器、土壤监测器、植被监测器和噪音监测器，对区域内生态环境数据和生态景观生长维护情况进行监测。

② 打造多种接入方式、广泛覆盖的物联网络

与运营商协调，建设全面覆盖 CBD 区域的物联传输网络，实现对传感器及终端设备的有效控制，及对采集数据的及时传输。

以多种接入方式满足对各类物联网设备的入网管理和控制。室外接入方式以 NB-IoT、eMTC、5G 等传输制式为主，通过无处不在的移动互联网络传输物联网设备采集的数据。室内接入则根据不同的空间结构和使用场景，灵活采用 LoRa、SigFox、ZigBee、蓝牙等网络形式。

③ 打造物联核心专网，向上对接连接管理及能力平台

移动互联网接入和局域网接入的物联网数据，最终将汇聚至 CBD 的物联网核心专网，专网可基于 CBD 高速宽带网络以逻辑隔离的形式建设部署。核心专网连接至 CBD 的 CIM 系统，通过网络将采集数据与 IoT 能力平台对接，以支持开展各类智慧应用的物联网数据使用需求。

3) 数据中心建设工程

（1）建设目标

规划建设新一代云数据中心，为 CBD 的智慧化建设提供存储、计算、网络等基础信息化资源，集中存储管理城市建设及管理运营数据，承载各类智慧城市应用。

（2）建设内容（图 3-23）

① 建设数据中心基础设施

数据中心基础设施包含数据中心机房以及数据中心设备两项内容。

机房建设方面，在 CBD 范围内选择合适的区域建设数据中心机房，在供电、空调、综合布线、消防、设备容纳等建设内容要素上至少达到 Tier3、Tier3＋ 等级标准。机房环境通过模块化部署，可灵活、弹性地调整不间断电源、空调、机柜等模组，随着 CBD 智慧建设内容的不断丰富，可持续调整数据中心的规模和服务承载能力。

设备建设方面，部署服务器、内存、硬盘、CPU、交换机等资源，为 CBD 各类智慧应用提供计算、网络和存储服务。

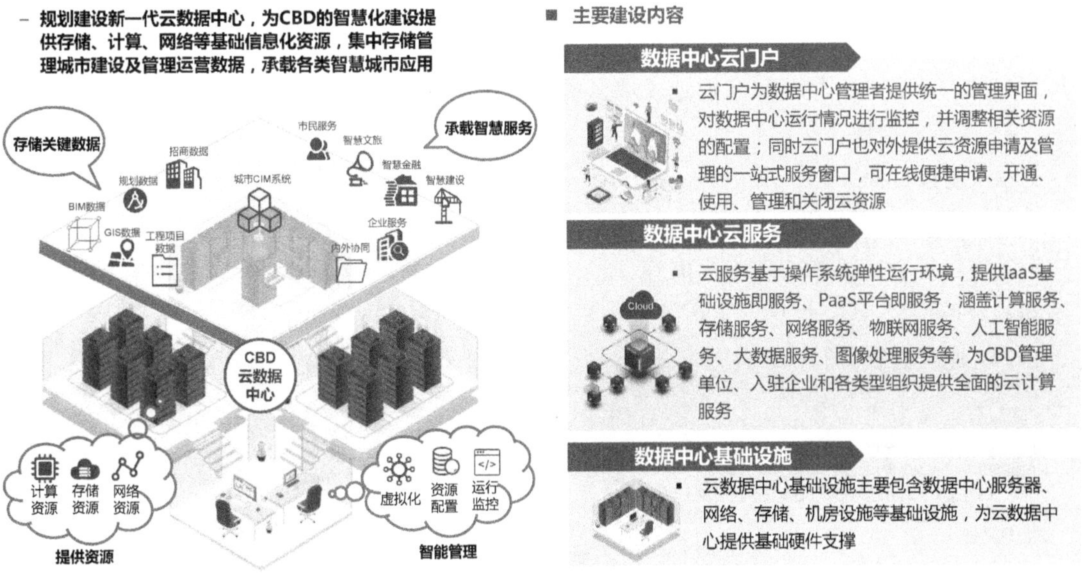
- 规划建设新一代云数据中心，为CBD的智慧化建设提供存储、计算、网络等基础信息化资源，集中存储管理城市建设及管理运营数据，承载各类智慧城市应用
存储关键数据
承载智慧服务
市民服务
智慧文旅
招商数据
智慧金融
规划数据
城市CIM系统
智慧建设
BIM数据
GIS数据
工程项目数据
企业服务
内外协同
CBD云数据中心
计算资源
存储资源
网络资源
虚拟化
资源配置
运行监控
提供资源
智能管理
主要建设内容
数据中心云门户
云门户为数据中心管理者提供统一的管理界面，对数据中心运行情况进行监控，并调整相关资源的配置；同时云门户也对外提供云资源申请及管理的一站式服务窗口，可在线便捷申请、开通、使用、管理和关闭云资源
数据中心云服务
云服务基于操作系统弹性运行环境，提供IaaS基础设施即服务、PaaS平台即服务，涵盖计算服务、存储服务、网络服务、物联网服务、人工智能服务、大数据服务、图像处理服务等，为CBD管理单位、入驻企业和各类型组织提供全面的云计算服务
Cloud
数据中心基础设施
云数据中心基础设施主要包含数据中心服务器、网络、存储、机房设施等基础设施，为云数据中心提供基础硬件支撑

图 3-23　数据中心建设工程主要建设内容

② 构建数据中心云服务能力

建设 CBD 数据中心云计算管理平台，将数据中心资源通过虚拟化技术形成资源池，进行统一管理和灵活调配。云计算平台基于操作系统可提供 IaaS（Infrastructure as a service，基础设施即服务）、PaaS 和 SaaS 层服务。

IaaS 层服务：为 CBD 区域内管理机构、入驻企业、科研项目提供统一的、可灵活配置的计算、存储、网络等基础资源服务，避免区域范围内中小机房的重复建设和基础资源的散乱分布，节约数据中心资源的建设成本，提升区域范围内数据中心资源的利用效率；

PaaS 层服务：通过云平台提供虚拟环境，随时配置和构建满足研发测试需求的操作系统和软件系统环境，为 CBD 区域内具有研发测试需求的企业及机构提供平台服务，并提供人工智能深度学习、物联网设备管理、BIM 模型处理、图像处理等通用性的技术能力调用服务，协助推动产业创新和技术创新；

SaaS 层服务：基于云平台为 CBD 的入驻企业提供轻量级的办公软件服务，如邮件、OA、会议、财务、人力资源系统等模块，企业通过在线申请开通服务，便可基于 Web 端或移动端便捷使用办公软件，无须从外部购买软件并采购设备（或租用第三方云服务）进行部署。

③ 打造数据中心云服务门户

建设 CBD 数据中心云服务门户，为管理人员提供统一的资源管理和维护界面，为服务使用者提供便捷的一站式云资源申请和开通窗口。

云资源统一管理门户方面，管理人员可随时查看数据中心的计算资源、存储资源、网络资源的运行使用情况，可对各类资源池进行配置，并可对各类资源申请和服务使用单元进行审核、监督、维护和管理。

云资源统一服务门户方面,CBD区域入驻企业、管理机构、科研机构可通过云门户在线申请计算、存储、网络、操作系统、运行环境等资源,通过在线的申请、审核、服务开通和计费及服务关闭流程,便可快速、简捷地获取云资源服务。

4) 信息安全建设工程

(1) 建设目标

打造CBD信息安全管理平台,构建CBD智慧城市信息安全体系,从终端、网络、数据、应用等层面建立完善的信息安全措施,通过物联网、云计算、大数据、移动互联网等场景提供不同的服务手段,建立信息安全运营管理机制,全方位、多维度保障信息安全[80,103]。

(2) 建设内容(图3-24)

图3-24 信息安全建设工程主要建设内容

① 打造多层级的信息安全措施

终端安全:CBD为打造数字孪生城市,必将在区域范围内部署安装大量的传感器和智能终端设备。基于信息安全平台,构建终端安全管理模块,以可信终端授权、伪装设备判定、IP及MAC绑定、非法外联监控、病毒检测、终端资产审计等功能,对各类智慧应用和管理运行系统的终端设备进行管理,防止各类终端设备被操控和破坏。

网络安全:CBD旨在打造新金融产业,区域网络的安全性和稳定性对产业的正常运行和发展极为重要。通过在信息安全平台构建网络安全模块,基于防火墙、防病毒网关等网络安全设备,通过入侵检测与防御、网络隔离和单向导入、上网行为管理、网络安全审计、虚拟专用网络等网络防御策略,保障CBD城市网络和金融企业业务网络连续、可靠、正常地运行。

数据安全:在CBD智慧城市运行的数据存储、传输过程中,基于信息安全平台构建数据安全模块,依托数据库审计与防护、安全数据库、数据泄露防护、文件管理与加密、数据备份与恢复等功能对关键数据进行加密、备份和监控,防止城市运行管理数据被窃取和篡改。

应用安全:CBD 的智慧建设、智慧金融和智慧文旅板块将建设各类智慧应用内容,基于网页端和应用界面的恶意攻击和篡改将严重影响智慧应用的服务品质。基于信息安全平台,打造应用安全模块,运用 Web 应用防火墙、Web 应用安全扫描、网页防篡改、邮件安全等安全工具及策略来消除智慧应用在提供服务、传输数据过程中受到的恶意攻击和功能篡改。

② 打造多场景的信息安全措施

依托信息安全平台,对部分重要智慧场景设计专项防护措施和策略。对于云安全,建设云基础设施安全、安全 SaaS 服务、云访问安全代理等功能;对于物联网安全,建设设备终端安全、物联网络安全等功能;对于大数据安全,建设态势感知、威胁情报和业务安全等功能;对于移动互联网安全,建设移动终端安全、移动应用安全和移动设备管理等功能;对于 CIM 系统安全,建设 BIM 模型防篡改、模型防窃取、接口安全管理等功能。

③ 引入人工智能技术,构建主动智能防御能力

当前,针对城市信息安全的攻击行为是复杂和不断变化的,城市信息安全防御过程中经常需要面临持续的、潜在的、未知类型的恶意入侵和破坏行为。通过在信息安全平台构建人工智能自主防御模块,将入侵历史数据和防御策略历史数据导入模块进行自主学习,搭建起机器的持续识别、学习和效果评估循环过程,随着时间的推移和海量学习内容的积累,建立起 CBD 智慧城市强大的主动智能信息安全防御能力,对已知、未知入侵行为进行识别和预判,为防御策略提供最佳参考,并在一定权限范围内自动执行防御措施。

3.2.2　城市信息系统工程

1) 基础共性能力建设

(1) 建设目标

落实 CBD"数字孪生城市"建设理念,通过打造城市信息系统,实现城市发展动态与静态的全要素可视化,便于城市管理方从动态的角度清晰地掌控城市发展的历史、现在及将来,助力决策者从更为系统、全面的角度统筹城市的运行发展,并进行分析决策。通过城市信息系统,打造建成数字孪生城市基础能力支撑体系。

(2) 建设内容

作为智慧城市建设的基础支撑平台,城市信息系统支撑各类智慧应用的高效运行,城市信息系统主要包括 BIM + GIS 能力平台、IoT 能力平台、大数据支撑平台、ICT 能力开放平台、业务集成服务平台、应用开发服务平台、AI 支撑平台[104],如图 3-25 所示。

BIM + GIS 能力平台:融合云计算、大数据、BIM、物联网及移动应用等新技术,建设时空地理信息平台,搭建基础矢量地图数据库、多源遥感影像数据库、BIM 建模数据库等,提供统一规范的时空地理大数据服务,并通过构建融合地下、地上、天空环境信息的多维可视化

图 3-25 城市信息系统建设内容

引擎,实现 CBD 多维实时空间漫游。

IoT 能力平台:建设 IoT 能力平台,将 CBD 区域内海量终端设备进行高效、可视化的管理,为上层应用提供统一格式的数据,并对数据进行整合分析。同时 IoT 能力平台会面向社会开发者开放各种接口能力,帮助开发者快速孵化物联网行业应用。

大数据支撑平台:建立数据采集体系,实现 CBD 区域内所有城市管理数据、城市运行数据、社会资源数据的有效采集;依托大数据资源池,打造大数据应用开放能力,将数据资源及平台能力封装为标准服务接口,面向上层应用开放大数据分析、大数据展现、大数据决策等能力。

AI 支撑平台:通过打造 AI 支撑平台,提供面向终端、数据、应用的全场景 AI 基础设施能力,以及语音识别、图像技术、视频分析、数据处理等能力,并提供大数据量的模型训练环境;第三方可以通过丰富的 API 快速集成开发 AI 应用,加速数字孪生城市场景、行业应用和 AI 的深度融合,充分满足智慧 CBD 在智慧建设、智慧金融、智慧文旅等领域的 AI 应用场景。

ICT 能力开放平台:通过 ICT 能力开放平台对 CBD 智慧城市的云基础设施(计算、存储、网络)进行智能管控,对云基础设施的计算、存储、网络资源和使用情况进行集中管理和监控,提供统一的资源管理、资源部署、运维管理、服务管理和自助服务等能力,构建高效的智慧应用 ICT 运行环境。

业务集成服务平台:业务集成服务平台为 CBD 智慧城市提供一站式业务集成平台,聚焦业务应用和数据连接,通过对接多种数据库、中间件、公有云服务,提供 API 集成、消息集成、数据集成等能力,支持云上云下、跨区域集成,是实现智慧城市异构系统之间数据资源共享和业务协同的重要保障。

应用开发服务平台:应用开发服务平台通过接口封装的方式,面向智慧应用提供包括服务开发、服务编排、服务运行等多种服务,以微服务与组件化架构设计理念为核心,采用标准化的接口与规范,通过设计、开发、测试、部署、监控、治理等一系列工具,可将符合规范的第三方应用能力接入平台。

2) "5＋5"体系建设

（1）建设目标

通过各种基础能力平台支撑智慧规划、智慧设计、智慧建设、智慧运营及智慧更新全面落实,从而实现物理空间与数字空间的无缝对接、有机融合。

（2）建设内容

通过贯彻城市全生命周期的数据汇聚与挖掘,构建城市规划、设计、建设、运营与更新各阶段的各类应用。

在规划阶段,基于大数据支撑平台、BIM＋GIS 能力平台,支持智慧规划应用;在设计阶段,叠加业务集成服务平台,支撑设计要素选择、三维可视设计、设计模拟等设计应用,如图3-26所示。

图 3-26　"5＋5"体系规划、设计阶段建设内容

在建设阶段,在规划设计的基础上,叠加 IoT、AI 等能力,能感知城市建设施工现场,并将采集数据进行 AI 分析,优化管理、协同等流程,提高管理效率;在运营阶段,结合城市管理的各个部门数据,实现城市运行监管、应急调度和决策分析;在城市更新阶段,基于时空的数据积累和应用,能够对拆迁进行全面的指导和管控,如图 3-27 所示。

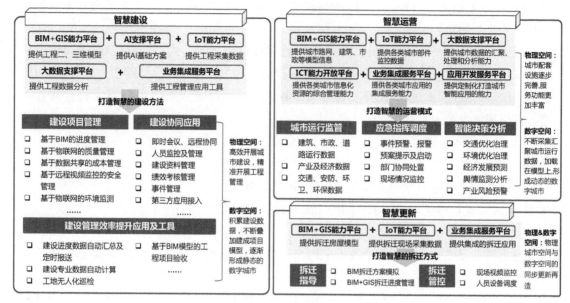

图 3-27 "5＋5"体系建设、运营和更新阶段建设内容

3.2.3 智慧建设实验室

CBD 智慧城市建设以"5＋5＋N"思路引领,依托智慧建设实验室,开展"智慧建筑、智慧生态景观、智慧交通、智慧市政、智慧管廊管线"五项重点建设内容(第二个"5"),涵盖 CBD 城市建设的主要组件,通过运用物联网、人工智能等新兴信息技术,实现城市组件的数字化建设、智慧化运营管理,有力支撑 CBD 构建数字孪生城市。

1) 智慧建筑建设

（1）建设目标

在 CBD 区域内各个建筑的设计、建造、运营过程中充分运用大数据、人工智能、物联网等信息技术,以科技赋予建筑生命,打造绿色、健康、智能的未来建筑。在智慧 CBD 的建设过程中,以金融街区、市政管线等项目为抓手,结合各项目的特点与定位,打造各具特色的智慧建筑生命体。

（2）建设内容(图 3-28)

① 建筑基础智能系统

根据中华人民共和国国家标准《智能建筑设计标准》(GB 50314—2015),智能建筑系以建筑物为平台,基于对各类智能化信息的综合应用,集架构、系统、应用、管理及优化组合为一体,具有感知、传输、记忆、推理、判断和决策的综合智慧能力,形成以人、建筑、环境互为协调的整合体,为人们提供安全、高效、便利及可持续发展功能环境的建筑[105]。智能建筑概念追根溯源是随着计算机技术、信息技术、电子技术、控制技术、通信技术等迅速发展,人们的生产方式和生活方式产生巨大变化后,在建筑领域中所诞生的新概念[106],主要包括:信息化应用系统、智能化集成系统、信息设施系统、公共安全系统、建筑设备管理系统和机房

- 在建筑的设计、建造、运营过程中充分运用大数据、人工智能、物联网等信息技术，以科技赋予建筑生命，打造绿色、健康、智能的未来建筑
- 以重大基础设施和核心建筑项目为抓手，结合各项目的特点与定位，建设会思考的智慧建筑

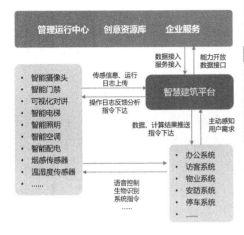

■ 主要建设内容

建筑物感知能力——实时在线的建筑生命体

- 在建筑物中嵌入各类传感器和智能感知设备，使建筑物具备像人类一样的视觉、听觉、触觉、沟通等能力。当建筑物具备感知、实时在线的能力时，即成为万物互联的重要组成部分，具备了互联产生智慧的基础
- 环境传感器、视频分析系统、语音识别系统⋯⋯

智慧建筑平台——建筑的智慧大脑

- 平台一方面对传感器、智能感知设备的运行状态进行实时监测，另一方面对采集的数据进行处理、分析，支持感知设备完成各类响应和决策，实现建筑与人的智能交互
- 平台具备人工智能能力，针对建筑与人的交互过程中收到的反馈不断自我学习，不断提升智能化水平，在复杂任务及环境中表现更为卓越的感知决策能力

自适应服务能力——人-机-物深度融合的智慧应用

- 当建筑物具有了感知能力和智慧大脑，将不仅是物理的空间载体，同时也是智慧服务的入口与交互界面，可根据场景、用户需求，智能提供各类应用服务，支持人类高效工作、便捷生活，实现人-机-物的友好互动和深度融合

图 3-28　智慧建筑主要建设内容

工程[107]。

　　智能建筑是平安城市、数字孪生城市、智慧城市的基本单元、管理枢纽和基础载体，是平安城市、数字孪生城市、智慧城市主要的采样基站、传输网络管理枢纽和综合处理基础平台[108]。在住建部发布的《国家智慧城市试点暂行管理办法》的 57 项三级指标体系中，有半数以上与智能建筑有关。正是有了智能建筑的快速发展，才使得智慧城市的建设有了良好的基础。智慧城市需要打造一个统一平台，必须设立城市数据中心，搭建端-网络-平台-应用分层架构，达到平台能力及应用的可成长、可扩充，创造面向未来的智慧城市系统框架[109]。建筑物作为智慧城市的重要组成部分，是智慧城市从感知层到应用层平台建设的重要载体，在智慧城市建设过程中显得尤为重要[109,110]。建筑智能化的市场需求主要由两部分组成：一是新建建筑的智能化技术应用，二是既有建筑的智能化改造。新增建筑面积对建筑智能化行业的市场需求影响较大，占据了市场的主要需求。我国正处在大规模城市化建设阶段，作为国家主要的经济支柱产业，建筑业在国家拉动内需政策的持续实施、中心城市的建设和城镇化战略的推进下一直保持较快增长[111]。

　　② 智慧建筑集成平台

　　近年来，随着我国智慧城市建设的发展，3D 可视化系统集成概念逐渐走近人们身边[112]。目前正在建设的一些智慧城市大数据可视化平台能够集成城市运行核心系统并将各项关键数据进行呈现，从而对包括应急指挥、城市管理、公共安全、环境保护、基础设施等领域进行管理决策支持，进而提升城市综合管理水平[112,113]。

　　运用 BIM 技术与 IBMS(Intelligent Building Management System，智能大厦管理系统)相结合，利用物联网技术、云计算技术打造全新的运维平台——3D 运维系统集成平台。对建筑的空间、设备资产进行科学管理，对可能发生的灾害进行预防，使建筑的运维工作提升

到智慧建筑的全新高度。可以广泛应用于大型建筑、轨道交通、多建筑网点运维等行业[112]。

目前整个 BIM 技术的应用都集中在前期的设计、施工阶段，在建筑完工交付后 BIM 却被闲置，BIM 3D 运维是未来的趋势也是现在必须解决的问题。随着科技的进步，我国的信息化、智能化发展迅速，这为 BIM 运维提供了良好的信息化基础[112]。

IBMS 主要包括楼宇自控系统（Building Automation System，BAS）、消防系统、视频监控系统、停车库系统、门禁系统等子系统。针对 IBMS 中的子系统的运行方式，可以对建筑竣工的 BIM 模型进一步挖掘其在运维上的应用。

资产可视化：现今的建筑内设备资产数量庞大，种类众多，在传统的表格式管理方式中管理效率低下，实用性差，资产管理可视化采用 3D 互动技术手段，将重要的资产信息纳入可视化平台，方便设备的状态查看和搜索定位。提高资产信息的掌控力和运维效率[112,113]。

监控可视化：建筑 3D 监控可视化使用户可以整合建筑内分散的各种专业的监控系统，如环境监控、安防监控、视频监控、网络监控、能耗监控、智慧消防监控、供配电监控等，把多种监控数据融为一体，建立统一的监控窗口，改变数据孤岛现象，扭转由于二维信息维度不足而导致的报表与数据泛滥的情况，实现监控系统和监控数据的价值最大化，切实提高监控管理水平[114,115]。

环境可视化：对建筑所在的园区环境制作 3D GIS，通过与 BIM 的融合等技术手段来获取园区内相关环境、建筑、设备等信息，通过 3D GIS、BIM 技术，实现园区内的整体环境可视化、楼宇可视化、房间可视化及各类设备可视化的浏览，清晰完整地展现整个园区建筑的情况，并且在平台内实现三维总览、自动巡视及手动巡视。在三维总览模式下用户可在一定高度观察整个园区的状态，支持调整整体视角。自动巡视，可以按照规定线路对整个智慧园区内的运行状态进行依次巡检，循环执行，摆脱了传统的人工依次点击查看的尴尬状况。手动巡视，手动巡视支持步行和飞行两种模式，步行模式时，操作人员操作虚拟人物在场景内走动，完成视角调整等动作；飞行模式下可以通过简单的鼠标操作，如单击、拖拽、滚轮缩放等，完成高度控制、前后左右移动等操作，避免步行模式下被设备或者建筑阻挡的可能，同样也可以完成视角调整等动作。过程中，用户也可以在虚拟场景中执行一些巡视操作。通过 3D 可视化和三维巡视功能，对园区及园区内各个建筑、设备等进行管理与查询，为管理人员提供可视化管理手段，提高楼宇的整体把控力和管理效率[112]。

空间可视化：GIS 能力（包括但不限于室内地图、三维空间确定、导航等），以及各种空间服务接口（包括但不限于正反向地理编码、空间检索、相交分析等），以空间为索引串联整个产品，提供基于空间的三维数据展示、空间数据分析、人员与事件情况确认，以及基于空间的人员、设备跨系统联动。例如，建筑中发生异常事件（如安防子系统通过 AI 侦测发现有人闯入禁区），告警提示将自动推送到管理平台，迅速确定事件发生地，并在三维模型中直观呈现出相应位置，展现周边环境（方位、空间布局、人流状态等），调取周边设备状态（摄像头、门禁、电梯等），拉取实时视频画面，反馈值班人员位置，规划人员处理路线。

对建筑 3D BIM 可视化系统内的各类容量指标进行 3D BIM 可视化和树形数据呈现两种方式展示。可设定单位建筑容量指标，对空间容量、电力容量、承重容量等进行自动统计，分析目前容量状况和剩余容量及使用情况,也能指定房间按照设定的承重和功耗等需求指标进行自动空间搜索查询,使空间使用资源均衡,并能生成数据分析报表,提升建筑的使用效率和管理水平。

事件驱动闭环:平台可智能感知事件,融合建筑各子系统的数据与能力对事件做出响应,并通过大屏、PC 和移动端的多端联动完成事件处理闭环。以禁区报警为例,平台不仅能实现报警的感知、提醒与呈现,还能通过多端分发,自动为附近的值班人员分配任务,推送报警相关数据(报警描述、位置、视频录像等),共享大屏端的信息(从大屏向移动端分发周边设备状态、相关视频画面等),并实时将事件的处理状态反馈回大屏端,让管理者实时掌控现场情况与处理进展,从而改善管理工作流,让建筑内的各种事件得到妥善处理,实现建筑空间的虚拟化、数字化,不仅能提升数据展示的效率与效果,更能让事件响应更精准、更及时,管理工作更便捷、更有效,真正为客户带来管理效率、建筑效能、安全性与终端用户体验的提升。

管线可视化:如今,建筑内管线关系越发复杂,如强弱电管线、给排水管线、雨污水管线、消防系统管线、空调管线、网络配线等杂乱无章,在传统的表格式管理方式中管理效率低下,实用性差。3D BIM 管线可视化模块采用了创新的 3D BIM 互动技术手段,实现对建筑的各类管线进行可视化管理[112]。支持与资产配置管理系统集成,可读取资产配置管理系统内设备的端口和链路数据,并在 3D BIM 场景中自动生成和删减,且在 3D 环境中点击设备端口可以查看设备端口的占用和配置信息,实现与资产配置管理系统的自动同步。同时配线的数据也可以通过表格进行导入,或者支持外来系统数据的集成对接。并且提供可视化的方式进行分级信息浏览和高级信息搜索能力[116]。让呆板的数据变得简单活用,提高管线查找管理的实用性和使用效率。

远程控制可视化:在可视化环境中对设备进行直观的观察和分析,实时监测建筑内的传感器、智能感知设备、基础智能化系统的运行状态;采集数据进行处理、分析,在精准感知建筑环境与用户需求的基础上,面向传感器、基础智能系统发送控制指令,支持基础智能系统完成各类响应和决策,实现建筑与人、建筑与环境的智能交互。智慧建筑平台基于人工智能技术,根据建筑与人交互过程中收到的反馈自我学习、更新,不断提升建筑的智慧化水平,实现在复杂任务及环境中表现更为卓越的感知与决策能力[117]。

智慧建筑平台面向第三方应用开放数据资源和能力服务接口,支持建筑的智能管理、企业服务等领域的智慧应用开发;同时平台将数据资源和功能服务接入智慧城市运行管理中心,以实现城市建筑物群化管理、楼宇指数等创新应用开发。

③ 智慧建筑服务应用

基于基础智能系统和智慧建筑平台提供的能力与服务,建筑物将不仅是物理的空间载体,同时也是智慧服务的入口与交互界面。依托智慧建筑的感知能力、平台接口、应用服务等,建设智能会议室、智能访客管理系统、智能安防系统等,实现"建筑物"根据场景、用户需求,智能提供各类应用服务,打造高效工作、便捷生活的空间环境,实现人-信息系统-建筑物的友好互动和深度融合,如图 3-29 所示。

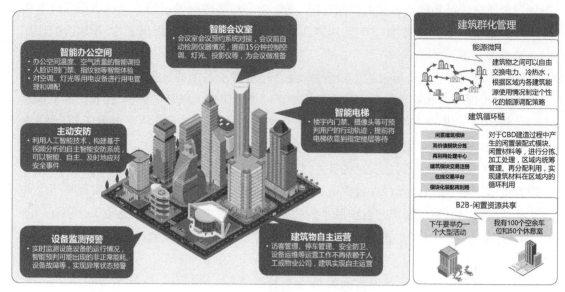

图 3-29　智慧建筑的服务内容

2）智慧生态景观建设

（1）建设目标

运用云计算、大数据、物联网、GIS 等技术，实现对 CBD 生态环境的全面感知、动态监测，特别是绿化带、景观步道、公园和绿地区域，构建生态景观自动感知和自我调节能力，打造人与自然和谐发展的城市生态景观，建设美丽 CBD，服务生态文明建设、服务公众幸福生活[70]。

（2）建设内容（图 3-30）

图 3-30　智慧生态景观主要建设内容

① 生态绿肺网格化监测管理平台

生态网格划分：在 CBD 的范围内按照一定面积大小划分生态监测网格，网格内包含植被、土壤、水源等生态景观，对网格的位置、植被信息、维护状态进行数字化记录，作为 CBD 生态景观的"肺泡"。

生态感知能力部署：根据网格具体情况部署合适的传感器设备，包括摄像头、土质水质监测器、植被监测器等，对"肺泡"的健康情况进行动态感知和监测。

生态网格监管平台：基于生态网格精准、实时掌握各类生态数据，通过数据分析，智能控制园林灌溉系统、排水设施、灯光照明系统等，实现区域环境监测和智能的自我调节。

② 环境监测及管理应用

基于生态绿肺网格化监测管理平台，建设面向城市生态管理、公众服务等相关的智慧应用。

打造智慧景观，针对绿化带、景观步道、公园等区域，打造智慧景观，实现植被定位、树木档案查询、生长状态监测、过敏原监测、倾斜倾倒报警、自动浇灌、景观照明智能调控等功能。

构建智慧微环境，监测区域范围内的空气质量、噪声、土壤等环境指标，及时分析发现指标异常情况，并通过信息屏、信息门户、App 等渠道将相关信息及时面向公众发布。

建设弹性水环境，围绕 CBD 区域内的水环境，开展区域水文雨情监控，水流量、压力、液位监测、堤坝水位、内涝监控，水质监测等，及时发现区域内的内涝、水污染等水环境问题，提前预警、智能干预，确保 CBD 的水环境安全、可控。

3）智慧交通建设

（1）建设目标

在 CBD 区域构建全方位的智慧交通服务系统及智慧交通管理系统，构建便捷的立体化智慧交通服务体系，形成科学合理、高效有序的区域交通管理体系，打造零拥堵、零事故城区[118]。

（2）建设内容（图 3-31）

- **基于大数据、人工智能，乃至 5G 及边缘计算技术，在 CBD 区域构建全方位的智慧交通服务系统及智慧交通管理系统，构建便捷的立体化智慧交通服务体系，形成科学合理、高效有序的区域交通管理体系，打造零拥堵、零事故城区。**

智慧交通管理系统

- **基于大数据、人工智能的智慧交通管控**，路况实时监测与精准预测、信号灯智能调控、交通智能调度及交通仿真预测（交通拥堵分析、潮汐车道等）
- **地下交通管理**，地下交通出入口车辆实时监测与智能调控，地下交通诱导，地下交通安全监测与应急管理，实现地上地下交通顺畅衔接
- **智慧停车管理**，统筹整个 CBD 区域内的停车位资源，实现停车位资源的实时监测、智能调配

智慧交通服务系统

- **智能公共交通服务**，通过 App、微信公众号、智能站牌等方式，面向公众提供交通信息查询、实时路况、智能引航等服务
- **慢行交通服务**，在滨江滨河景观慢行道路设置慢行信号灯，并建设智能健步道，配备相应的灯光/音乐控制系统、AR 互动系统、单车管理系统等
- **智慧停车服务**，基于智慧停车管理系统，提供 CBD 区域内的车位预约、无感支付、反向寻车等服务

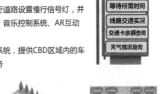

等待所需时间
线路交通实况
交通卡余额查询
天气情况查询

地下交通线路精准引导

无感支付　　　车位预约　　　反向寻车

无人驾驶示范区

- 建设无人驾驶示范区，建设智能道路，率先开展 5G 技术的试点应用，部署无人驾驶摆渡车，体现 CBD 的科技感，打造区域智慧运营特色

智能的车　　智能信号灯
智能的路　　边缘计算

图 3-31　智慧交通主要建设内容

① 智慧交通管理系统

建设 CBD 区域交通管理系统,基于大数据、人工智能等技术,实现交通路况的实时监测与精准预测;部署智能信号灯,进行区域交通的智能调控;基于城市信息系统,在数字孪生空间开展交通仿真模拟,辅助物理空间开展潮汐车道建设、智能信号灯优化控制等。同时,建设地下空间交通管理系统,实现地下交通出入口车辆的实时监测与流量控制;针对地下交通的特殊环境,构建智能诱导、安全监测与应急管理等能力,保障地下地上交通的安全、顺畅衔接。

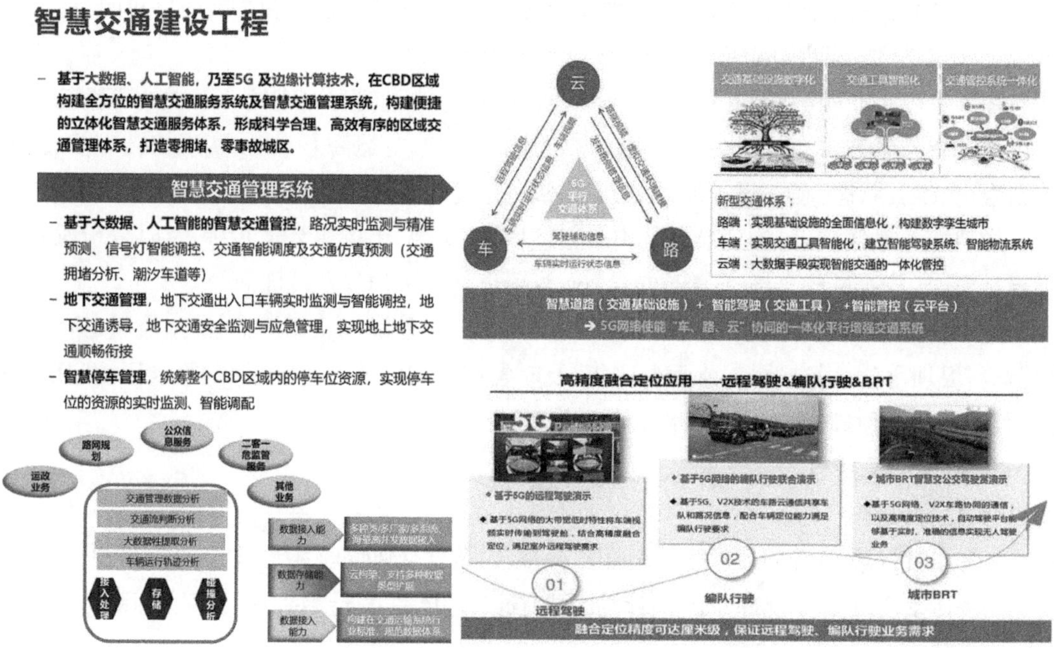

智慧交通建设工程

- **基于大数据、人工智能,乃至5G及边缘计算技术,在CBD区域构建全方位的智慧交通服务系统及智慧交通管理系统,构建便捷的立体化智慧交通服务体系,形成科学合理、高效有序的区域交通管理体系,打造零拥堵、零事故城区。**

智慧交通管理系统

- **基于大数据、人工智能的智慧交通管控**,路况实时监测与精准预测、信号灯智能调控、交通智能调度及交通仿真预测(交通拥堵分析、潮汐车道等)
- **地下交通管理**,地下交通出入口车辆实时监测与智能管控,地下交通诱导,地下交通安全监测与应急管理,实现地上地下交通顺畅衔接
- **智慧停车管理**,统筹整个CBD区域内的停车位资源,实现停车位的资源的实时监测、智能调配

图 3-32　智慧交通管理系统

② 智慧交通服务系统

面向公众打造智能公共交通服务系统,通过 App、微信公众号、智能站牌等方式,面向公众提供交通信息查询、实时路况、线路导航等服务;在 CBD 区域内部署智能站牌,实时、动态地展现公交车辆到站信息,同时以站牌为媒介,搭载丰富的交通信息服务,实现 CBD 地上地下交通网的全面可知、可感。

针对景观内的慢行道路,建设慢行交通服务系统,包括部署慢行信号灯、智能过街系统等,进一步提高慢行道路的安全性;建设智能健步道,配备智能灯光、音乐控制系统,开发 AR 互动游戏,提高慢行趣味性;部署共享单车系统,实现车辆出租、归还、停放的有序管理,提供多样化的慢行体验。

基于智慧停车管理系统,配套建设智慧停车服务系统,提供 CBD 区域内的车位预约、无感支付、反向寻车等服务,解决传统 CBD"停车难"困扰,让公众切实享受便捷化、人性化的智慧停车服务。

③ 无人驾驶示范区

选定试验道路,建设无人驾驶示范区,开展智能道路、智能信号灯、5G 通信基础设施等无人驾驶配套设施建设;在 CBD 区域内选择相对封闭的环境,率先部署无人驾驶摆渡车,负责工作人员的日常通勤接驳及外来访客的观光体验,体现智慧 CBD 的科技感。

4) 智慧市政建设

(1) 建设目标

在 CBD 范围内广泛部署智能的市政基础设施,将城市照明设备、道路、桥梁、井盖、环卫设施等全面实现数字化,构建统一的智慧市政管理平台,充分运用大数据、GIS、虚拟现实等先进技术,使市政管理更加规范化、科学化、智能化[86]。

(2) 建设内容(图 3-33)

图 3-33　智慧市政主要建设内容

① 市政部件统一数字化标识(图 3-35)

市政设施静态标识:建立市政部件识别码标准规范,对 CBD 范围内的水、电、气、热、管线、道路、照明、绿化、环卫等市政基础设施建立静态的数据标识。

市政设施动态运行数据:在各类市政基础设施上广泛部署传感器和物联网设备,采集市政设施的动态运行数据,与数字化标识进行匹配,并依托城市信息系统实现市政部件静态数据、动态数据在 GIS、BIM 模型上可视化展现。

② 智慧市政管理平台

建设智慧市政管理平台,部署于市政综合体,构建以基础设施监控、数据交换、GIS 服务、视频监控等为应用支撑,以运行监控、应急指挥、人员管理、智能运维、辅助决策、行业监管为主要功能的市政管理工具,按业务领域,建设智慧道路、智慧照明、智慧给排水、智慧环卫等专项智慧应用,为城市的可持续发展奠定坚实基础[70]。

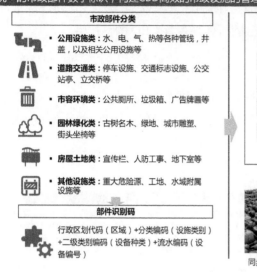

图 3-34　统一数字化标识

③ 智慧内涝分析系统。收集区域内暴雨内涝分析和建模需要的基本资料,建立水文地理信息空间和属性数据库,开展暴雨内涝水文分析,建立骨干河道、地面和排水干管水动力数值耦合模型系统,进行内涝和管线排水能力分析评估。通过全面的物联监测感知、大数据分析等新技术,实现城市水环境整治、内涝监管、雨洪利用等智能化管理,避免和延缓城市内涝的发生。

④ 智慧道路系统。依托城市信息系统开展对道路的规划、设计、仿真模拟;建立道路数字档案,记录道路设计、施工、改造、维护的全生命周期数据;在道路中部署压力传感器等,并借助路边智能灯标、视频监控等设施,运用物联网技术、视频分析技术实现对道路的破损、路面异物、障碍物等的自动识别报警,及时发现问题、及时解决处置,确保道路的安全、通畅。

⑤ 智慧照明系统。在中央商务区广泛部署智能灯杆,提供包含照明、Wi-Fi、信息展示、紧急报警、免费充电、视频监控等多种服务;依托智慧市政管理平台,对每盏路灯进行远程监测和智能化管理,路灯可根据季度、天气、时间和区域道路使用状态自动调节灯光强度。

⑥ 智慧给排水系统。通过数采仪、无线网络、水质水压表等在线监测设备,实时监测城市给排水系统的运行状态,将采集的水量、水压、水质、水设施信息进行及时分析与处理,对水设施、水管网的异常运行数据进行预警,并及时提供问题定位信息[119,120]。

⑦ 智慧环卫系统。打造先进、生态、前瞻、智慧的真空垃圾收集系统,高效处理城市垃圾,杜绝收集、运输过程中的二次污染,同时可减少垃圾桶、垃圾箱、垃圾暂存点等设施设备

的占用空间,缩小土地成本;在中央商务区的慢行道路、商圈等区域部署垃圾清扫机器人,实现智慧作业,打造清洁、绿色的城市生活空间[120]。

5) 智慧管廊管线建设

(1) 建设目标:

依托智慧市政管理平台,实现管廊管线运行状态的全面感知、实时监测,通过建设智慧管廊、智慧管线应用系统,提升管廊管线建设、运营的智能化水平,打造全面感知和实时在线的"城市生命体"。

(2) 建设内容 (图 3-35)

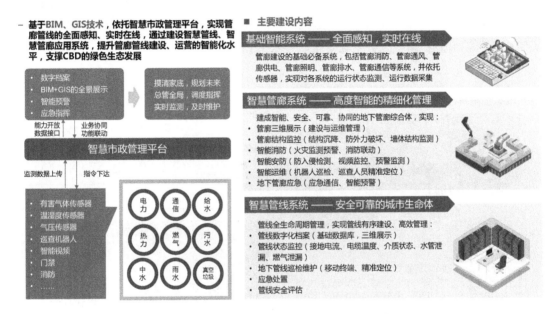

图 3-35　智慧管廊管线主要建设内容

① 智慧管廊系统。在地下管廊建设过程中部署基础必备系统,包括管廊消防、管廊通风、管廊供电、管廊照明、管廊排水、管廊通信等系统,并依托传感器,实现对各系统的运行状态监测、运行数据采集;依托城市信息系统构建地下管廊的三维数字模型,开展管廊的智能规划、建设与运维;在地下管廊的墙体、地面等关键部位部署压力传感器、倾斜检测传感器等,对地下管廊的结构沉降、墙体结构、防外力破坏等进行健康监测;部署智能安防系统,利用声、光、气体检测及视频图像分析等多种手段,确保地下空间的安全;部署智能机器人巡检,开展管廊管线的自动化、智能化运维。

② 智慧管线系统。建立管线数字档案,构建三维数字模型,对管线进行全生命周期可视化管理,实现管线的有序建设、高效管理;基于物联网技术,实现对管线状态的实时监测与数据采集,包括接地电流、电缆温度、介质状态、水管泄漏、燃气泄漏等,开展大数据分析,对管线的运行状态进行安全评估,确保城市生命线安全稳定运行。

③ 城市地下管网综合监控系统，主要包括资产设备监控系统（电力电缆监测系统，通信光缆监测系统，给水管线监测系统，热力管线监测系统，天然气管线监测系统）、环境监测系统、管廊监测系统、电子巡检管理系统、消防系统等，其监控范围全面涵盖了地下管廊内的管线运行安全以及管廊空间、附属设施等的状态，为城市"生命线"的可靠运行提供了全面的技术保障手段，构建适合城市快速发展的安全、高效、智慧的地下管网系统[121]。

④ 智慧管廊统一管理平台，集成多个不同功能的子系统，有效消除各系统间的信息孤岛，从门户集成、应用集成、通信集成、数据集成、安全集成和管理集成六个方面构建一个全局 SOA(Service Oriented Architectue,面向服务的架构)架构和多系统集成的数字化、网络化、集成化和智能化的统一管理平台。采用 GIS、3D 仿真、VR、物联网和 SCADA 等技术，有机整合了管廊内环境监测、视频监控、安全防范、广播通信、消防报警、应急预案和智能运维等多个子系统，有效提高了综合管廊安全防控水平和运营管理效率[122]，如图 3-36 所示。

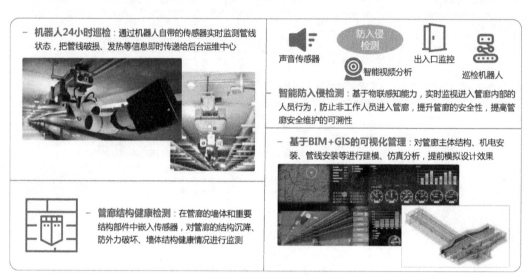

图 3-36　智慧管廊监测综合应用

3.2.4　智慧金融实验室

推进金融服务平台建设与金融体验中心建设，打造智慧金融实验室，集聚前沿领先技术与创新思维要素，突出 CBD"智慧金融"的特色亮点。

1) 金融服务平台建设

（1）建设目标

聚焦 CBD 去区域新金融企业和目标人群的金融服务需求，构建新金融服务平台，以智慧化手段从供给侧引导金融资源支持本地产业的创新并助力区域经济的发展，进而为 CBD 构建开放、安全、透明、高效的金融环境。

（2）建设内容（图 3-37）

智慧金融服务平台作为服务媒介，一方面整合对接 CBD 企业资源，收集 CBD 区域企业

图 3-37　智慧金融实验室主要建设内容

信用数据及相关融资需求,在平台上发布企业的融资信息,同时汇集投资机构投资意向、推测合作概率及交易风险,向投资机构推荐融资企业,进而促进投融资双方达成交易,提高区域投融资效率;另一方面,金融服务平台承接 CBD 的企业信用数据,汇集 CBD 内部企业运营信息,构建企业信用证明,简化企业融资审批流程,助力 CBD 区域产业发展壮大。

依托 CBD 信用体系,运用最新的金融科技、监管科技与融资科技等前沿技术,辅以信用激励机制、风险补偿机制、投保贷联动机制等配套机制,构建智慧金融服务平台。该智慧金融服务平台可提供涵盖信用查询服务、金融指数服务、金融监管服务、智能投研服务、智能投资服务、产业金融服务六大功能。

信用查询服务:承接 CBD 企业信用体系,构建直观的全方位用户画像及企业画像,并辅以信用评价模型,为用户提供直观全面的信用查询服务。

金融指数服务:汇集 CBD 区域金融数据,建立指导 CBD 金融产业发展的绿色金融指数及科技金融指数,进而树立区域新金融影响力。

金融监管服务:依据 CBD 企业开展的具体金融业务及其他运营数据,对其进行定期评估,并且自动生成监管分析报告。

智能投研服务:提供财经资讯个性化推送的服务,按照用户需求进行智能财务预测及自动生成研报,进而助以构建投资研究模型。

智能投资服务:汇集海量金融数据,构建风向预测模型及多资产回测框架,为投融资提供专业性的指导。

产业金融服务:重点面向 CBD 金融企业,向其提供科技孵化、人力资源、IT 运维及其他非核心业务外包服务。

2) 智慧金融街区建设

(1) 建设目标

打造现代化智慧新金融创意街区。依托人工智能、大数据、云计算、区块链等新技术,以产业经济为基础、科技金融为特色、人力资源为杠杆,以生态智慧活力为目标,打造智慧的工作生活新体验,构建金融科技创新孵化一体化服务体系,在智慧金融街区形成信息技术、金融资本、产城融合的有机统一和互动发展。

在建设过程中,需要确保智慧金融街区建设的前瞻性、科学性及可操作性。前瞻性即智慧金融街区的建设规划应站在全局的视角统筹,确保建设规划的前瞻性,保障项目在长期运营中依然处于领先位置;科学性即智慧金融街区的建设规划应该保证设计的科学性与合理性,从而尽量规避风险,实现整个项目的建设运营高效率、低成本、可落地的目标;可操作性即在设计规划智慧金融街区的建设时,不仅要突出特色,打造亮点,更应该确保整个规划的可操作性,才能体现规划设计的意义与内涵。

(2)建设内容(图3-38)

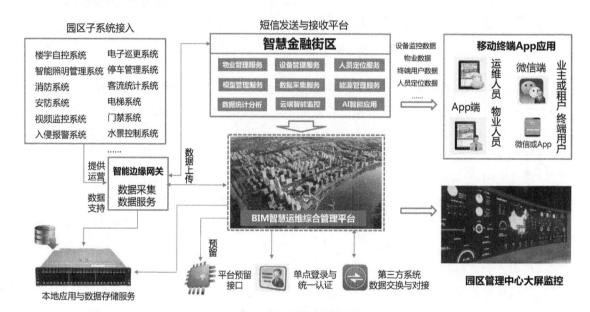

图3-38　智慧金融街区

① 生态感知终端

打造金融街区的广泛感知能力:以能采尽采为原则,通过布设遍布街区的各类传感器,形成泛在传感网,感知得到各类生态环境数据,驱动整个智慧街区高效运转。

基于精准感知的个性化智慧服务:通过智能终端,主动收集在街区生活、工作、休闲的用户信息,包括记录用户行为偏好。形成个人大数据画像,支撑以人为中心的智慧化应用。

② 数据互联网络及云服务平台

以IoT为基础的数据互联:以物联网技术为支撑,采用多种传输手段,满足各类数据采集场景,包括近距离、远距离通信,无线、有线通信,公网、局域网以及自组网通信等。

以云计算为基础的数据互联:基于云存储技术,根据实际应用场景,同时采用自建私有云服务,租用公有云服务及其计算能力,满足不同场景的存储、计算需求。在云存储中,建设基础、通用、统一的数据库,包括 GIS 数据库、BIM 数据库、元数据库、属性数据库等等。

③ 街区智慧应用

提供丰富的街区智慧应用,覆盖街区管理、创新孵化、企业培养、工作生活、消费娱乐等各方面内容。

智慧运维:基于 GIS + BIM + IoT,建设数字孪生街区,开展智慧运维,实现物理现实世界的活动在数字街区同步仿真;建设管理驾驶舱,集中管理创意街区各类数据,洞悉运维数据背后的相关性,为街区的运维管理提供决策支持;汇聚街区全量数据,建立分析模型,以丰富的图表形象化展示,提供实时、历史监测数据,通过大数据可视化分析,展现智慧金融街区的现在、过去和未来。

智慧停车:部署智能停车系统,简化车辆进出流程,提高管理效率,提升车主体验。

智能门禁:在街区各楼宇部署基于生物识别的门禁系统,通过人脸识别、指纹识别等方式实现卡口便捷通行、考勤智能化管理等,针对访客提供基于 App 的预约服务,提高访客管理效率。

智能办公空间:广泛部署智能硬件及配套的智慧应用,营造高度智能的办公空间;在街区楼宇各会议室实现设备联网、主动预防性维护、资源全线上管理、预定系统关联、自动化节能等功能;基于共享办公中心,通过构建多媒体数据展示、知识共享、数据分析、大数据展示等企业服务云,积极构建企业发展所需的软件环境。

智慧照明:以智慧路灯为基础,提供照明、Wi-Fi、视频监控、环境数据监测和户外 LED 等功能,布局街区的智慧元件。

3.2.5　智慧文旅实验室

CBD 智慧城市建设依托智慧文旅实验室,开展智慧文旅建设,构建智慧游览、智慧空间、智慧营销三大体系,全面推进科技、文化、旅游多元融合发展,为游客及居民带来全新文旅休闲服务。

1) 智慧文旅建设

(1) 建设目标

推进智慧文旅建设工程,以移动互联网为入口,应用 AR、裸眼 3D、全息技术、电子导览等新科技手段,对 CBD 区域文化旅游资源进行全面数字化解读,通过文化艺术互动、智慧游览体验,全面提高游客参观体验的观赏性、互动性和趣味性,打造特色游览新体验,从而将CBD 打造成旅游新目的地,有效提升所在地的品质及内涵[123]。

(2) 建设内容(图 3-39)

智慧文旅建设工程主要包括智慧营销、智慧游览、智慧空间三大部分:

① 智慧营销:拓展全新视野,互动创新旅游

建设智慧旅游营销服务平台,围绕游客实际需求,提供全方位的信息查询、电子商务及

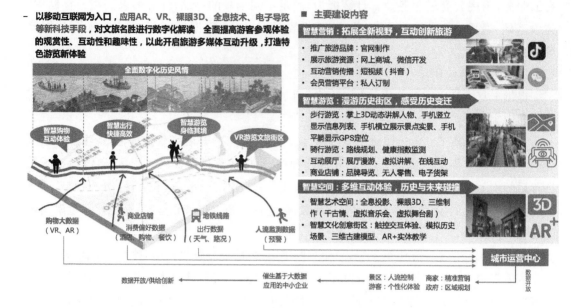

- 以移动互联网为入口,应用AR、VR、裸眼3D、全息技术、电子导览等新科技手段,对文旅名胜进行数字化解读 全面提高游客参观体验的观赏性、互动性和趣味性,以此开启旅游多媒体互动升级,打造特色游览新体验

图 3-39　智慧文旅主要建设内容

旅游体验等服务;增加多语种旅游推广,开发智慧旅游 App 及微信平台、抖音视频平台,实现与 CBD 智慧门户、行政区智慧门户、智慧城市市民门户对接,为游客提升实时所需的服务,准确显示吃、住、行、游、购、娱等位置信息,实时发布旅游资讯,包括即时交通信息、天气信息、环境指数、航班变更信息、近期活动等,提供在线酒店预订、景点门票订购、餐厅预订及点餐服务等,提高旅游便捷度;依托现有文旅资源,进一步开发设计一系列人文旅游产品,比如文物旅游产品、生态旅游产品、运动休闲产品等。

② 智慧游览:漫游文化街区,感受历史变迁

基于 CBD 三维立体 GIS 地图及 BIM 模型,利用虚拟现实技术对景区/城市进行三维仿真,通过球幕 360 度全景仿真体验平台(VR 漫游体验)、旅游大数据可视化运营管理平台(电子沙盘)、大型弧幕展示系统、手绘 3D 导览虚拟漫游平台等应用展现方式,全面展示 CBD 文化旅游资源,包括自然景观、人文景观、历史古迹等内容。让游客享受沉浸式游览体验,并为其带来强烈、逼真的景区宣传,吸引游客前往,达到展示推广的目的。

③ 智慧空间:多维互动体验,历史与未来碰撞

将历史文化景点打造成一个智慧艺术空间,通过全息投影、裸眼 3D、三维制作方式,打造一系列文化创意节目,比如虚拟音乐会、虚拟舞台剧、灯光秀、视觉创意秀、实景演出、虚拟互动等,让游客享受到历史文化与现代科技碰撞带来的多维互动体验,吸引大量游客,逐渐形成一个文化旅游品牌。同时依托历史文化街区,通过触控交互体验、模拟三维古建模型、民俗体验、AR + 实体教学等方式打造智慧文旅创意街区。

2) 新金融体验中心建设

(1) 建设目标

新金融体验中心力求打造成为一个融合创新思维与数字化技术的实体空间,聚焦各类

前沿科技,将 CBD 区域内的金融、科技元素与人文关怀紧密结合,让访客在短时间内对 CBD 的产业定位及金融科技理念形成直观深入的了解,打造 CBD 对外展示的窗口。

（2）建设内容（图 3-40）

图 3-40　新金融体验中心主要建设内容

初步规划,新金融体验中心将实现展示宣贯、互动体验及招商交流这三大主要功能。

① 展示宣贯

在展示宣贯方面,主要包含 CBD 智慧工作场景再现及 CBD 成效互动体验两大模块。通过部署智能化科技设施设备,构建多元化、沉浸式金融科技场景,营造独特的科技体验。CBD 智慧工作场景主要是通过运用 AR 技术,再现 CBD 共享办公区域的工作环境,以智慧化手段向访客展示譬如虚拟会议、办公能耗管理、办公环境远程控制等模块,让访客对智慧办公形成直观深入的认识。CBD 成效互动展示模块则是将 CBD 的前沿技术理念和就业及产值增长等荣誉借以全息投影等技术,以更加直观生动的形式展现,让访客形成深入的认识理解,构建 CBD 宣传名片。

② 互动体验

新金融体验中心通过举办前沿科技沙龙及打造科技产品体验区增强访客在体验中心的互动参与感。在新金融体验中心,定期举办金融科技沙龙,引入领先理念,提供前沿创新思维碰撞与高端人才深入交流的平台;在科技产品体验区域,体验中心将联合 CBD 相关金融科技企业,一起部署前沿科技产品。譬如,通过打造无人银行体验区、智能投资平台、证券管理驾驶舱、自助保险理赔系统,以虚实结合的方式展示金融科技产品、领先技术应用、实时运行数据及区域发展趋势。

③ 招商交流

数字孪生城市建设理论与实践

在体验中心除了对CBD的建设运营成效进行直观展示之外，还会设置招商工作坊。通过部署人工智能机器人，提供精准定向招商政策解读、入驻方案建议，并将线上招商平台在体验中心予以展现，让有入驻倾向的企业可以更为全面、系统地了解CBD招商审批流程，获取更精准的远程咨询指导。

3.2.6 综合服务平台

通过建设企业一站式服务平台、邻里中心服务平台、综合协同管理平台这三大综合服务平台，以智慧化手段，全方位地为企业、社区、建设方提供高效、便捷、优质、贴心的服务，塑造服务型CBD的形象，构建更为人性化、更具特色化、更有科技感的办公与居住空间。

1）企业一站式服务平台

（1）建设目标

建设企业一站式服务平台，聚合企业入驻及后续运营相关手续服务、园区物业服务等，实现企业服务事项在线便捷办理，塑造服务型CBD的形象，更好地吸引企业入驻。

（2）建设内容（图3-41）

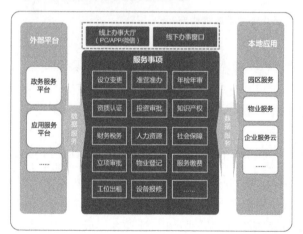

图 3-41 综合服务平台主要建设内容

① 打造企业线上服务平台，实现企业服务多元化、渠道多样化

打造企业线上服务平台，逐步实现在线办理所有企业招商、入驻和经营事项，提升区域内企业入驻效率、减少企业日常办理业务的审批程序，助力CBD形成高效简捷的企业服务能力，进而推动区域特色产业的快速发展。

线上服务平台为企业提供招商服务、入驻手续办理、日常经营性手续办理相关服务。其中，招商服务包括区域招商政策精准推送、招商资料线上查询、招商进程透明化管理、大数据辅助招商决策等；入驻手续办理则包括企业资格线上审查、入驻协议在线签订等；日常经营性手续则涉及准营准办、年检年审、投资审批、知识产权、财务税务、人力资源、政策咨询、法律咨询、创业服务等功能。此外,企业线上服务平台提供在线物业办理服务,包括物业登记、服务缴费、物业问题申报、设备报修、物业在线咨询等功能。而在便捷办公方面,企业一站式服务平台可在功能界面上实现与云门户的对接,打造企业服务云平台、轻量级办公软件服务的申请跳转窗口,方便企业完成云资源和在线办公软件的申请[124]。

企业在线服务平台提供多种服务使用方式,可通过 PC 端网厅、微信公众号、App 等形式进行登录访问。

② 建设企业线下服务窗口,实现流程审批高效化、服务便捷化

建设企业线下服务窗口,结合线上服务平台,为企业提供一站式的业务办理服务[124]。

在新金融创意街区众创空间设置企业服务窗口,为入驻企业提供招商政策精准解读、入驻流程咨询、业务手续办理服务。企业可提前在线上服务平台提交办理事项或审批业务,完成主要操作流程后,携带相关资料到线下窗口快速完成办理手续,以线上 + 线下的方式提升为企业服务的效率。在线下服务场所部署智能交互机器人、自助服务终端等智能设备,对常见问题、办事流程、意见反馈等事项提供智能化的服务渠道,并提升 CBD 企业经营环境的科技感。

2) 邻里中心服务平台

(1) 建设目标

建设 CBD 邻里中心服务平台,并通过社区信息屏、微信公众号、App 等方式有效地将服务下沉至 CBD 内的社区、人才公寓等场所,为 CBD 集聚的国际化、多元化人才打造智慧、便捷、高品质、宜居的生活环境。

(2) 建设内容(图 3-42)

图 3-42 邻里中心主要建设内容

① 打造邻里中心线上服务平台

打造 CBD 邻里中心线上服务平台,通过定制开发与接入第三方服务平台等方式,以 PC/App/微信公众号等形式聚合多样化的生活服务:

生活服务方面,将物业、商业等服务内容通过邻里中心服务平台引入社区,提供在线生活缴费、无人超市、家政维修、交通查询、商圈活动、社交圈子等服务功能;

教育服务方面,通过邻里平台将教育企业资源引入社区,提供网络学校、虚拟图书馆、在线课程等教育互动服务功能;

医疗服务方面,通过邻里平台将国际健康城的医疗服务引入社区,提供在线健康咨询、健康状态评估、预约挂号、常见疾病在线问诊等服务功能。

② 部署邻里中心服务信息屏

在社区、人才公寓等场所设置邻里中心服务信息屏,作为 CBD 区域生活服务广泛、智能的服务触点,承载社区信息查询、商圈信息查询、周边生活服务查询、社区管理及服务机构查询、交通查询、地图导航、紧急呼叫等服务。信息屏采用简易操作模式,并集成语义识别和智能对话功能模块,居民可直接通过语音使用信息屏,并可与信息屏进行简单的交流互动。

③ 打造邻里中心服务小屋

建设集无人超市、健康小屋、智能教育体验中心等多种服务功能于一体的邻里中心服务小屋,作为 CBD 智慧、贴心生活服务的实体互动体验单元,配备超市虚拟导购员、健康机器人、VR/AR 教育多种智能生活服务终端设备,彰显 CBD 高端、极具科技感的生活品质。

3) 综合协同管理平台

(1) 建设目标

构建智慧建设管理平台,将信息管理平台、智能技术、智能设备等广泛应用到 CBD 所有建筑工程项目中,创新工程管理模式,全面提升建设工程项目信息化管理水平[125]。构建以 BIM 模型为核心,以大数据中心为枢纽,承载项目建设的所有工程数据,建立互联协同、智能生产、科学管理的施工项目信息化生态圈,实现资源数据的全面共享和建设工程项目的数字化全过程管理,打造建造过程的真实环境透明、真实数据透明、真实行为透明[126]。

依托现有 OA 系统建设的建设方综合协同管理平台,提升建设方办公效率,同时通过对接 CBD 所在行政区、智慧建设等第三方系统,打破各系统的界限、融合各信息系统,实现建设方与外部的高效协同。

(2) 建设内容(图 3-43)

① 打造智慧建设管理平台

运用 BIM、GIS、AI 等技术,搭建智慧建设管理平台,构建覆盖"建设方、参与企业、工程项目"三级联动的智慧建设管理体系,实现工程管理精细化、参建各方协作化、项目监管高效化、建设施工智能化。

工程管控方面,智慧建设平台通过数据共享、功能接口开放等形式,与项目参与方的工程设计系统、智慧工地系统、工程监理系统进行连接,及时收集汇总分散在各系统中的设计图纸数据、BIM 模型数据、施工现场数据、施工进度数据、监理报告等信息,实现对工程建设

- 运用BIM、GIS等技术，搭建智慧建设管理平台，通过对接智慧建设第三方系统，打破各系统的界限、融合各信息系统，实现中心区公司与外部的高效协同，依托现有OA系统建设综合协同管理平台，提升办公效率

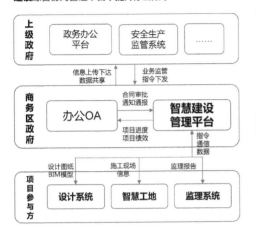

■ 主要建设内容

智慧建设管理平台 —— 工程项目有效管控

- 运用BIM、GIS、AI等技术，建设智慧建设管理平台，实现工程管理精细化、参建各方协作化、项目监管高效化、建设施工智能化
- 构建覆盖"主管部门、参与企业、工程项目"三级联动的智慧建设管理体系
- 构建以BIM模型为核心，以大数据中心为枢纽，承载项目建设的所有工程数据，建立互联协同、智能生产、科学管理的施工项目信息化生态圈

办公OA平台 —— 内外部高效协同

- 基于现在OA系统引入BPM引擎，实现以模板和构件的方式支持各业务部门配置个性化的业务流程
- 积极与智慧建设管理平台等系统对接联动
- 积极发展移动办公

图 3-43　综合协同管理平台主要建设内容

关键信息的统一、集中、直观、智能的管理。

内部协同方面，智慧建设平台可与协同办公平台进行工作协同。智慧建设平台将项目进度、项目绩效信息汇总统计后，按照可定制的格式和内容要素传输至协同办公平台，支撑协同办公平台对项目总体进度、项目绩效考核进行管理；协同办公平台则可将合同审批、通知通报信息及时传达至智慧建设平台。

在与上级系统对接方面，智慧建设平台可按照市、区级工程项目管理、安全生产监管系统的报送信息要求自动汇总生成项目数据表单，并定时向上报送，提升工程信息统计和报送效率；而市、区级的政务办公平台则可对接协同办公平台，将工程管理的各类通知、监管、政策信息进行及时下发和传达，指导 CBD 开展建设工作。

② 优化升级协同办公平台

依托 CBD 区域中心区 OA 系统，进一步引入 BPM（Business Process Modeling，业务流程建模）引擎，以模板和构件的方式支持各业务部门配置个性化的业务流程，实现新流程的快速建立和跨部门流程的快速打通、协同。

在已有的公文管理、信息发布等功能模块基础上，进一步深化与所在行政区管委会 OA 系统的应用对接，加强工程管理模块建设，提供工程报表导入、标准化项目管控、文件自动汇总生成和向上提交等功能，实现与管委会的高效沟通与业务协同。

广泛接入第三方系统，增强建设方与施工单位、监理单位等机构的业务联动性，实现基于对接数据功能的绩效考核、进度管理、报表汇总生成等功能。

为了提高建设方的办公效率，积极发展移动办公，通过建立微信公众号或构建建设方移动办公 App，提供会议管理、公文下达、办公资料查询、文件审批等多项办公服务功能，逐步打造不再受时间、空间限制的办公环境，让工作人员可随时随地查阅信息、上传资料，实现对

紧急工作的快速处理，进而营造人性化、高效化、智慧化的办公体验。

3.2.7　智慧运营管理中心

针对 CBD 主管部门对工程项目监管、综合协调调度、辅助城市规划等方面的需求，建设智慧运营管理中心，打造 CBD 智慧枢纽，实现对 CBD 区域城市建设状态的全面监控、全局资源调度、全域事件处置、辅助决策分析。智慧运营管理中心将领航 CBD 区域智慧城市建设与发展，服务于 CBD 物理城市建设的全过程，随着数字孪生城市的逐步构建完善，最终发展成为数字孪生城市的智慧中枢。

（1）建设目标

建设 CBD 智慧运营管理中心，打造 CBD 智慧中枢，构建一体化、智能化、全方位、开放性的运行平台，实现 CBD 城市运行数据共享、业务协同、统筹管理，提供运行体征监测、综合管理、集中展示、应急指挥、决策支撑等管理服务功能，实时、全面、多维度掌握 CBD 的整体运行态势，提高城市治理的整体水平和服务效能[70]。

（2）建设内容（图 3-44）

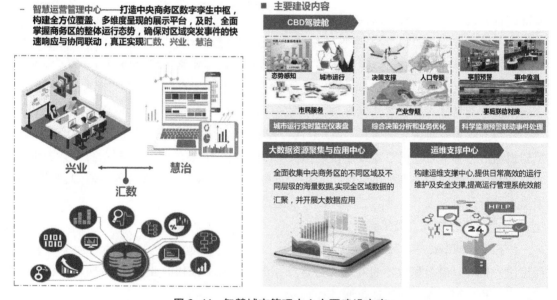

图 3-44　智慧城市管理中心主要建设内容

智慧运营管理中心立足于 CBD 日常管理、监测预警、事件处置、决策支撑四大领域，围绕 CBD 的规划设计、建设运营、城市交通、生态环境、市政设施、产业发展等主题，建立面向城市管理者的应用整合平台。智慧运营管理中心基于城市信息系统的大数据服务平台、GIS＋BIM 能力平台、物联网能力平台等，实现城市规划建设、城市交通、生态环境、市政管理等业务领域数据资源的高效整合、物联网数据的实时接入、数据分析结果的可视化展现，进而实现 CBD 统一的实时运行态势和体征监测，提升 CBD 综合管理水平和应急处置效率，为管理者提供直观生动的城市运行监测方式和决策支持手段[91,127]。

① 城市运行监测平台

建设城市运行监测平台,打造城市管理者的领导驾驶舱。建立预测预警模型,利用大数据技术,通过智能分析和仿真预测,为城市管理者提供城市运营管理事件预测预警和决策支持;采用仪表盘方式,科学设计各类展示指标,让管理者可以全局掌握城市运行状态,统一调度城市管理资源,提升城市管理协同能力;建立广泛与可控的信息发布与交互能力,实现城市运营管理信息及时、准确、有效地推送至相关人员[128]。

② 应急管理联动平台

从 CBD 建设初期即着手规划建设,使应用管理联动平台能够服务于 CBD 智慧建设及建成后运营的全过程。建设高清的音视频交互,多部门协同联动,多视频远程指挥,快速启动应急机制,快捷下行上报,多资源共享、全方位服务,覆盖 CBD 区域内相关机构的信息化应急决策网络。同时,将 CBD 应急管理联动平台纳入其所在行政区统一的应急联动体系,实现与行政区应急管理平台的高效对接、统一应急、联合行动,依托全区的应急资源与能力,更有效地应对突发紧急事件[129]。

③ 生态环境监测专题

基于城市信息系统的平台能力及智慧生态景观领域的智慧应用,自动采集、实时汇聚 CBD 的生态环境数据,并将生态环境管理功能有机集成到智慧运营管理中心,实现生态环境的统一监控和管理,在信息大屏中动态展示,设置分析模型与预警规则,提升 CBD 的生态环境监管能力。

④ 智慧建设监管专题

将智慧建设管理平台的数据资源与部分功能集成于智慧运营管理中心,面向管理者全景式展现 CBD 的建设情况;构建智慧运营管理中心-智慧建设平台-智慧工地三级工程项目监管体系,创新项目群管理模式;充分利用 GIS、BIM、智能摄像头、无人机、智能传感器、人工智能机器人等信息技术与设施设备,并将相关影像、数据实时接入智慧运营管理中心进行可视化展现,实现工程项目的全景、高效、精准管控。

⑤ 运营管理中心基础设施

建设运营管理中心载体,包含运营指挥大厅、会客接待室、会议室、独立办公室、呼叫中心办公室、休息区、设备管理区、应急指挥场所、附属设施等区域,满足 CBD 管理部门日常管理、调度和指挥的需要。以"平战结合"的原则开展空间载体建设,"平时"作为智慧城市运营管理中心,监控和处理城市运行日常事务,"战时"切换为应急指挥中心,处理应急事务,既提升资源利用效率,又降低建设运营成本。

3.3　运营体系

3.3.1　商业模式

CBD 智慧城市建设的持续性、系统性、协同性、开放性需要商业模式的合理设计。智慧

CBD建设的商业模式不等同于一般的企业商业模式,而是城市管理者主导型、整合型的商业模式。CBD建设最终还是要落实到解决服务的"性价比"和"适用性""可持续性"的问题上,不仅要解决城市管理单位、企事业单位、城市居民对CBD智慧服务"性价比"的认可问题,更重要的是解决项目如何启动建设、如何持续运营、如何合理存续的问题。CBD的智慧城市建设,应在建设运营上做到可持续发展,采用多种商业模式相结合的方式,最大限度地利用资源、节约资金,合理投入、长期受益[130]。

建设方作为CBD智慧城市建设整体推进的主导力量,同时也是最大的资源整合者,将持续、有针对性地开展智慧城市各项建设内容的商业模式设计工作,通过合理的设计,努力形成市场作用和政府作用有机统一、相互补充、相互协调、相互促进的格局,推进CBD智慧城市建设持续健康发展[130]。

CBD的智慧城市建设运营,建议采用建设方自投自营、建设方投资建设+运营外包、建设方与企业共建运营、企业自建自营四种主要模式。商业模式由投资主体、资金来源、运营主体和运营收益四个影响因素的选择和组合进行确定。

在分析重点工程/项目的性质、产权归属、控制力度、商业价值和经营性等要素的基础上,对投资主体、资金来源、运营主体和运营收益进行设计,确定相关工程及项目的商业模式。设计思路如图3-45所示。

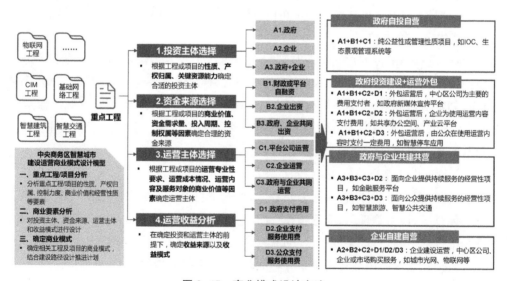

图3-45　商业模式设计方法

3.3.2　投资与收益

1)投资分析

投资分析方法包括分析范围和分析方法两部分,如图3-46所示。

(1)估算范围

时间范围:针对CBD智慧城市规划工期及其后运行维护,规划期内的信息化建设和运

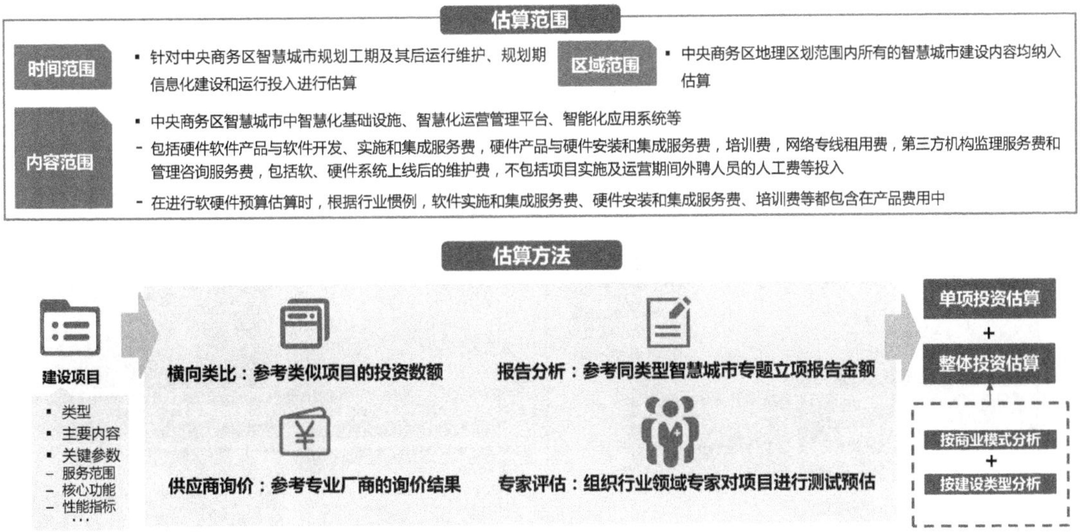

估算范围

时间范围	• 针对中央商务区智慧城市规划工期及其后运行维护、规划期信息化建设和运行投入进行估算
区域范围	• 中央商务区地理区划范围内所有的智慧城市建设内容均纳入估算

内容范围
- 中央商务区智慧城市中智慧化基础设施、智慧化运营管理平台、智能化应用系统等
- 包括硬件软件产品与软件开发、实施和集成服务费，硬件产品与硬件安装和集成服务费，培训费，网络专线租用费，第三方机构监理服务费和管理咨询服务费，包括软、硬件系统上线后的维护费，不包括项目实施及运营期间外聘人员的人工费等投入
- 在进行软硬件预算估算时，根据行业惯例，软件实施和集成服务费、硬件安装和集成服务费、培训费等都包含在产品费用中

估算方法

建设项目
- 类型
- 主要内容
- 关键参数
  - 服务范围
  - 核心功能
  - 性能指标
  - ⋯

横向类比：参考类似项目的投资数额

报告分析：参考同类型智慧城市专题立项报告金额

供应商询价：参考专业厂商的询价结果

专家评估：组织行业领域专家对项目进行测试预估

单项投资估算
+
整体投资估算

按商业模式分析
+
按建设类型分析

图 3-46 投资分析方法

行投入进行估算。

区域范围：CBD 地理区划范围内所有的智慧城市建设内容均纳入估算。

内容范围：智慧化基础设施、智慧化运营管理平台、智能化应用系统等，包括硬件软件产品与软件开发、实施和集成服务费，硬件产品与硬件安装和集成服务费，培训费，网络专线租用费，第三方机构监理服务费和管理咨询服务费；同时也包括软、硬件系统上线后的维护费，但不包括项目实施及运营期间外聘人员的人工费等投入。

在进行软硬件预算估算时，根据行业惯例，软件实施和集成服务费、硬件安装和集成服务费、培训费等都包含在产品费用中。

（2）估算方法

横向类比法：参考类似智慧城市建设项目，选择同等类型、同等规模的信息化建设项目进行对标，包括建设内容、建设投资、建设成效方面，并对其投资规模、数额进行对比估算。

报告分析法：参考类似智慧城市专项立项报告、项目可行性研究报告以及 IDC 等第三方评估机构发布的参考信息，对各类智慧城市建设项目的投资数额进行参考和估算。

供应商询价法：在保证关键信息不外露的前提下，将项目建设目标、建设内容以及分期建设计划提供给多家智慧城市或信息化公司进行初步询价，通过对比选取相对合理的报价作为投资估算参考。

专家评估法：组织行业领域专家，针对 CBD 智慧城市重点工程及相关项目的投资匡算进行评估。

2）收益分析

在充分认识城市资源基础上，通过智慧城市建设，运用智慧化的手段对城市资源进行整合、优化、创新，实现城市资源的增值和城市发展效益最大化，从而获取智慧城市投资、建设和运营的收益。智慧城市投资收益一般分为直接收益和间接收益两个部分，如图 3-47

所示。

- **智慧城市运营收益**：在充分认识城市资源基础上，运用智慧化的手段对城市资源进行整合、优化、创新，实现城市资源的增值和城市发展效益最大化，从而获取智慧城市投资、建设和运营的**直接或间接收益**

图 3-47　收益分析

（1）直接收益分析

智能基础设施运营收益：依托数字化基础设施让 CBD 物理空间产生价值递增效益，并通过经营性活动转化为实际收益。主要场景如下：

① 智能基础设施运营收益

对智能停车场进行经营（直营或外包），直营模式下通过收取地上、地下公共停车场停车费以及停车场内广告位出租费获取收益，外包模式下则通过停车场物业管理公司运营分成获得收益；对智能灯杆进行运营，通过智能灯杆的电子屏广告位出租费获得收益；对城市 Wi-Fi 进行运营，面向公众提供免费上网服务，积累一定使用流量后，在认证登录界面出租广告位获得收益；对智能展示大厅进行运营，在金融科技展示厅、文旅科技展示空间等场所承办金融、科技、文化类的主题活动，通过活动、路演厅场地出租费及智能展示设备使用费获得收益；对各类智慧空间进行运营，通过智慧艺术空间、数字体验区的文化旅游门票收入费获得收益。若非中心区直营，亦可通过外包方式由专业文化旅游公司经营，CBD 与专业公司共同获得经营性收益。

② 智慧平台及智慧应用服务收益

依托 CBD 数据、公共服务平台和智慧应用的服务提供获取收益。主要场景包括：

基于 CBD 云数据中心，为入驻企业、科研机构及社会团体提供云服务获取收益，包括计算存储网络服务费、开发测试环境服务费等；依托金融服务平台，为区域内金融企业提供投融资对接、信用查询等服务，以一定比例的交易佣金和专业咨询服务费作为平台运营收益；对共享办公空间软件服务进行运营，为中小企业提供轻量级企业办公应用软件服务，通过软件服务的使用费获得收益；依托智慧游览、智慧营销系统，为本地商圈商户、文化旅行机构提供商圈营销信息精准推荐服务，以广告、营销活动的精准投放作为服务项目，获得服务收益。

③ 数据、知识、技术资产增值服务收益

在长期的智慧城市建设运营过程中，CBD 将积累大量城市管理及运营数据，通过对非涉密数据进行处理，可面向科研机构及高校提供城市非涉密数据，并收取一定的研究使用费作为收益。同时，对于未来城市实验室所产出的核心技术和创新商业模式，可通过向其他城市、科研机构、企业出售知识产权以获取收益[99]。

（2）间接收益分析

智慧的城市形象带来宣传效应：通过智慧城市建设，在数字孪生城市建设、智慧建设等领域打造标杆示范，帮助 CBD 的文化、地理、经济技术要素被社会公众广泛认同，以数字孪生城市、未来城市实验室等智慧要素配合开展 CBD 的宣传工作，起到城市品牌宣传推广的倍增器作用[27]。

智慧的环境吸引更多企业入驻：通过智能的共享办公空间、智慧的商业楼宇基础设施、便捷的企业服务平台和金融服务平台，形成科技、智能的办公环境，吸引更多金融及科技企业的入驻。

更多高端人才聚集提升城市发展活力：以智慧化的服务手段助力新金融产业发展和相关人才的聚集，通过提供高端、智慧、具备科技感的生活工作环境，增加人才在此工作、生活的认同感和归属感，并整体提升城市的发展活力。

智慧的管理手段提升城市运行效率：通过智慧运营管理中心全面及时管理城市运行状态，高效开展建设工作，提升城市运营管理效率。

3.3.3　综合运营管理策略

1）打造中央商务区未来城市实验室

"城市实验室"是目前城市智慧化规划建设领域的前沿运营管理模式。在推进中央商务区智慧城市建设过程中，设立"CBD 未来城市实验室"，充分调动参与 CBD 智慧城市建设企业、本地高校资源和领域高端人才在大数据、人工智能、物联网、科技金融等方面的积极性和资源优势；搭建智慧金融、智慧文旅、智慧建设等综合性研究平台，赋能中央商务区的数字孪生城市建设，推动应用创新、服务创新和集成创新，服务中央商务区的发展需求，为中央商务区的智慧城市建设提供技术支持和智力资源，如图 3-48 所示。

（1）发起单位

由政府牵头，联合企业、高校、科研机构、产业联盟等新区合作伙伴，共同成立中央商务区未来城市实验室。未来城市实验室设立于政府主管部门旗下，主要负责实验室的日常运营，各合作伙伴负责提供资源和共同参与项目。

（2）构成单元及核心职能

中央商务区未来城市实验室将坚持面向未来和面向需求，设立联合实验及项目办公室，打造智慧建设分实验室、智慧金融分实验室和智慧文旅分实验室。

联合实验及项目办公室——对实验室的资源、项目及总体运营进行管理。设立中央商

- 设立**中央商务区未来城市实验室**，以具体负责智慧城市的规划论证、课题研究、落地执行及项目管理工作，协同企业、智慧城市服务厂商、科研机构、高校以及其他政府单位，构成中央商务区智慧城市的创新运营生态圈
- 搭建**智慧金融、智慧文旅、智慧建设**等研究平台，推动应用创新、服务创新和集成创新，服务中央商务区的发展需求，赋能中央商务区的数字孪生城市建设

图 3-48　未来城市实验室建设

务区未来城市实验室智库资源池，根据中央商务区的发展建设需求，引入能力匹配、技术超前的高校、企业、机构、专家资源，并不断对资源池进行维护管理。在创新研究中心和服务实践中心开展日常工作时，为其协调提供各类资源。同时，联合实验及项目办公室负责管理智慧金融、智慧文旅、智慧建设等子实验室的项目运行情况，对智慧城市课题研究项目、技术实践项目的进度、质量进行把控，并对研究实践成果进行系统化管理。

智慧建设实验室——负责中央商务区在智慧建筑、智慧生态景观、智慧交通、智慧市政、智慧管廊管线等城市建设智慧化领域的创新课题研究和实践验证工作。通过联合国内知名施工企业和建筑工程院校，以中央商务区房屋建筑、市政设施、生态景观等工程为基础，探索BIM、GIS、IoT等技术在相关课题和建设项目中的创新运用。

智慧金融实验室——负责中央商务区新金融产业智慧化建设的创新研究课题和实践验证工作。充分利用本地金融、科技企业资源，联合国内大型金融机构、金融类院校、金融产业联盟，探索人工智能、大数据、区块链、生物识别等技术在融资、投资、保险等行业领域的创新服务和应用，助力中央商务区新金融产业的建设。

智慧文旅实验室——负责中央商务区文化旅游产业智慧化建设的创新研究课题和实践验证工作。以文化旅游资源为基础，联合文化创意、科技展示、智慧旅游企业及产业联盟，探索VR/AR、人工智能、大数据、物联网等技术在各个文化旅游空间的智慧化应用，推动科技与文化旅游产业的融合创新。

2）规划中央商务区未来城市实验室运营工作内容

在明确各构成单元分工及职责的基础上，开展业务运营、资源运营和资产运营工作，如图 3-49 所示。

（1）业务运营

业务运营：智慧城市重点工程的建设及运营

- **重点工程建设**：基于联合实验及项目办公室，管理专项项目组和服务提供厂商，推动各类智慧城市重点工程的建设
- **智慧建设项目运营**：基于商业模式设计，以自运营、外包运营、PPP等形式开展建成项目的运营工作，并对运行效果进行评估和考核

资产运营：实验室科研成果知识产权商用管理

- **技术知识产权管理**：对于在联合科研过程中产生的重大智慧城市技术创新和理论创新，FCL与合作伙伴共同享有知识产权，并且具备对相关技术产品化或进行技术出售的权利

资产运营：智慧城市科研知识库建立及维护

- **实验室知识库**：对实验室运营过程中产生的各类智慧城市规划设计文档、研究报告、项目运行数据、项目实验数据进行集中体系化管理，建立起CBD智慧城市建设的知识文化资产

打造CBD智慧城市特色亮点

提升智慧建设内容的实用性和可落地性

提升方案交流效率，积累智库资源

CBD FCL

持续孵化智慧城市创新技术及应用

资源运营：专家智库、合作企业、合作高校的维护更新

- **资源库更新**：定期与专家、企业、高校、科研机构等实验室资源进行沟通交流，根据中央商务区建设发展情况，不断引入新的合作资源

业务运营：专项实验室课题研究

- **研究课题管理**：根据CBD建设及管理的智慧化需求和智慧城市发展新趋势选定研究课题并编制研究计划
- **研究资源协调配置**：针对排期课题，从专家、高校、企业机构资源库中协调配置相关专业资源，并申请国家级或省级项目试点及科研经费

业务运营：厂商解决方案、试验室研究成果实践验证

- **厂商方案验证**：依托实验室资源，对厂商解决方案及产品进行理论论证，并提供模拟环境进行可行性验证
- **科研成果实践**：选取科研成果应用服务场景，在实际环境中检验科研成果的可用性和可落地性，并对运行效果进行修正和调试

资源运营：联合合作伙伴共同举办智慧城市、未来城市主题峰会

- **主题峰会举办**：联合合作伙伴，邀请外部单位，定期举办智慧金融、智慧建设等主题的成果发布及经验交流会议，吸纳更多专业厂商、机构加入实验室资源库中

图 3-49　未来实验室运营

智慧城市重点工程的建设及运营——基于联合实验及项目办公室，管理专项项目组和服务提供厂商，推动各类智慧城市重点工程的建设任务；在项目完成建设交付后，基于商业模式设计，以自运营、外包运营、政企共建共营等形式开展智慧城市项目的运营工作，并对运行效果进行评估和考核。

专项实验室课题研究——根据中央商务区建设及管理的智慧化需求和智慧城市发展新趋势选定研究课题并编制研究计划，持续开展研究课题管理工作；针对排期课题，从专家、高校、企业机构资源库中协调配置相关专业资源，并申请国家级或省级项目试点及科研经费，持续进行研究资源的协调配置。

厂商提供解决方案、实验室研究成果实践验证——依托实验室资源，对厂商解决方案及产品进行理论论证，并提供模拟环境进行可行性验证；选取科研成果应用服务场景，在实际环境中检验科研成果的可用性和可落地性，并对运行效果进行修正和调试。

（2）资源运营

专家智库、合作企业、合作高校资源运营——定期与专家、企业、高校、科研机构等实验室资源进行沟通交流，吸纳新研究趋势和新发展理念，根据中央商务区建设发展情况，不断引入新的合作资源。

联合合作伙伴共同举办智慧城市、未来城市主题峰会——联合合作伙伴，邀请外部单位，定期举办智慧金融、智慧建设等主题的成果发布及经验交流会议，吸纳更多专业厂商、机构加入实验室资源库中。

（3）资产运营

智慧城市科研知识库建立及维护——对实验室运营过程中产生的各类智慧城市规划设计文档、研究报告、项目运行数据、项目实验数据进行集中体系化管理，建立起 CBD 智慧城

市的知识资产。

实验室科研成果知识产权商用管理——对于在联合科研过程中产生的重大智慧城市技术创新和理论创新,与合作伙伴共同享有知识产权,并且具备对相关技术产品化或进行技术出售的权利。

3) 制定中央商务区未来城市实验室运营规范

从建设项目管理、研究课题管理、日常运营管理三个方面建立标准流程和管理规范,指导未来城市实验室开展工作,形成长效机制,如图 3-50 所示。

图 3-50　未来实验室规范

（1）建设项目管理规范

项目整合管理——对智慧城市建设项目的项目范围、项目时间、项目成本、项目质量进行管理;根据项目资源需求进行智库资源管理、项目采购管理、项目沟通管理和干系人管理;在整个推进过程中做好项目风险管理。

项目管理流程——以项目管理标准的"项目启动""项目规划""项目实施""项目监控""项目收尾"的一级流程为基础,结合中央商务区智慧城市项目特色,编制各一级流程下的各项子流程,明确流程起止、流程环节、责任组织、输入输出、关键控制点等要素内容,制定完整的工作标准过程规范,对智慧城市项目的实施全过程开展精益化的管理。

项目内容——匹配中央商务区物理空间建设时序,结合数字孪生城市建设关注重点,依托未来城市实验室逐步开展各类智慧城市建设项目。依托项目管理规范和管理流程,对宽带网络建设工程、物联网建设工程、数据中心建设工程、信息安全建设工程、CIM 系统建设工程、智慧建筑建设工程、智慧生态景观建设工程、智慧交通建设工程、智慧市政建设工程、智慧管廊管线建设工程、金融服务平台建设工程、新金融展示中心建设工程、智慧文旅建设工程、企业服务平台建设工程、邻里中心服务平台建设工程、综合协同平台建设工程、城市运营管理中心建设工程等重点项目和建设内容进行管理。

（2）研究课题管理规范

实验课题综合管理——对研究过程进行规范管理,要求研究应包含理论模型、方法论、研究样本、过程数据等完整过程内容;对实践验证过程进行规范管理,要求实践验证过程应包含专家论证、实景论证、评估报告、修正调整等环节及内容。

实验课题流程——基于中央商务区智慧城市发展及建设需求,严格按照课题选择、课题研究、结果验证、应用推广、结项总结的流程开展研究工作。

（3）实验室运营管理规范

实验室运营规范管理——建立实验室运营的制度管理、流程管理、标准管理、活动管理规范,依据管理规范开展实验室的日常综合管理工作。

实验室运行流程——建立子实验室创建\维护\关闭流程、组织单元\资源库维护流程和运营内容设计维护流程,根据流程顺序和环节开展实验室的日常运营工作。

3.3.4 构建评价指标体系

参考国家标准化管理委员会发布的最新版智慧城市评价指标体系,根据 CBD 的战略定位和发展目标,结合智慧城市顶层设计框架和重点工程建设内容,依托国家智慧城市评价指标体系作为设计基础,充分借鉴国外同类型指标内容,编制适用于智慧 CBD 的评价指标体系[131]。

1）指标体系构建

指标构成:14 项一级指标,29 项二级指标,68 项二级指标分项;

指标权重:各级指标设置相应的权重。一级指标权重为其各二级指标权重之和,二级指标下的各分项权重之和为 100%,一级指标的权重分配由高至低分别为:精准治理（14.5%）、产业打造（12.9%）、智慧建设（12.9%）、智能设施（11.4%）、信息资源（8.1%）、市民体验（8.1%）、网络安全（6.5%）、协同服务（4.8%）、改革创新（4.8%）、惠民服务（3.2%）、企业服务（3.2%）、生态宜居（3.2%）、技术创新（3.2%）、智能战略（3.2%）,如图 3-51 所示。

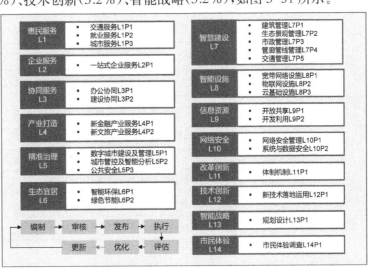

图 3-51 指标体系组成

智慧CBD评价指标体系如表3-1所示。

表 3-1 智慧 CBD 的评价指标体系信息表[131-133]

智慧 CBD 的评价指标体系		
一级指标及权重	二级指标及权重	二级指标分项
惠民服务 L1（3.2%）	交通服务 L1P1（1%）	城市交通运行指数发布情况(L1P1-A1)
		公共汽电车来车信息实时预报率(L1P1-A2)
	就业服务 L1P2（1%）	公共交通乘车电子支付使用率(L1P1-A3)
		就业信息服务覆盖人群情况(L1P2-A1)
		就业服务在线办理情况(L1P2-A2)
	城市服务 L1P3（1.2%）	移动互联网城市服务提供情况(L1P3-A1)
		移动互联网城市服务公众使用情况(L1P3-A2)
		一卡通应用情况(L1P3-A3)
企业服务 L2（3.2%）	一站式企业服务 L2P1（3.2%）	企业线上服务平台使用情况(LP2P1-A1)
		企业线下服务窗口办结效率(LP2P1-A2)
协同服务 L3（4.8%）	办公协同 L3P1(1.4%)	协同办公平台数据、流程及功能的打通程度(L3P1-A1)
	建设协同 L3P2(3.4%)	智慧建设平台在中心区范围内各工地的监管覆盖率(L3P2-A1)
产业打造 L4（12.9%）	新金融产业服务 L4P1（8.5%）	金融服务平台注册企业数量及使用情况(L4P1-A1)
		金融体验中心会展、活动使用情况(L4P1-A2)
	新文旅产业服务 L4P2（4.4%）	智慧营销系统使用率(L4P2-A1)
		智慧游览系统使用率(L4P2-A2)
		智慧空间系统使用率(L4P2-A3)
精准治理 L5（14.5%）	数字城市建设及管理 L5P1（7%）	CIM 系统功能建设及服务提供情况(L5P1-A1)
	城市管控及智能分析 L5P2(6%)	智慧运营管理中心感知、展示、协同指挥服务使用情况(L5P2-A1)
		智慧运营管理中心智能分析服务情况(L5P2-A2)
	公共安全 L5P3（1.5%）	公共安全视频资源采集和覆盖情况(L5P3-A1)
		公共安全视频监控资源联网和共享程度(L5P3-A2)
		公共安全视频图像提升社会管理能力情况(L5P3-A3)
生态宜居 L6（3.2%）	智能环保 L6P1（1.6%）	重点污染源在线监测情况(L6P1-A1)
		企业事业单位环境信息公开率(L6P1-A2)
		城市环境问题处置率(L6P1-A3)
	绿色节能 L6P2（1.6%）	万元 GDP 能耗降低率(L6P2-A1)
		绿色建筑覆盖率(L6P2-A2)
		重点用能单位在线监测率(L6P2-A3)

续表

一级指标及 权重	二级指标及 权重	二级指标分项
智慧建设 L7 （12.9%）	建筑管理 L7P1 （2.6%）	建筑物关键管理单元物联网覆盖率（L7P1-A1）
		楼宇基础智能化系统部署覆盖率（L7P1-A2）
		智慧建筑平台建设使用情况（L7P1-A3）
	生态景观管理 L7P2 （2.6%）	生态网格物联网设施部署情况（L7P2-A1）
		生态网格化监测管理平台建设应用情况（L7P2-A2）
	市政管理 L7P3 （2.6%）	市政部件数字化标识覆盖率（L7P3-A1）
		市政部件智慧化建设情况（L7P3-A2）
		市政管理平台建设及使用情况（L7P3-A3）
	管廊管线管理 L7P4 （2.6%）	综合管廊覆盖率（L7P4-A1）
		管廊管线设施智能化建设情况（L7P4-A2）
		市政管廊管线智能化监测及运维情况（L7P4-A3）
	交通管理 L7P5（2.5%）	动态静态交通的智能化管理及智能调控情况（L7P5-A1）
智能设施 L8 （11.4%）	宽带网络设施 L8P1 （5%）	固定宽带楼宇普及率（L8P1-A1）
		光纤到户用户渗透率（L8P1-A2）
		移动宽带用户普及率（L8P1-A3）
	物联网设施 L8P2 （3%）	室内、外物联网络覆盖率（L8P2-A1）
		物联网设备接入率（L8P2-A2）
	云基础设施 L8P3（3.3%）	网络、计算、存储资源虚拟化服务提供情况（L8P3-A1）
信息资源 L9 （8.1%）	开放共享 L9P1 （5.1%）	公共信息资源社会开放率（L9P1-A1）
		信息资源部门间共享率（L9P1-A2）
	开发利用 L9P2（3%）	政企合作对基础信息资源的开发情况（L9P2-A1）
网络安全 L10 （6.5%）	网络安全管理 L10P1 （3%）	智慧城市网络安全组织协调机制的建立情况（L10P1-A1）
		建立通报机构及机制，对信息进行共享和通报预警，提高防范控制能力情况（L10P1-A2）
		建立完善网络安全应急机制，提高风险应对能力，并对重大网络安全事件进行及时有效的响应和处置（L10P1-A3）
	系统与数据安全 L10P2 （3.5%）	梳理并形成关键信息基础设施名录，并完成相关备案工作情况（L10P2-A1）
		根据风险评估结果和等级保护要求，对关键信息基础设施实施有效的安全防护（L10P2-A2）
		关键信息基础设施监管情况（L10P2-A3）
改革创新 L11 （4.8%）	体制机制 L11P1 （4.8%）	智慧城市统筹机制（L11P1-A1）
		智慧城市管理机制（L11P1-A2）
		智慧城市运营机制（L11P1-A3）

一级指标及权重	二级指标及权重	二级指标分项
技术创新 L12（3.2%）	新技术落地运用 L12P1（3.2%）	人工智能落地实施及创新运用情况（L12P1-A1）
		区块链落地实施及创新运用情况（L12P1-A2）
		边缘计算落地实施及创新运用情况（L12P1-A3）
		BIM落地实施及创新运用情况（L12P1-A4）
		大数据落地实施及创新运用情况（L12P1-A5）
智能战略 L13（3.2%）	规划设计 L13P1（3.2%）	前瞻性：城市所建立的智慧城市建设跨时间协调程度，通过建立短中长期不同时间维度的城市规划提升智慧建设水平和管理水平（L13P1-A1）
		执行性：智慧城市规划各项目及事务的执行力度，制定政策的有效性和跟进程度（L13P1-A2）
		创新性：智慧城市规划相较于其他城市规划的创新点和亮点（L13P1-A3）
市民体验 L14（8.1%）	市民体验调查 L14P1	

2）指标维护机制

在长期的智慧城市发展建设过程中，根据CBD的智慧化新需求、新目标和智慧城市新趋势，定期对智慧城市评价指标体系进行有效性、适用性评估，并对需要更新调整的内容进行优化和再编制[88,131]。

因此，制定评价指标体系的全生命周期管理流程，根据指标编制、内容审核、指标发布、指标执行、内容评估、问题优化、更新编制的闭环管理过程，定期对指标开展运行维护工作。在每次的评估及内容调整过程中，充分利用内外部专家、企业、专业机构资源，为评价指标的调整优化提供建议，保障指标长期具备合理性、针对性、有效性和先进性。

3.3.5 风险管控措施

CBD智慧建设是一个周期长、内容丰富、覆盖面广的大型复杂工程，在未来的实施及运营过程中，可能出现创新与实践脱节、项目群管控困难、跨部门协作不畅、服务对象获得感不强、项目可持续性不强等潜在问题。

针对CBD智慧建设的潜在风险，提出以下七大建议，最大限度降低CBD的建设运营风险，如图3-52所示。

1）提前把控风险

通过设置未来实验室，优先对重点创新建设工程及实验室最新研究成果进行实践验证，确保前沿科技的落地性及可行性，提前把控运营风险。

2）避免齐头并进

根据建设基础和业务需求确定优先启动项目，需要充分考虑到智慧CBD建设的系统性和复杂性。

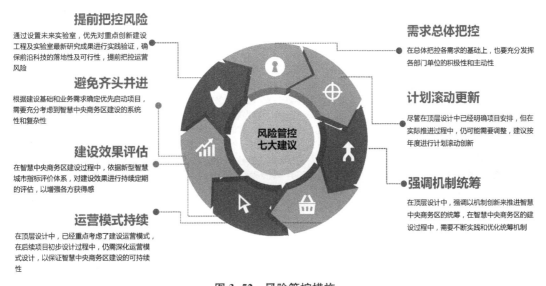

提前把控风险

通过设置未来实验室，优先对重点创新建设工程及实验室最新研究成果进行实践验证，确保前沿科技的落地性及可行性，提前把控运营风险

避免齐头并进

根据建设基础和业务需求确定优先启动项目，需充分考虑到智慧中央商务区建设的系统性和复杂性

建设效果评估

在智慧中央商务区建设过程中，依据新型智慧城市指标评价体系，对建设效果进行持续定期的评估，以增强各方获得感

运营模式持续

在顶层设计中，已经重点考虑了建设运营模式，在后续项目初步设计过程中，仍需深化运营模式设计，以保证智慧中央商务区建设的可持续性

需求总体把控

在总体把控各需求的基础上，也要充分发挥各部门单位的积极性和主动性

计划滚动更新

尽管在顶层设计中已经明确项目安排，但在实际推进过程中，仍可能需要调整，建议按年度进行计划滚动创新

强调机制统筹

在顶层设计中，强调以机制创新来推进智慧中央商务区的统筹，在智慧中央商务区的建设过程中，需要不断实践和优化统筹机制

图 3-52　风险管控措施

3）需求总体把控

在总体把控各部门需求的基础上，也要充分发挥各部门单位的积极性和主动性。

4）计划滚动更新

尽管在顶层设计中已经明确项目安排，但在实际推进过程中，可能仍需要调整，建议按年度进行计划滚动更新。

5）强调机制统筹

在顶层设计中，强调以机制创新来推进智慧 CBD 的统筹，在智慧 CBD 的建设过程中，需要不断实践和优化统筹机制。

6）建设效果评估

在智慧 CBD 建设过程中，依据新型智慧城市指标评价体系，对建设效果进行持续定期的评估，以增强各方获得感。

7）运营模式持续

在顶层设计中，已经重点考虑了建设运营模式，在后续项目初步设计过程中，仍需深化运营模式设计，以保证智慧 CBD 建设的可持续性。

3.4　实施路径

结合中央商务区整体开发推进情况，中央商务区智慧城市建设路径可分成三个阶段，具体如图 3-53 所示。

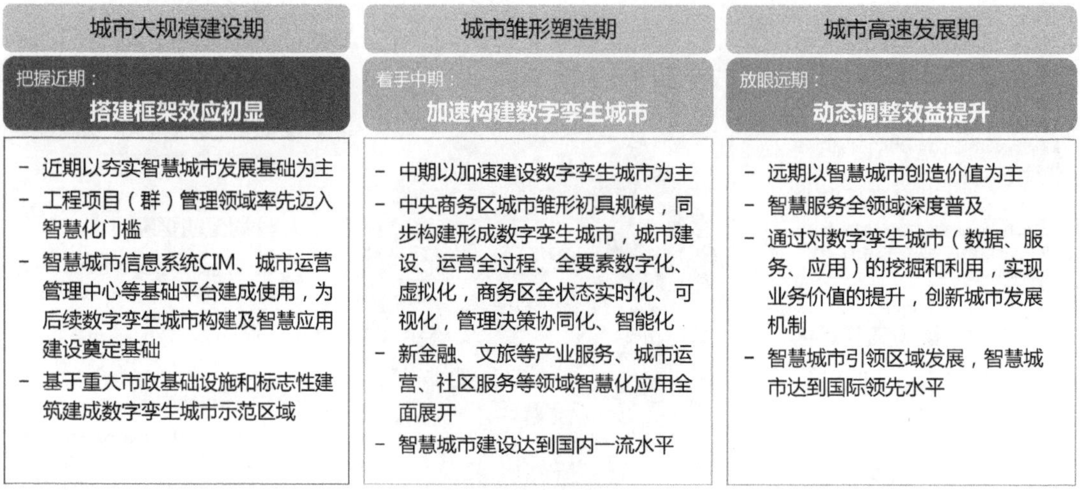

城市大规模建设期	城市雏形塑造期	城市高速发展期
把握近期： **搭建框架效应初显**	**着手中期：** **加速构建数字孪生城市**	**放眼远期：** **动态调整效益提升**
– 近期以夯实智慧城市发展基础为主 – 工程项目（群）管理领域率先迈入智慧化门槛 – 智慧城市信息系统CIM、城市运营管理中心等基础平台建成使用，为后续数字孪生城市构建及智慧应用建设奠定基础 – 基于重大市政基础设施和标志性建筑建成数字孪生城市示范区域	– 中期以加速建设数字孪生城市为主 – 中央商务区城市雏形初具规模，同步构建形成数字孪生城市，城市建设、运营全过程、全要素数字化、虚拟化，商务区全状态实时化、可视化，管理决策协同化、智能化 – 新金融、文旅等产业服务、城市运营、社区服务等领域智慧化应用全面展开 – 智慧城市建设达到国内一流水平	– 远期以智慧城市创造价值为主 – 智慧服务全领域深度普及 – 通过对数字孪生城市（数据、服务、应用）的挖掘和利用，实现业务价值的提升，创新城市发展机制 – 智慧城市引领区域发展，智慧城市达到国际领先水平

图 3-53　实施路径

3.4.1　第一阶段：搭建框架效应初显

在第一个五年期间，建设重大市政基础设施及核心建筑等重点工程，形成中央商务区城市初步形态，此阶段中央商务区智慧城市建设主要以夯实基础、搭建框架、推进示范项目为主。

第一，在中央商务区智慧城市顶层设计统筹下，全面推进智慧基础设施建设。以打造全球领先的智慧化基础设施为目标，建设高速、弹性、智能的宽带网络，推进光纤宽带网络深度覆盖，打造室内、室外，地上、地下泛在的无线网络，逐步对中央商务区城市公用设施、交通设施、园林设施、特种设备等城市部件及物件进行唯一数字化身份标识，初步建成城市感知网络框架。

第二，全面深化建筑信息模型技术在中央商务区规划、勘察、设计、施工和运营维护全过程的集成应用，推进智慧工地及智慧建设综合管理平台建设，实现工程建设项目（群）全生命周期数据共享和信息化管理，全面提升建设工地监督管理水平，促进建设工程科技创新，对所有工程项目（群）进行统一的可视化、精细化管理。

第三，启动并完成城市信息系统以及城市运营管理中心建设，对中央商务区的城市空间、公共设施布局、土地利用变化、基础设施建设、城市治理服务等进行统筹管理，逐步实现对中央商务区的建设及运行状态的"可视、可控、可管"，中央商务区城市的综合管理能力初现；逐步推进"5＋5＋N"落实到位，主要包括智慧建筑建设工程、智慧生态景观建设工程、智慧交通建设工程、智慧市政建设工程、智慧管线管廊建设工程、新金融展示中心建设工程。

第四，试点先行，打造中央商务区智慧城市先导区。根据中央商务区整体开发进度，在先期完成的建设载体中建设智慧园区，发挥示范标杆效应。

3.4.2　第二阶段：加速构建数字孪生城市

在第二个五年，中央商务区城市空间逐渐完善，新金融等产业生态逐渐形成，中央商务区城市雏形初具规模，城市的管理及服务体系逐渐形成，此阶段亟须从城市规划、设计、建设、管理、运营的全过程各阶段进行统筹考虑，构建一个可持续发展的城市创新运行环境。第一，在第一个阶段基础上要逐步建成数字孪生城市，打造从城市建设、管理到运营的全过程、全要素的数字化体系，实现中央商务区全状态实时化、可视化，管理决策协同化、智能化。第二，全面加快集聚金融、文化和技术等高端创新要素，聚焦企业、人群和政府三类服务对象，加快中央商务区产城人融合服务体系建设，通过智慧金融平台、智慧文旅平台、企业融合服务平台充分激发各类创新资源的潜力与活力，着力打造区域内创新的策源地和引领区。第三，全面展开城市运营、社区服务等领域智慧化应用建设。打造智慧邻里中心为就业人员、消费人群和居住人群提供一站式便捷服务，在城市信息系统及城市运营中心的基础上全面深化智慧化管理及运营应用，向中央商务区管理者提供可定制化的管理及运营服务。

3.4.3　第三阶段：动态调整效益提升

中央商务区智慧城市体系更加完善，智慧城市建设达到全球领先水平。在数字效益方面，基础设施更加智能，城市部件全面实现物联感知、数字统一标识；在社会效益方面，智慧服务更加全面化、多样化、个性化、人性化，高速便捷的网络使各项服务尽在掌握，群众可随时随地获取丰富的公共服务；在经济效益方面，信息资源得到深入的开发利用，金融、科技、文旅等方面的信息资源在中央商务区聚集和深度开发，形成集聚效应，吸引资金、高端人才入驻；在整体效益方面，逐步形成一个成熟的城市信息系统，数字孪生空间全面建成，城市管理决策和处置更加科学、及时、有序，人与城市的关系更加和谐。

3.5　保障措施

以运营体系和完善的组织、政策、资金、人才、安全和宣传保障为支撑，确保中央商务区智慧城市建设统筹推进和有序管理，如图 3-54 所示。

1）组织保障夯实基础

完善组织机制，强化协调力度。完善智慧 CBD 建设的组织架构，建设方智慧城市建设管理研究中心下设未来城市实验室，先期启动智慧建设分实验室，具体负责智慧建筑、智慧交通、智慧市政、智慧管廊管线等领域的课题研究、项目规划与管理建设；建立建设方主要部门、相关领域专家参与的智慧城市建设联席会议制度，智慧城市建设管理研究中心牵头组织召开联席会议，对重大信息化建设项目立项、阶段验收、终期验收、效果评估等进行研讨，确保项目科学投入、取得成效；建立建设方与所在行政区管委会的沟通协作机制，定期与上级

宣传保障
- 建立多元立体的中央商务区智慧城市建设宣传渠道和宣传方式
- 建立智慧城市品牌形象和宣传效果的监督评估机制

安全保障
- 建立健全信息安全架构,形成多层次、全方位的信息安全体系
- 建立健全网络及信息安全应急响应和处置机制

人才保障
- 培养专业人才队伍
- 吸引高端人才加入

组织保障
- 设立未来城市实验室,明确组织及职责,明确实验室在智慧城市规划设计、项目推动、课题研究、合作协调等方面的工作机制
- 建立与上级政府的沟通协作机制

政策保障
- 制定中央商务区智慧城市发展政策体系
- 建立严格的智慧项目验收和维护机制,制定后期运营管理办法

资金保障
- 年度智慧城市专项建设基金
- 申报国家金融科技创新、模式创新试点
- 积极引导社会资金开展运营

图 3-54　保障措施

政府共同探讨智慧 CBD 建设内容与发展方向,确保 CBD 智慧规划与行政区规划保持一致,保障 CBD 智慧应用和平台能够与行政区相关平台开展有效互动、精准对接。

2) 政策保障提供动力

落实考评政策,动态评估效果。根据智慧 CBD 评价指标体系,定期对智慧 CBD 建设成果进行评估,并依据评估结果调整工程后续建设方案和资金投入,形成"评估体系促进建设进程,进程效果修正评估体系"的良性互动机制;结合智慧 CBD 评价指标体系,建立健全智慧 CBD 建设目标责任考核体系,对智慧 CBD 各项目标、任务及工程项目开展多层次的绩效评估考核,对工作成绩突出的单位和个人进行表彰和奖励;制定智慧 CBD 建设管理制度与规范,明确智慧 CBD 建设项目从立项审批、建设实施、项目验收到运行管理各个环节所需遵循的规章制度和处理流程,实现智慧 CBD 项目全生命周期的制度化管控[134]。

3) 资金保障带动发展

鼓励企业参与,强调商业运营。充分考虑国家相关扶持政策,在国家、部委、省(区、市)以及行政区等层面最大限度地争取资金和专项基金的支持。充分调动社会各界参与智慧 CBD 建设的积极性,构建以政府投资为引导,企业投资为主体,金融机构积极支撑的智慧 CBD 投融资模式[87]。通过 CBD 与智慧城市服务商签订战略合作协议,采取市场化运作手段,引入建设资金,推动各方广泛合作[122]。在智慧 CBD 建设过程中,积极采用建设方与企业共建共营等方式建设,通过特许经营、服务外包等方式获取信息化服务[135]。针对具备市场化潜力的工程(项目),鼓励社会资金参与,吸引有经验、有能力的企业投资,成立建设与运营实体,深度发掘商业价值,为 CBD 智慧建设提供长期稳定的资金支撑。

4) 人才保障增强能力

明确培育重点,补足专业短板。以未来城市实验室为依托,实施智慧 CBD 专业人才培养工程,面向建设方开展信息化管理专业知识和技能培训,切实提高建设方工作人员信息化水平。加强对智慧 CBD 领域高端人才引进,同时发挥好未来城市实验室专家智库的作用,补足当前建设方在智慧城市领域中高端人才不足的短板。以未来城市实验室为纽带,引导建设方和智慧城市专业厂商、高校、科研院所进行深度合作,利用好外脑在智慧 CBD 建设,特别是重大项目的规划、设计、实施中的专业技术能力和咨询建议服务。

5）安全保障抵御风险

构建安全体系,防范未知威胁。按照"科学发展、积极利用、有效管控、确保安全"的原则,根据智慧 CBD 安全架构设计,逐步建立健全智慧 CBD 建设安全体系。制定一套完整的智慧 CBD 建设信息安全管理规定,建立健全智慧 CBD 信息安全管理工作机制,明确建设方,智慧 CBD 建设者、使用者、运维者等各方的安全责任。加强对关键信息系统、数据资源的安全防护和保障,在防护、检测、响应和恢复等各个环节采取相应的技术手段,确保信息系统的保密性、完整性和可用性。开展信息安全宣传、教育与培训,提高全员信息安全意识,帮助 CBD 区域内企业提升信息安全保障能力。建设 CBD 安全信息共享机制和通报预警能力,提高防范控制能力[136]。

6）宣传保障提升效果

开展立体宣传,直观展示成果。将智慧 CBD 顶层设计的愿景蓝图和主要任务纳入 CBD 展示体验中心,提升各管理主体、入驻企业和其他各类群体对智慧 CBD 建设的认知度和参与度,让智慧建设成为 CBD 亮丽的名片和招商品牌。充分发挥各类媒体的作用,大力宣传 CBD 智慧建设的政策、措施和建设成果。依托未来城市实验室,开展 CBD 智慧建设成果发布会、研讨会、讲座沙龙等,广泛普及智慧 CBD 成果和前沿科技应用,营造智慧 CBD 发展的良好氛围。通过试点示范项目、典型带动,扩大应用范围,推动智慧 CBD 应用推广普及。

第4章
数字孪生城市工程实践

数字孪生城市的建设是一个持续、漫长的系统工程,在城市生命周期的各个阶段,有不同的侧重点。前一章重点探讨了智慧CBD数字孪生城市系统建设的顶层设计方案,给出了一个较为完整的系统性建设思路。本章将重点介绍基于数字孪生的智慧建设管理,以及数字孪生城市在规划、建设、运营阶段的几类重点工程,包括市政道路施工管理系统、智慧地下管线管理系统以及新金融示范区智慧园区系统。

智慧建设管理是数字孪生城市的基础,它以"BIM + GIS"为数据载体,以"物联网 + 互联网 + 云计算"为数据传输手段,以"项目管理 + 人工智能 + 大数据 + 区块链"为数据运转核心,形成了一套承载工程建设项目的全生命周期智慧建设管理平台;城市路网、管网是数字孪生城市建设的重要脉络,市政道路的智慧施工管理和消除地下盲区的智慧市政管线系统都是数字孪生城市建设的重点工程,构建路网、管网的数字孪生环境,推进二者可视化、智能化管理是数字孪生城市建设不可或缺的关键一环;新金融示范区是数字孪生城市在经济建设方面的优秀成果,其后期运维事关整个片区的运营和发展,新金融示范区的智慧园区建设主要包括全面可视化平台、智慧运维管理系统以及智慧园区运营系统。本章重点在于将理论付诸实践,为未来数字孪生城市实践方案提供一份参考和借鉴。

4.1　基于数字孪生的智慧建设管理

CBD的数字孪生系统建设是未来大型综合体项目管理的重中之重,CBD建设项目体量大、周期长,其建成之后是未来城市居民工作生活的载体,后续存在大量的建设和运维管理工作,其数据量庞大,关系复杂。而CBD数字孪生系统是物理城市的映射,通过虚拟系统技术管理整个片区,具有自动、快速、智能、精确、透明化的特点。虽然目前系统仍处在开发建设阶段,但是通过对规划设计、建设、运营等阶段的数据、模型、应用进行统筹管理,可以为数字孪生城市的建设奠定基础。

工程项目一方面具有建设体量大、投资金额高、项目周期长、施工难度大、多方协同存在可信度低等特点,另一方面又对工程安全、进度、质量、成本等控制要素提出很高的要求,这就需要精细化的管理理念和信息技术方法来调和两者之间的矛盾,通过自动、快速、智能、精确、透明的信息化手段落实精细管理理念。

智慧建设管理平台伴随工程管理实践需求而生,充分利用传感网络、远程视频监控、地理信息系统、物联网、移动终端、云计算等新一代信息技术,协同项目参建各方,为项目各方建设主体提供一个三维的可视化 BIM 信息模型,使项目设计、建造、运营过程中的沟通交流都在可视化的状态下进行,能够随时随地直观方便地将施工计划与施工进度进行对比分析,同时对质量、安全、成本、设计方案、资料、人员、环境、设备等实时在线浏览和精细化监督与管理。这不仅为各层级的决策提供各种依据,还能为城市级大数据分析提供基础数据,实现更高层次的监管服务,最终实现建设全过程智慧监管目标。

4.1.1　概述

1) 管理目标

CBD 建设工程类型多,参建单位多,子系统多,对数据一致性、协同化工作要求高,各类参建单位之间数据需要衔接。为深入、细致、实用地满足多项目同时管理的需求,首先进行标准规范编制,包括《BIM 分类编码标准》《智慧建设平台接口标准》《智慧工地建设标准》等,然后基于云平台进行全终端多层次系统架构统一设计,最后以 GIS 为框架、BIM 为主要部件、IoT 为信息通道、AI 为决策支撑,将施工现场、项目公司、建设单位划分为三级层次结构,打造智慧建设管理平台。通过智慧建设多级管理平台建立互联协同,对各项目的进度、质量、安全、环境、成本等进行精细化、可视化、智慧化的管理,如图 4-1 所示。

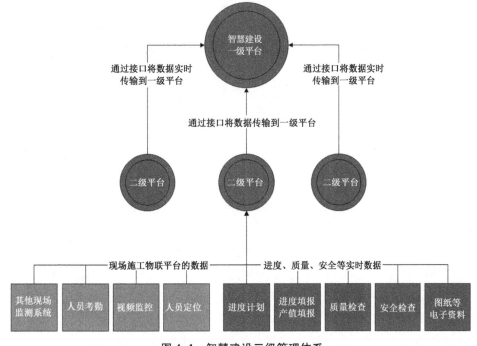

图 4-1　智慧建设三级管理体系

通过应用 GIS、倾斜摄影、BIM、大数据、云计算、区块链等技术,打通各阶段、各专业和各参与方之间的信息传递,对工程质量、安全、进度、成本进行统一管控,形成一体化智慧工地平台,实现建设项目管理智慧化目标。同时融合建设过程中的工程基础信息、设备实时监测、视频监控、人员考勤、环境检测等数据,实现工地实况的数字化,打造"数字孪生工程",并与智慧建设平台打通,成为"数字孪生城市"的重要组成和数据基石,如图4-2所示。

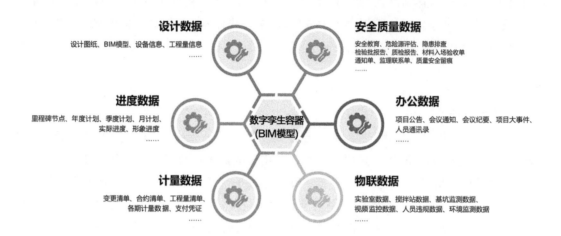

图 4-2 BIM 协同管理平台数据存储

通过引入 BIM 技术,建立 BIM 数据库,让 BIM 模型不仅用于指导施工建设、模拟施工条件、可视化技术交接、快速成本核算等施工管理环节,同时通过 BIM 可视化将信息管理平台、智能设备、物联传感进行有机串联,并通过后台智能技术进行智慧化分析来辅助决策,方便直观地形成"建设单位、工程监理、施工单位"快速联动的智慧工地体系,全面提升项目工程管理、质量安全、进度管控、技术资料等方面的精细化管理,还可通过平台的分级授权,进一步实现工程管理精细化、参建各方协作化、行业监管高效化、建筑产业现代化的新项目管理模式。

2) 建设内容

搭建以 BIM 模型为基础的协同管理平台,集成项目管理流程,实现管理流程定制化部署。平台需包含模型管理及浏览、图纸管理、权限管理、进度管理、质量安全管理、成本计划管理、智慧工地、任务管理等功能。同时将各参建方纳入平台管理,根据管理职责进行权限分配,实现各参建方基于统一平台的协同管理。

基于 BIM 模型以及围绕 BIM 模型的系列应用优化进行管理平台建设,根据实际项目中 BIM 应用环节,建设统一完备的信息化系统。避免在多用户、多口径、多单位协作的情况下出现系统碎片化和操作离散化。

(1)智慧建设云平台:让所有参与建设的部门均能够通过互联网在云平台数据中心里便捷地获取数据,在权限范围内浏览包括 BIM 模型、GIS 信息、设计方案、管网规划、施工方案模拟、虚拟建造、施工进度、质量、安全、材料、成本等信息,构筑能够进行全方位三维展示的数据集合体。能够满足规划设计、建设实施和运营维护三大重要阶段的协同应用,在设计规划阶段,将设计方案三维可视化、对比分析;在建设实施阶段,完成施工图深化、竣工图、运维的 BIM 建模、施工方案模拟展示等;在运营维护阶段,能够运行城市级规模的超大型 GIS + BIM 模型,既能展示城市未来的整体风貌,也能回溯不同建设时期的各种实际场景。

(2)可信管理平台:把区块链和项目建设相结合,面向工程建设全过程,基于信用、目标驱动多方协调,为工程建设过程提供客观、可信和可追溯支持,并灵活支持与多方角色和多方系统的数据对接和同步。以区块链分布式账本技术为基础,以 BIM、大数据、人工智能为技术支撑,以标准体系、质量安全体系、激励体系为抓手,采集可信数据,构建公开透明、信息共享、考核评价的全过程透明建设平台。

(3)进度管理:通过 GIS 与 BIM 融合技术实时展现项目计划进度与实际进度的模型对比,三维可视化监控进度进展,提前发现问题,保证项目工期。可通过三维模型查看计划信息,在 BIM 5D 模型中用不同颜色区分已完工、未完工、计划完成工程量,能按不同的专业显示工程项目实际进度信息,并与项目计划进度对比,动态跟踪与分析项目进展情况。

(4)安全与质量管理:结合施工现场的监控系统,查看现场施工照片和监控视频,及时掌握项目实际施工动态,如实时定位施工人员,对施工现场进行实时监管。同时,加强项目建设参与方之间的信息交流、共享与传递发布,当发现施工现场可能存在的安全隐患时,能够及时发布安全公告信息,对现场施工行为进行有效监督与管理。通过现场施工情况与 BIM 模型构件的一一比对、差异分析、统计汇总,提高质量检查的效率与准确性,并有效控制潜在危险源,进而实现工程项目目标。采用三维激光扫描仪进行非接触式实测实量,使用激光扫描仪快速全面地获取结构的点云数据,实现可视化、全面、真实地反映实测实量结果。同时将点云数据与 BIM 模型对比,快速检查实体与设计的偏差,识别质量安全隐患。

(5)成本管理:将 BIM 与工程造价信息进行关联,实现框图计量、框图计价,有效集成项目实际工程量、工程进度计划、工程实际成本等信息,方便动态化的成本核算,及时控制工程的实际投资成本,掌握动态的合同款项支付情况以及实际的工程进展情况,确保项目能够在核准的预算时间内完成既定目标,提升对该项目的成本控制能力与管理水平。

(6)三维可视化模拟:在施工之前,将施工方案、关键节点、进度计划在平台上进行三维模拟演示,可以提前发现施工方案中可能存在的各种问题,如管线碰撞、空间利用等,从而进行有效协同,减少建筑质量问题、安全问题,减少返工和整改,制订最佳施工方案,确保工程质量,消除安全隐患,并有助于降低施工成本与时间耗费。

(7)资料管理:项目建设全过程的施工过程检验资料、隐蔽工程验收资料、设备材料进场验收资料、设计变更、进度信息、质量安全技术交底等所有过程资料均与 BIM 联动,随时可以查阅各阶段 BIM 应用成果、设计变更、图纸、合同、施工过程检验资料、隐蔽工程验收资料、设备材料进场验收资料等,方便及时掌握项目投资成本、工程进展、建设质量等。

3）平台架构

平台架构设计采用 SOA 架构思想，以通用性、稳定性为主导，进行分层设计，逐级设计，逐步细化各组件的颗粒度。整个系统架构从逻辑上分为数据采集与感知层、数据中心层、平台应用层。

（1）数据采集与感知层

基于 GIS、BIM、AI、物联网技术，利用 RFID、传感器、摄像头、手机等终端设备，通过接口将环境监测设备、传感器、摄像机等安装于建设项目对应位置形成感知网络末端，收集工地的实施图像数据、大型机械设备运行状态、重要设备信息、工地环境数据等各类信息，将工地上的相关人员位置信息、环境数据信息等动态数据及时上传给数据中心。此外，系统涵盖整个建设管理流程和参与方包括设计、施工、监理、第三方检测等多个角色的业务信息。每个项目围绕 BIM 模型进行信息的被动采集和主动输入，为后期的大数据分析和过程管理提供有效的支持。

（2）数据中心层

数据中心层提供系统的网络设备、服务器设备、存储设备、安全设备等，也包括保障这些硬件设施正常运行的基础软件环境。数据中心层构成系统的软硬件设施基础，保证数据的安全存储、高效管理和快速传输，也为整个平台提供了安全、高效和稳定的运行环境，包括地理信息系统平台、数据库平台、各类开发环境和管理工具等。

（3）平台应用层

平台应用层是整个系统与用户交互之处，通过应用系统为用户提供处理后的数据信息服务，建立多方协调工作机制，多单位协同管理平台，实现全口径统一监管。平台应用层的核心内容始终以提升工程项目管理品质与效率为目标，项目管理是平台的关键应用。以 BIM＋GIS 的管理平台中所包含的信息作为管理基础，通过现场业务不断丰富管理数据和监测数据，可从模型、报表、图形等多个维度直观查询所有的项目基本信息，如项目资金情况、项目合同情况、项目进度情况、施工安全质量等。BIM 的可视化、参数化、数据化的特性让建筑项目的管理和交付更加高效和精益，是实现项目现场精益管理的有效手段。

4）平台特点

通过智慧建设管理平台，充分利用设计阶段的结果，将设计阶段的信息与施工阶段的信息有效地结合，同时进行运维数据信息的收集和录入，并利用 BIM 模型在各个阶段之间建立数据和信息传承，减少重复投入和资源浪费。

（1）随时随地实时管理

项目组成员可通过互联网移动设备接入平台。其界面简洁清晰并可进行个性化设置。管理层可随时随地查阅总控功能生成的各项目的分析报表，三维可视化的项目进度、质量、安全、成本信息及现场实时监控，及时决策，轻松管控项目。

（2）场景式存证

将安全质量隐患信息和工作量数据真实上报，确保以工程安全质量为基线，将实证、客观数据以场景的方式进行加密、数字签名并存储在区块链上,形成不可篡改的记录,如果出现问题可以溯源。

（3）高透明度高效率

通过各项目部、总承包、施工单位、监理单位的协同管理,实现多方数据信息共享,提高审批验收效率,彻底解决"议而不决、决而不行"的难题;安全质量隐患上传、处理、整改、反馈,形成一个闭环流程。所有项目的参与方在同一平台实时协作,消除多个软件组合管理造成的数据偏差和重复工作,提高数据透明度及工作效率。

（4）减少变更

所有项目在实体建造之前先进行 BIM 虚拟建造,使各项目在实际施工前便可检测和解决碰撞、冲突等不合理的环节,大大减少了实际建造中因设计错误产生的变更。

（5）缩短工期

平台的数据库及报表功能支持快速、准确决策,及高效和可视化的项目规划和进度管理,可节省分析时间,缩短工期。结合 BIM 三维可视化模拟特点,可将施工任务细化至构件级单元,为加快施工速度的可行性验证提供强有力的工具,从而实现缩短工期。

（6）降低成本

不同的项目方案及变更可在系统中进行模拟和评估,以提高项目规划的灵活性,降低未知的风险,优化项目规划方案,节约项目成本。通过 BIM 技术实现工程量计算统计精细化,结合业务实现成本预测和快速结算,再通过协同管理系统降低人工管理成本,进而综合降低整体项目成本。

（7）精益管理

借助先进的信息化技术模拟优化每一个工作流程。管理信息通过客观的数据源获得（如传感器、BIM 模型等）,确保了管理信息的真实有效,所有项目参与方均能通过平台无缝协作,提升效益、降低消耗、实现精益管理。

（8）数据安全,加密保护

基于区块链技术,各项目部、总承包、施工单位、监理单位可通过数字签名和加密算法提供不同级别的安全保护,建立项目共享存储空间。支持数据分享协同,利用哈希算法生成为唯一的文件哈希摘要上链存证,以防篡改。

4.1.2　可信基础设施

围绕工程安全、质量、进度等工程管理中的主要目标,以"数据驱动、自主可控"为原则,以区块链溯源加密、信任共识、安全隐私、共享融合四大特性为手段,进行顶层设计和统筹协调,改变传统的施工生产安全质量管理方式。最终实现安全质量隐患整改率百分百,安全质量检查率百分百,安全教育培训率百分百,文明工地达标率百分百。降低安全质量事故发生概率,提高整体的安全质量生产管理水平。

针对施工全过程管理的特点,以建设项目质量、安全、进度、成本、合同管理业务为核心,综合应用区块链、大数据、物联网、人工智能、云计算等技术。通过区块链来构建底层的数据架构,组织形成以安全、质量、进度、成本数据为主的工程数据库,将工程数据上链管理,逐步扩充数据类型,进而构建工程知识图谱,对项目设备及系统进行去中心化管理,实现进程共享,对设备及系统优化控制,处理异常预警,应用DAG(Directed Acyclic Graph,有向无环图)双链式存储,对多线程的工程数据进行备份存储,并以大数据思维、AI赋能,有效解决工程质量安全管理中的难点问题,建设基于双平台、五中心、一枢纽架构的区块链底层平台,如图4-3所示。

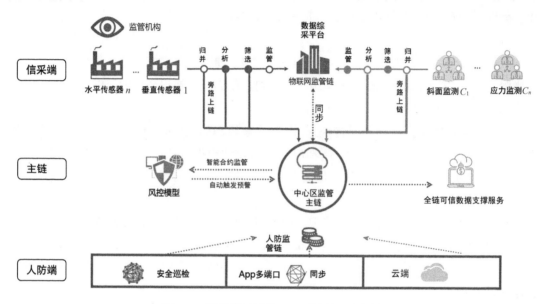

图 4-3 可信基础设施——区块链平台架构

1) 双平台

双平台即区块链工程质量、安全、进度、成本、合同平台与人工智能工程管控平台,区块链工程质量、安全、进度、成本、合同平台是基于区块链底层技术打造的海量数据平台;人工智能工程管控平台则是AI技术在区块链上最好的展示,它通过多维度的数据学习进行回溯分析与趋势预测。

2) 五中心

依附于两大平台,衍生出更细化的五个中心,它们分别是:工程区块链物联感知中心、分布式工程信息存储中心、工程区块链数展中心、工程质量与安全风险预警中心、人工智能物联监测中心。工程区块链物联感知中心将物联网设备数据打通、归并、上链以及自动采集,进行智能监管;分布式工程信息存储中心是把工程文件以及相关质量安全数据变成可审计、可溯源、防篡改的形式,并使用一体多侧、一体多翼、云链一体、多链互联的区块链技术进行相关的文件和质量安全数据保存;工程区块链数展中心可实现工程质量、安全、进度、成本、合同数据的跨链跨系统融合展示;工程质量与安全风险预警中心通过读取工程质量安全数据,进行智能分析、隐患排查、风险控制与全工程周期管理,并使用AI技术进行基于区块链可信数据的分析;人工智能物联监测中心则接入项目视频监控,通过区块链、模型识别、机器视觉、人工智能、网络通信以及海量数据管理等技术,对监控视频实施增值管理,自动识别现场质量、安全隐患,并将隐患信息推送到安全监管人员的手机上,实现部分人工检查替代,且全天候 24 小时,不间断地对现场安全隐患进行识别预警,通过侧链接入技术把所有隐患数据即时上链,实现主动安全监管。

3) 一枢纽

一枢纽暨跨平台多链融合枢纽。这一枢纽是融合所有现有工程管理平台的大型立交桥,无缝对接各类传统智慧工地管理平台,如图 4-4 所示。

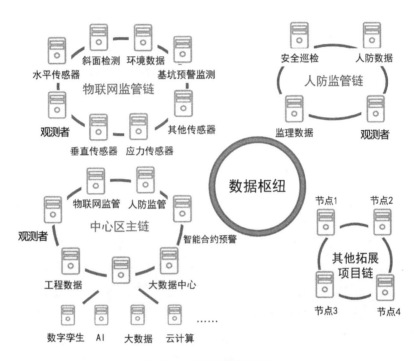

图 4-4　区块链数据枢纽

区块链 + 全过程项目管理:将安全质量隐患排查频次、上传情况、处理结果、整改效率、响应时间等纳入绩效考核,每周考核、项目排名,项目管理效果显著。

区块链 + 全过程项目管理 + 工程结算:以工程量核准、进度付款、工程变更控制、工程结算为抓手,实现资金透明结算、事中监管、事后审计,提高结算效率。

4.1.3　施工现场管理

以全面感知、务实高效为目标,制定科学合理的绿色智慧工地建设标准,指导各个工程项目智慧工地的建设,生成智慧建设平台的感知末梢。智慧工地是城市建设阶段的城市信息感知终端,是实现智慧城市的数据来源之一。智慧工地是基于工程现场一体化管理的崭新模式,充分利用移动互联、物联网、云计算、大数据等新一代信息技术,实时监控施工现场生产进度、重点设备、人员管理、安全管理、绿色文明施工等动态信息,实现人和物的全面感知、施工技术的全面掌控、信息共享共用的新型项目建设管理手段。智慧工地紧紧围绕人、机、料、法、环等关键要素,将信息技术与施工过程相融合,对工程质量、安全、人员、设备、进度、环保、成本等生产过程及商务、技术等管理过程加以改造升级,使施工管理可视、可管、可控,实现更安全、更高效、更精益的工地施工管理。主要包括视频监控管理平台、生态环境监测管理平台、施工人员考勤管理与人员定位系统平台、施工安全监测系统中塔吊监控平台、升降机监控平台、栈桥荷载监控平台、脚手架安全监控平台、高支模安全监控平台、深基坑施工质量监控平台、AI 监测平台以及其他施工设施、设备的实时状态信息。

1）智慧工地建设

智慧工地建设采用先进的物联传感技术,在施工现场通过布设传感设备,将施工升降机、塔吊、起重机等设备的作业产生的动态情况、工地的视频监控数据、人员进出与定位监控、扬尘噪声监控、自动喷淋降尘设备、车辆进出口冲洗监控、裸露土方覆盖监控、基坑监测等系统对建设工地进行全面监测信息的采集,以可视、可控、可管的智能系统对项目管理进行全方位立体化的实时监管,并根据实际智能响应,如图 4-5 所示。这不仅对项目建设阶段的安全文明施工意义重大,同时也有助于推动建造方式向智慧建设转变的改革,为智慧城市建设提供原始的数据积累。

图 4-5　智慧工地感知设备

通过应用 App 完成进度、安全、质量等每日情况监测,实现主动上报。上报的数据可以关联到对应的 BIM 构件中,形成一个可追溯的控制系统闭环,便于后期统一管理。不仅对业务数据统一管理,更可对所有参与人员的职责考核提供管理依据。

结合 BIM、GIS 技术生成全三维实景施工场景,接入视频、人员、质量、安全等施工物联与 App 上报数据,将数据上报至二级平台。三维实景有助于参与各方快速高效地统一认知,避免因为专业差别、表达理解上的误差导致信息沟通不畅,提升整体项目管理效率。同时能及时发现传统文字信息、二维图纸表达所发现不了的问题,防患于未然,如图 4-6 所示。

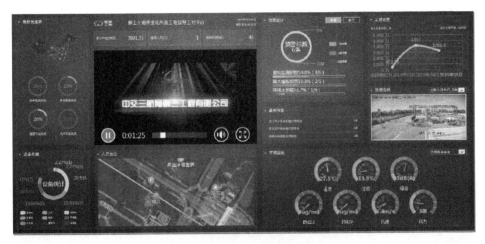

图 4-6　智慧工地现场管理平台

2）AI 赋能现场监管

AI 视频分析技术其本身是一项通用的信息技术,在诸多领域有广泛的应用。建筑施工质量安全管理通常需要大量的人力进行问题筛查,同样需要 AI 的辅助来提高管理效能。通过安装在施工现场的各类监控装置,构建智能监控框架、建设智能防范体系,能有效弥补传统基于人力管理中的缺陷,实现对人员、机械、材料、环境的全方位实时感知监测,从被动变主动,真正做到事前预警,事中常态监测,事后及时整改。并能通过互联网进行远程管控,对分散的建筑工地进行统一管理,避免使用人力频繁地去现场监管、检查,减少了工地人员管理成本,提高工作效率。

（1）渣土车清洁状况识别

通过摄像头监控渣土车出入,采用视频 AI 分析渣土车清洁状况,并与现场道闸联动。将传统的人为主动判断管理渣土车变为机器客观识别,实现精准管理,提高管理效率,如图4-7所示。

进场识别

进入智能识别区域,自动识别车辆信息,并控制闸机关闭,自动打开冲洗系统

自动放行　通过自动识别,车辆冲洗干净后闸机自动放行

自动提示　通过自动识别,车辆未冲洗干净时闸机不放行

图 4-7　渣土车清洁状况识别

（2）人员行为管理

施工人员的实时定位：基于 IoT、Wi-Fi、GPS、RFID 的精准定位技术，管理人员可在平台中随时查看各类施工人员的实时位置、人员动态、各工种的分布情况等信息，便于管理人员及时掌握相关信息，确保人员安全，提高调度效率，如图 4-8 所示。

图 4-8　施工人员定位

人员移动轨迹追踪：对于工作考核、岗位监管方面，系统可以自动记录人员的历史活动轨迹，输入人员信息可查看其行走路线、进出某区域的时间、在某区域停留时长等数据，便于监督管理，优化工作流程。

通过智能视频分析技术来实现对人员的管理，如自动识别安全帽佩戴检测、人脸识别考勤管理、周界入侵防盗报警、危险区域人员检测、人员摔倒监测、禁止攀爬检测等，如图4-9所示。

（a）人脸识别道闸、人脸考勤、实名制　（b）危险、违规行为识别告警　（c）现场用工人数、不同工种人数等

图 4-9　人员行为管理

（3）物料精细管理

通过视频 AI 全面、实时地监管施工工地现场的建筑材料、建筑设备等财产的状况,确保数量准确、安全有序,避免贵重材料设备的丢失,减少损失,如图 4-10 所示。

重点物料移动管理　　　　　　　　　　　钢筋进场清点、盘点

（a）视频监控物品移动跟踪（钢筋混凝土桩、钢桩等）　　　（b）自动清点钢筋数量

图 4-10　物料精细管理

（4）施工现场危险区域管理

通过视频监控系统及时了解施工现场实时工况,检查防范措施是否到位,有效防止外来人员的闯入,确保施工现场管理有序,减少安全隐患,如图 4-11 所示。

（a）周界入侵检测　　　　　　　　　　　　（b）地面积水检测

（c）场地孔洞感知　　　　　　　　　　　　（d）火灾、烟雾检测

图 4-11　施工现场危险区域识别

3）无人机监管

通过远程操控端可随时随地向施工现场的无人机下发作业任务和控制指令;作业现场的无人机可实时回传监测数据和现场画面;可通过视频智能分析检测工地的扬尘、积水、道路泥浆、裸土未覆盖、围栏不符合要求、洞边临口没有护栏、高空作业安全带识别、未戴安全帽等情况,如图 4-12 所示。

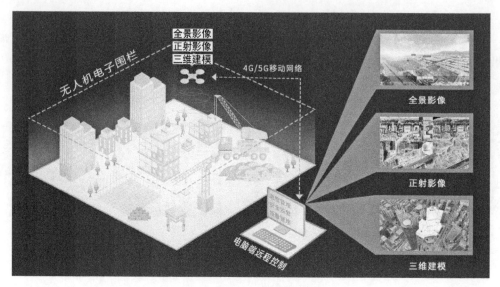

图 4-12　无人机现场监管

4.1.4　项目公司管理

基于智慧工地平台的全面感知数据,通过远程高速有线、无线数据传输,将数据汇聚到项目公司管理平台(二级平台)。完成施工现场主动上报、被动监测数据接入,并能够将关键业务数据汇集到一级平台。在二级平台中,将汇集到的监测数据与业务逻辑进行有机整合、多维关联,特别是与施工 BIM 关联,发挥 BIM 作为全过程信息承载与协同应用的核心作用,对施工进度、质量、安全、成本等进行精细化、可视化管控。实现施工现场与施工单位的互联协同、危险感知、高效施工,优化项目各方的交互方式、工作方式及管理模式,提高交互的明确性、效率、灵活性和响应速度,提升工程管理信息化水平,从而实现绿色建造和智慧建造,如图 4-13 所示。

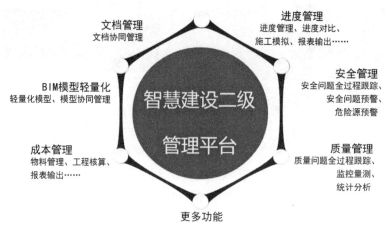

图 4-13　二级平台功能

1）多源数据融合

通过无人机倾斜摄影获取项目周边实景信息，并融合项目 BIM 精细结构信息，形成从宏观到微观的三维施工场景，如图 4-14 所示。

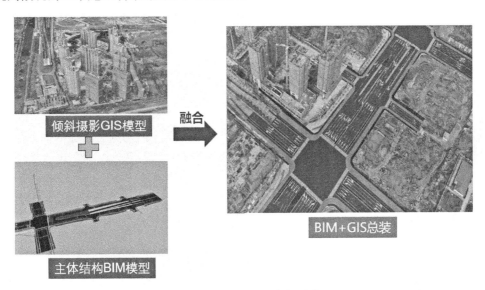

图 4-14 GIS/BIM 数据融合

以 BIM 构件为核心，承接规划设计阶段的信息，增加建设阶段内容，通过智慧建设二级平台可高效管理构件基本信息，包括项目结构编码、图纸信息、设计、技术、质量、安全等其他构件属性，如图 4-15 所示。

图 4-15 构件属性信息查询

2）协同管理

施工协同管理通过标准化项目管理流程,结合移动信息化手段,实现工程信息在各职能角色间高效传递和实时共享,为决策层提供及时的审批及控制方式,提高项目规范化管理水平和质量,如图 4-16 所示。项目建设信息以系统化、结构化方式进行存储,提高数据安全性以及数据资源的有效复用。

图 4-16　参建单位协同工作

设计成果管理:基于施工深化设计模型,进行多专业碰撞检测和设计优化,提前发现设计问题,减少设计变更,提高深化设计质量;通过模型可视化表达提高方案论证、技术交底效率,并形成问题跟踪记录。同时,进行设计文件的版本、发布、存档等管理。三维可视化设计还可实现协同设计,无须彻底完成单专业设计,其余专业即可结合最小化成果开始各自专业的设计工作,从而实现设计时间的压缩。

搭建基于 Web 端的项目协作办公云平台,用于模型及相关文件信息的轻量化浏览和查看及管理业务协作;搭建项目级别的信息管理平台,实现网页端的文档管理、权限管理、全文检索、模型及文档的信息浏览。

项目施工过程中含业主、代建、设计、施工、监理、设备材料供应商等多个用户角色,均可通过智慧建设平台,根据自身职责对项目进行管理。

3）精细化管控

将 BIM 模型构件信息与施工进度计划相关联,可以直观、形象、精确地反映整个建筑的施工过程。实时反馈现场进度情况并与模型进行挂接,提交 BIM 形象进度报告,对施工进度进行动态管理。并根据进度情况及变更情况,生成 BIM 成本统计分析报告,进行成本管理。为方便管理人员直观了解工程进展情况,在 BIM 模型中用不同颜色区分已完工、未完工、计划完成工程量,能按不同的专业进行分别显示。进度 BIM 模型是整个建筑的完整模型,它能反映各专业、各施工单位计划施工进度、实际完成的施工进度、提前完成和滞后完成项目的可视化信息,并能对后续工作的进度情况进行预测,项目管理人员通过平台输出的信息,实时掌控进度偏差,发现异常及时采取纠偏措施;同时能回放整个建筑各专业、各施工单位过去完成的信息。

应用 BIM 进行精细化工程进度管控,完成分部分项工程的工作分解结构。在建筑工程领域,WBS(Work Breakdown Structure,工作分解结构)用于工程项目全范围内的分解和定义各层次的工作,以指导施工,WBS 的建立以业主组织机构为基础,对所辖的工程进行工作分解,按照单项工程、单位工程、分部工程、分项工程等分解层次,将工程分解到可控的工作包,并将工程量清单进行分解,挂接到 WBS 树的分项节点上,系统允许根据工程的具体实施情况进行分解的调整。施工单位按照业主的要求对本标段工程进行分解,并将完成的工作分解结构提交业主审核,审核通过后下达到各个标段。项目需要建设 WBS 分解标准库。工程实体结构 WBS 分解按照各专业分部分项工程划分标准对实体工程进行划分。WBS 分解结构为统一的、通用性的项目管理信息分类基准。编制完成的项目 WBS 分解标准库 Excel 文档能够直接导入系统中,系统能够根据编码的字段查找单位工程、分部工程、分项工程信息,或者根据单位工程、分部工程、分项工程信息查找对应的编码字段,如图 4-17 所示。

	名称	WBS编码	计划开工	计划完工	实际开工	实际完工
1						
2	道路项目	HJDD				
3	二标段	HJDD.BD2				
4	康华路隧道	HJDD.BD2.KHLSD				
5	深基坑支护	HJDD.BD2.KHLSD.SJKZH				
6	钻孔灌注桩	HJDD.BD2.KHLSD.SJKZH.ZKGZZ				
7	1#	HJDD.BD2.KHLSD.SJKZH.ZKGZZ.1	2019/4/26	2019/5/2	2019/4/27	2019/4/27
8	2#	HJDD.BD2.KHLSD.SJKZH.ZKGZZ.2	2019/4/26	2019/5/2	2019/4/28	2019/4/28
9	3#	HJDD.BD2.KHLSD.SJKZH.ZKGZZ.3	2019/4/26	2019/5/2	2019/4/26	2019/4/26
10	4#	HJDD.BD2.KHLSD.SJKZH.ZKGZZ.4	2019/4/26	2019/5/2	2019/4/27	2019/4/27
11	5#	HJDD.BD2.KHLSD.SJKZH.ZKGZZ.5	2019/4/26	2019/5/2	2019/4/23	2019/4/23
12	6#	HJDD.BD2.KHLSD.SJKZH.ZKGZZ.6	2019/4/26	2019/5/2	2019/4/24	2019/4/24
13	7#	HJDD.BD2.KHLSD.SJKZH.ZKGZZ.7	2019/4/26	2019/5/2	2019/4/25	2019/4/25
14	8#	HJDD.BD2.KHLSD.SJKZH.ZKGZZ.8	2019/4/26	2019/5/2	2019/4/24	2019/4/24
15	9#	HJDD.BD2.KHLSD.SJKZH.ZKGZZ.9				

图 4-17 WBS 分解及进度管理应用

4.1.5 建设单位管理

智慧建设平台的建设单位管理平台(一级平台)是整个系统中的核心,是建设单位全局智慧建设的指挥大脑,所有工程项目的实时感知数据和业务应用均汇集到一级平台,实现所有在建项目全局可视、全局可控、全局可管。一级平台是一个集中展示、应用的工具,是数据集成、模型融合、功能一体的平台,如图 4-18 所示。

整合 GIS 技术,实现提供地理位置数据、定位数据的功能;整合 BIM 技术,实现构件的三维模型化;采用 RS 遥感技术实现空间三维 GIS 信息;整合物联网技术、移动互联网技术,实现移动端信息采集。通过云平台技术实现基础设施服务、平台服务、软件服务;通过整合

数字孪生城市建设理论与实践

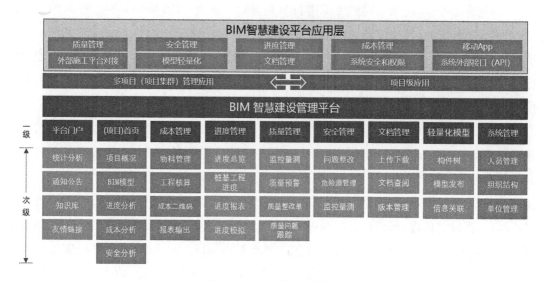

图 4-18　一级平台功能图

分布式存储技术,实现大型 BIM 协同,以及视频、图像等数据存储;通过整合 SOA 集成技术,实现与相关项目管理系统的集成;通过整合影像处理技术实现对视频监控数据、空间拍摄数据的处理,通过无人机摄影技术实现实时现场数据收集。

充分利用 BIM 和 GIS 技术,抽取数据并进行模型分解,以图像、文字、声音、视频、图表等方式形象、直观地展示 CBD"建、管、运"的进度、质量、安全、投资等关键指标监测项目管理运营情况,对异常关键指标进行动态预警和分析,为各参建单位业务人员提供信息统计和业务办理服务,最终实现信息综合可视化展示。

1) AI 能力中心建设

AI 能力是驱动建设单位智慧化管控的核心能力,通过建设 AI 能力中心,实现工程质量安全数据的智能分析、隐患排查、风险控制,并对监测到的异常行为进行可视化预警,对工程的安全性和潜在危险进行预测。同时,平台会对收集到的工程数据进行分析整理,构建工程知识图谱。平台监测的用例范围包括:基坑安全性评估与预测、工程监测数据智能分析、基于图片和视频模型的监控、工程知识图谱建设、安全质量的预控,如图 4-19 所示。

AI 平台将从数据感知平台拉取数据,然后根据数据专家的标记进行并行训练,并且将训练结果通过监控分析模块反馈给用户。而后再根据新的反馈进行累积训练,直至模型收敛达到用户满意的监测效果。

2) 多项目 CIM 平台建设

以 CBD 真实 GIS 场景为框架,整合地形 GIS 数据,以及市政建设、房建等 BIM 模型,构建 CBD 建设阶段 CIM 平台,实现所有已建、在建、待建项目可视、信息可查、业务可管。通过在 GIS 场景中浏览,可以全景查看建设方的已建项目、在建项目和待建项目等信息,如图 4-20 所示。

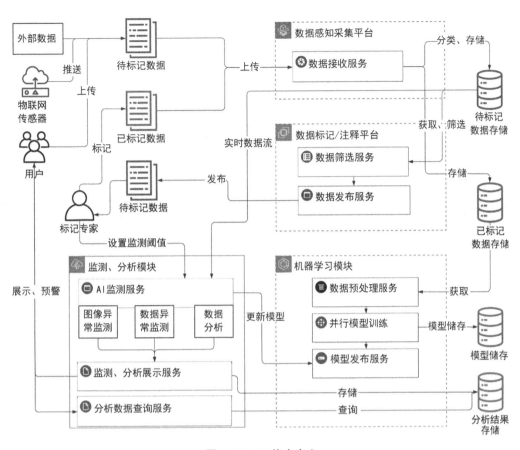

图 4-19　AI 能力中心

图 4-20　CBD 区域平台

针对不同项目但又有工程交界面的场景,可将二级平台的 BIM 通过一级平台的 GIS 进行集成可视、数据关联、模拟仿真,从高于项目层面的建设方业主层面进行精细化管理,确保工程顺利进行,并实现地上地下一体化管理,如图 4-21、图 4-22 所示。

图 4-21　地上超高层建筑群

图 4-22　超大规模地下空间

3）建设时序全程管理

针对具体项目,可以通过时间选择,实现项目从规划设计到施工、运营全生命周期的掌控,如图 4-23 至图 4-26 所示。

图 4-23　规划设计

图 4-24　施工开工

图 4-25　施工完工

图 4-26　运营运维

4）建设项目全面管理

针对不同项目但又有工程交界面的场景,可将二级平台的 BIM 通过一级平台的 GIS 进行集成可视、数据关联、模拟仿真,如图 4-27 所示。可解决市政项目与房建项目的协同管理难点,通过一级平台进行可视化管理、施工模拟,从高于项目的层面进行精细化管理,确保工程顺利进行。

图 4-27　市政道路与房建工程交界面

实现地上地下一体化管理,如市政道路隧道的地下桩基施工,可查看地下桩基信息,如图 4-28 所示。

5）共性能力建设与应用

一级平台提供共性能力,满足建设方的管理需求。提供所有项目的三维实景、施工感知、监控可看、进度可查、质量可管、环境可控等能力。不同的项目二级平台通过一级平台提供的接口,推送相关数据。通过“项目数据＋共性能力”的叠合效应,实现全局化的应用。

共性能力中心,包括项目导航、三维漫游、进度管理、质量管理、安全管理、环控管理、智慧工地等,如图 4-29 所示。

图 4-28　施工构件信息查询

图 4-29　共性能力中心

通过车辆漫游，可沉浸式地体验市政道路建成后的概况，对未来的情况有可视化的认知，有助于当前阶段的施工管理，如图 4-30 所示。

图 4-30　车辆漫游

　　通过选定项目,并确定起始时间即可查看项目的进度,以图形化和表格化相结合的方式直观标示,如图 4-31 所示。

图 4-31　进度管控

在质量管理能力中,接入施工物联平台的传感数据,每一次监测都能在系统中查看到,如图4-32所示。

图4-32 质量管理(第三方监测)

在安全管理能力中,对施工巡检过程中发现的数据,可以实时录入,明确地点、图片证据、问题、检查人、责任人等信息,如图4-33所示。

图4-33 安全管理(三维巡检)

在环保管理能力中,可以实时查看环境监测数据,如温湿度、噪音、PM2.5 等,如图 4-34 所示。

图 4-34 环保管理

在人员管理能力中,现场的人员情况可以实时掌控,如图 4-35 所示。

图 4-35 人员管理

4.2 智慧市政工程施工管理系统

4.2.1 概述

大型市政工程具有参与方众多,信息交互量大、外部接口多,项目组织管理、技术难度与质量要求高,项目管理的复杂度和协调难度大等特点。针对市政项目设计与施工阶段的组织和过程管理特点,考虑组织、过程和信息三要素,动态创建、集成、管理和应用建筑工程信息,解决异构数据转化与存储、模型集成与提取、数据一致性控制、并发访问管理等问题,建立面向建筑全生命周期的施工管理平台[137]。

市政道路的智慧建设管理采用 BIM + GIS 结合物联网、移动互联及 BIM 模型轻量化展示等技术实现工程建设项目全方位、全过程、多维度、可视化的有效管控[138]。通过应用 3D GIS、倾斜摄影、全过程 BIM、大数据、云计算等技术,可以打通各阶段、各专业和各参与方之间的信息传递,对工程质量、安全、进度、成本、资料进行统一管控,形成一体化智慧工地平台,实现建设项目管理智慧化。同时融合建设过程中的工程基础信息、设备实时监测、视频监控、人员考勤、环境检测等数据,实现工地实况的数字化,打造"数字孪生工地",并与智慧建设平台打通,成为"数字孪生城市"的重要组成和数据基石。通过引入 BIM 施工技术,建立 BIM 数据库,让 BIM 模型不仅用于指导施工建设、模拟施工条件、可视化技术交底、快速成本核算等施工管理环节,同时通过 BIM 可视化,将信息管理平台、智能设备、物联传感进行有机串联,并运用后台智能技术进行智慧化分析和决策辅助,可以方便直观地形成建设单位、工程监理、施工单位快速联动的智慧工地体系。全面提升项目工程管理、质量安全、进度管控、技术资料等方面的精细化管理,并通过平台的分级授权,进一步实现工程管理精细化、参建各方协作化、行业监管高效化、建筑产业现代化的新项目管理模式。

连接市政工程项目生命期不同阶段数据、过程和资源的完善信息模型,是对工程对象的完整描述,可供建设项目的设计团队、施工单位、设施运营部和业主等各方人员共用,进行有效的协同工作,节省资源、降低成本,从而实现可持续发展。这有助于促进市政工程全生命周期管理,实现市政工程建设各阶段的工程性能、质量、安全、进度和成本的集成化管理,对建设项目生命期总成本、能源消耗、环境影响等进行分析、预测和控制。

4.2.2 质量安全管理

1) 质量管理

工程项目质量管理是旨在力求实现工程项目总目标的过程中,为满足项目的质量要求所开展的有关管理监督的活动。在工程建设中,无论是勘察、设计、施工还是机电设备的安装,影响工程质量的因素主要有"人、机、料、法、环"5 大方面,即人工、机械、材料、工法、环境。所以工程项目的质量管理主要是对这 5 个方面进行控制[139]。

三维可视化技术的引入不仅提供一种"可视化"的管理模式,也能够充分发掘传统技术的潜在能量,使其更充分、有效地为工程项目质量管理工作服务。传统的二维管控质量的方法是将各专业平面图叠加,结合局部剖面图,设计审核校对人员凭经验发现错误,这种方法难以全面把控,而三维参数化的质量控制,是利用三维模型,通过计算机自动实时检测管线碰撞,精确性明显提高。

基于三维可视化的工程项目质量管理包括产品质量管理及技术质量管理。

(1) 移动式质量巡检

现场质量员在例行检查过程中,针对质量问题,直接拍照并填写质量问题内容、检查区域、责任人、整改期限、罚款金额等信息,填写完成后系统自动推送给相关整改人。整改人接到整改通知后,对相关隐患进行整改,整改完成后拍照上传至系统,整改结果填写完成后系统自动推送给检查人员进行复查。检查人在收到系统的提醒后,对现场质量问题进行复查,合格后将结果拍照上传至系统,工作闭合。当复查不合格时,可再次将整改任务推送给责任人继续整改。当现场发生重大质量问题时,系统可自动推送信息给项目经理及公司相关领导。利用此套巡检机制,可有效记录现场质量管理业务细节,将所有工作环节规范化。整改工作责任到人,防止发生互相推诿。同时项目及公司领导层也可以通过手机实时监控现场的质量管理状况,重大问题随时提醒,做好事前控制,防患于未然[140]。

(2) 模型与动画辅助技术交底

针对比较复杂的工程构件或难以用二维表达的施工部位建立 BIM 模型,将模型图片加入技术交底书面资料中,便于分包方及施工班组的理解;同时利用技术交底协调会,将重要工序、质量检查重点部位在电脑上进行模型交底和动画模拟,直观地讨论和确定质量保证的相关措施,实现交底内容的无缝传递[141]。

(3) 现场模型对比与资料填写

通过 BIM 软件,将 BIM 模型导入到移动终端设备,让现场管理人员利用模型进行现场工作的布置和实体的对比,直观快速地发现现场质量问题,拍照并直接在移动设备上记录整改问题,将照片与问题汇总后生成整改通知单下发,保证问题处理的及时性,从而加强对施工过程的质量控制[141]。

(4) 动态样板引路

将 BIM 融入样板引路中,打破传统在现场占用大片空间进行工序展示的单一做法,在现场布置若干个触摸式显示屏,将施工过程中的重要样板做法、质量管控要点、施工模拟动画、现场平面布置等进行动态展示,为现场质量管控提供服务[141]。

2) 安全管理

安全管理是对生产中一切人、物、环境的状态进行管理与控制,以消除一切事故、避免事故造成的伤害、减少事故损失为目的,重点是对人的不安全行为与物的不安全状态的控制,落实安全管理决策与目标。安全管理是一种动态管理,主要是组织实施企业安全管理规划、指导、检查和决策,同时,又是保证生产处于最佳安全状态的根本环节。施工现场安全管理的内容,大体可归纳为安全组织管理、场地与设施管理、行为控制和安全技术管理四个方面,分别对生产中的人、物、环境的行为与状态进行具体的管理与控制[142]。

基于 BIM 技术,对施工现场重要生产要素的状态进行绘制和控制并对施工现场进行科学化安全管理,有助于实现危险源的辨识和动态管理,也有助于加强安全策划工作,使施工过程中的不安全行为、不安全状态能够得到减少和消除,避免事故发生,尤其是不引发使人员受到伤害的事故,确保工程项目的效益目标得以实现[143]。

(1)专项施工方案的模拟及优化管理

采用 BIM 技术对专项施工安全方案进行模拟、分析、优化,将各施工步骤、施工工序之间的逻辑关系直观地加以展示,用于现场施工人员安全方案汇报与可视化交底,提高施工安全可靠性。BIM 安全方案模拟成果在降低技术人员、施工人员理解难度的同时,还能进一步确保专项施工方案的可实施性。

(2)可视化交底管理

采用 BIM 技术进行技术交底,将各施工步骤、施工工序之间的逻辑关系、复杂交叉施工作业情况、重大方案施工情况直观地加以模拟与展示。基于 BIM 可视化平台,进行图文并茂的说明,以直观的方式在降低技术人员、施工人员理解难度的同时,进一步确保技术交底的可实施性、施工安全性等。

(3)碰撞检测及深化设计管理

基于施工图创建 BIM 深化模型,进行各专业内部、各专业之间的碰撞检测及深化设计。在提升深化设计工作的质量和效率的同时,确保深化设计结果的可实施性、可指导性和落地性。保证图模一致、模型即现场实体构造,能够更加精细化地指导现场保质、保量、保安全地进行施工。

(4)危险源的辨识及管理

将施工现场所有的生产要素、生成构件等都绘制在主体施工 BIM 模型中。在此基础上,采用 BIM 技术通过 BIM 安全分析软件基于 BIM 模型对施工过程中的危险源进行辨识、分析和评价,快速找出现场存在的危险源施工点并且进行标识与统计,同时输出安全分析报告。基于安全分析报告进行安全 BIM 模型创建与优化,制定安全施工解决方案。最终通过安全 BIM 模型及安全施工方案进行现场安全施工管理。

(5)安全策划管理

采用 BIM 技术,对需要进行安全防护的区域进行精确定位,事先编制出相应的安全策划方案,比如施工洞口五临边、施工安全通道口、超高层施工主体各阶段外围水平防护等。提前根据项目重难点、施工安全需求点编制安全防护策划方案,并且基于 BIM 技术创建 BIM 安全防护模型,反映安全防护情况、优化安全防护措施、统计安全防护资源计划,做到安全策划精细化管理。

(6)现场安全教育

采用 BIM 技术为施工人员进行安全事故现场模拟,包括消防安全疏散模拟、安全逃生模拟、安全救助模拟。基于 BIM 的方法进行安全教育及方法传播,提高现场施工人员的安全意识。

4.2.3　投资与物资管理

1) 投资管理

投资管理,是根据一定时期预先建立的投资管理目标,由投资控制主体在其职权范围内,在生产耗费发生以前和投资控制过程中,对各种影响投资的因素和条件采取的一系列预防和调节措施,以保证投资管理目标实现的管理行为[144]。投资管理就是通过技术经济和信息化手段,把无谓的浪费降至最低[145]。

(1) 基于三维可视化技术的投资控制具有快速、准确、分析能力强等很多优势,具体表现为:

① 快速。建立基于三维可视化的 5D 实际投资数据库,汇总分析能力大大加强,速度快,短周期投资分析不再困难,工作量小、效率高[145]。

② 准确。投资数据动态维护,准确性大为提高,通过总量统计的方法,消除累计误差,投资数据随项目进展准确度越来越高[145];数据粒度达到构件级,可以快速提供支撑项目各条线管理所需的数据信息,有效提升施工管理效率[146]。

③ 精细。通过实际投资 BIM 模型,很容易检查出哪些项目还没有实际投资数据,从而监督各投资实时盘点,提供实际数据[147]。

④ 分析能力强。可以多维度(时间、空间、WBS)汇总分析更多种类、更多统计分析条件的投资报表[147],直观地确定不同时间点的资金需求,模拟并优化资金筹措和使用分配,实现投资资金财务收益最大化[148]。

⑤ 提升企业投资控制能力。将实际投资 BIM 模型通过互联网集中在企业总部服务器上,企业总部投资部门、财务部门就可共享每个工程项目的实际投资数据,实现总部与项目部的信息对称[145]。

(2) 基于三维可视化技术,建立投资的 5D(3D 实体、时间、工序)关系数据库,以各 WBS 单位工程量人机料单价为主要数据进入投资 BIM 中,能够快速实行多维度(时间、空间、WBS)投资分析,从而对项目投资进行动态控制。其解决方案的具体操作方法如下:

① 创建基于 BIM 的实际投资数据库。建立投资的 5D 关系数据库,让实际投资数据及时进入 5D 关系数据库,这样投资汇总、统计、拆分对应瞬间可得。以各 WBS 单位工程量人材机单价为主要数据进入实际投资 BIM 中,未有合同确定单价的项目,先按预算价进入,有实际投资数据后,及时将预算价用实际数据替换掉[147]。

② 实际投资数据及时进入数据库。初始实际投资 BIM 中的投资数据以合同价和企业定额消耗量为依据,随着项目进展,实际消耗量与定额消耗量会有差异,要及时调整数据。每月对实际消耗进行盘点,调整实际投资数据,化整为零,动态维护实际投资 BIM,大幅减少一次性工作量,保证数据准确性[147]。

③ 快速实行多维度(时间、空间、WBS)投资分析。建立实际投资 BIM 模型,周期性(月、季)按时调整维护好该模型,统计分析工作会很轻松,软件强大的统计分析能力可轻松

满足我们对各种投资分析的需求[147]。

④ 根据 BIM 5D 技术实时关注设计与施工的对应关系,对工程发生的变更、签证、索赔做出正确的判断,定期对实际发生造价和目标值做比对,发现并纠正偏差,达到动态管理的效果。对工程计量、工程变更、进度款支付、材料(设备)采购、索赔管理和资金使用计划进行全面管理[149]。

2)物资管理

基于三维可视化的物料管理通过建立安装材料模型数据库,使项目部各岗位人员及企业不同部门都可以进行数据的查询和分析,为项目部材料管理和决策提供数据支撑,具体表现如下:

(1)安装材料 BIM 模型数据库

项目部拿到各专业施工蓝图后,组织各专业工程师进行三维建模,并将各专业模型组合到一起,形成安装材料 BIM 模型数据库。该数据库是以创建的 BIM 模型和全过程造价数据为基础,把原来分散在各专业工程师手中的工程信息模型汇总到一起,形成一个汇总的项目级基础数据库。

(2)安装材料分类控制

通过对 BIM 的深化设计,每个构件的属性包括了投标工程造价信息、材料属性和数量,形成安装材料 BIM 模型数据库,把原来分散在各专业设备材料采购工程师手中的工程信息模型汇总到一起,形成一个汇总的项目级基础数据库。

(3)用料交底

与传统 CAD 相比,BIM 模型具有可视化的显著特点。将各机电专业的 BIM 模型与装饰、结构、建筑等 BIM 模型融合,进行碰撞检测和施工方案模拟,提前消除施工过程中各专业可能遇到的碰撞和施工方案可能存在的问题,对现场施工人员进行三维技术交底,将 BIM 模型中各专业的数量、型号、规格交代给施工班组,用三维图、CAD 图纸或者表格下料单等书面形式做好用料交底,防止班组长料短用、整料零用,做到物尽其用,减少浪费,把材料消耗降到最低限度。

(4)物资材料管理

施工现场材料的浪费、积压等现象司空见惯,安装材料的精细化管理一直是项目管理的难题[150]。基于三维 BIM 模型,根据施工程序、工程进度计划及实际施工进度,进行模型算量、需求计划、采购计划、现场验收入库、发料和领料的全过程管理,满足施工现场进度的要求和施工的连续性,而且能用好用活流动资金、降低库存、减少材料二次搬运。同时,材料员根据工程实际施工进度,运用基于 BIM 技术的施工模拟技术对现场的施工进行模拟,得出每个施工阶段所需的物料量;根据与施工模拟相吻合的进度需要进行物料储存,避免施工现场的材料存储过剩或材料不足,给施工企业带来不必要的经济损失;对各班组限额发料,有效防止错发、多发、漏发等无计划用料情况,从源头上做到材料的有的放矢,减少施工班组对材料的浪费[150]。

(5)材料变更清单

工程项目建设过程中均会发生变更,有些变更是有益且必要的,而有些却是非必要且具有破坏性的,如果过程中不能有效地规避,或者不能做到合理地管理,那么将会付出很大的代价。在项目设计阶段,通过 BIM 模型可以发现设计图纸的问题;在开工前,通过创建场地布置的三维建模,对项目材料的堆放、设备的进场进行三维模拟比对分析,找出最佳场布方案;在施工准备阶段,通过所有专业 BIM 模型的融合,实施碰撞检测及净高分析,提前发现设计不合理的地方及各专业之间的碰撞问题,对管线的排布进行优化,将施工过程中会产生的拆改提前解决。基于 5D BIM 技术搭建协同管理平台,将模型与投标清单进行关联,一旦发生变更,BIM 模型同步变更,相应的工程量的前后变化立即呈现在工程师面前,使其能够实时掌握变更的处理情况。

3) 合同管理

运用 BIM 技术的合同管理功能,可以实现分包任务的划分、进度款支付等,提高工作效率,主要内容包括:提供整体 BIM 模型;协调与查找各专业问题;提供整体数据查询;实行班组任务管理;精确审核分包完成工作量;涉及多家分包精确划分工作区域,避免重复;避免进度款超付;形成满足质量要求的 BIM 模型。

4.2.4　进度管控

市政工程建设项目的进度管理是指对工程项目各建设阶段的工作内容、工作程序、持续时间和逻辑关系制订计划,并将该计划付诸实施。在实施过程中要经常检查实际进度是否按计划要求进行,对出现的偏差分析原因,采取补救措施或调整、修改原计划,直至工程竣工后交付使用。进度管理的最终目的是确保进度目标的实现,如图 4-36 所示[151]。

图 4-36　形象进度管理

1）工作内容

进度管理是市政项目建设管理的重要工作，通过虚拟进度与实际进度比对（主要是方案进度计划和实际进度的比对），找出差异，分析原因，实现对项目进度的合理控制与优化。

（1）WBS创建

根据不同深度、不同周期的进度计划要求，创建项目工作分解结构，列出各进度计划的活动（WBS工作包）内容，根据施工方案确定各项施工流程，制订初步施工进度计划。

（2）计划与模型关联

通过WBS分解后形成的细粒度构件唯一编码，将进度计划与BIM模型关联生成施工进度管理模型。模型要能区分每个区域的工作内容、工程量。在关键节点、危大工程等专项模拟中则需要更加精细的模型，满足施工方案模拟展示的要求。

（3）形象进度

利用施工进度管理模型进行可视化施工实时管理。展示施工过程中的活动顺序、相互关系及影响、施工资源、人力、物力、机械的投入、措施等信息，检查施工进度计划是否满足关键节点、里程碑节点、合同工期的要求，检查施工方案是否有缺陷与问题，如图4-36所示。

（4）协同管理

结合项目施工方案对进度计划进行调整，不断优化项目建造过程，找出施工过程中可能存在的问题，并提前在各参与方、各专业间进行协调解决，优化5D虚拟建造过程[152]。当施工项目发生工程变更或业主指令导致进度计划必须发生改变时，施工项目管理者可根据工程变更情况对进度、资源等信息做相应的调整，再将调整后的信息交互到BIM模型中，进行5D虚拟建造过程模拟[153]。

（5）进度分析

在BIM模型中输入材料、人工劳动力、成本等施工过程信息，形成基于BIM技术的5D虚拟施工模型；在5D虚拟施工模型中，将工程实际进度与模型计划进度进行对比，可以开展进度偏差分析和进度预警；通过实时查看计划任务和实际完成任务的完成情况，进行对比分析、调整和控制，项目各参与方能够采取适当的措施；项目管理者通过软件单独计算出"警示"，清晰地看到项目滞后范围，并计算出滞后部分的工程量，然后针对滞后的工程部分，组织人工劳动力、材料、机械设备等，进行进度调整[152]，如图4-37所示。

2）应用效益

三维可视化技术的引入，可以突破二维的限制，给项目进度管理带来不同的体验，主要体现在以下几个方面：

（1）提升全过程协同效率。基于3D的BIM沟通语言，简单易懂、可视化好，大大加快了沟通效率，减少了理解不一致的情况；基于互联网的BIM技术能够建立起强大高效的协同平台，所有参建单位在授权的情况下，可随时随地获得项目最新、最准确、最完整的工程数据，从过去点对点传递信息转变为一对多传递信息，图纸信息版本完全一致，从而减少传递时间的损失和版本不一致导致的施工失误，提升了效率；通过BIM软件系统的计算，减少了沟通协调的问题。传统靠人脑计算3D关系的工程问题，容易产生人为的错误，而BIM技术

图 4-37　进度对比分析

可减少大量问题,同时也减少了协同的时间投入;另外,结合 BIM 和移动智能终端对现场拍照,也大大提升了现场问题的沟通效率。

(2)加快设计进度。从表面上来看,BIM 设计减慢了设计进度。产生这样的结论的原因,一是现阶段设计用的 BIM 软件确实生产率不够高,二是当前设计院交付质量较低。但实际情况表明,使用 BIM 设计虽然增加了时间,但交付成果质量却有明显提升,在施工以前解决了更多问题,推送给施工阶段的问题大大减少,这对总体进度而言是非常有利的。

(3)碰撞检测,减少变更和返工进度损失。BIM 技术具有强大的碰撞检查功能,十分有利于减少进度浪费。大量的专业冲突拖延了工程进度,产生大量废弃工程、返工的同时,也造成了巨大的材料、人工浪费。当前的产业机制造成设计和施工的分家,设计院为了效益,尽量降低设计工作的深度,交付成果很多是方案阶段成果,而不是最终施工图,里面有许多深入下去才能发现的问题,需要施工单位进行深化设计,由于施工单位技术水平和理解问题的能力有限,特别是在当前三边工程较多的情况下,专业冲突十分普遍,返工现象常见。在中国当前的产业机制下,利用 BIM 系统实时跟进设计,第一时间发现问题,解决问题,带来的进度效益和其他效益都是十分惊人的。

(4)加快招投标组织工作。设计基本完成后,要组织一次高质量的招投标工作,编制高质量的工程量清单要耗时数月。一个质量低下的工程量清单将给业主方带来巨额的损失,不平衡报价很容易造成更高的结算价。利用基于 BIM 技术的算量软件系统,可大大加快计算速度和计算准确性,加快招标阶段的准备工作,同时提升了招标工程量清单的质量。

(5)加快支付审核。当前很多工程中,由于过程付款争议挫伤承包商积极性,影响到工程进度的情况并非少见。业主方缓慢的支付审核往往引起其与承包商合作关系的恶化,甚至影响到承包商的积极性。业主方利用 BIM 技术的数据能力,可快速校核反馈承包商的付款申请单,大大加快期中付款反馈机制,保护双方战略合作成果。

(6)加快生产计划、采购计划编制。工程中经常因生产计划、采购计划编制缓慢而耽误进度。急需的材料、设备不能按时进场,造成窝工,影响工期。BIM 改变了这一切,随时随地获取准确数据变得非常容易,制订生产计划、采购计划大大缩短了用时,加快了进度,同时提高了计划的准确性。

(7)加快竣工交付资料准备。基于 BIM 的工程实施方法,过程中所有资料可随时挂接到工程 BIM 数字模型中,竣工资料在竣工时即已形成。竣工 BIM 模型在运维阶段还将为业主方发挥巨大的作用。

(8)提升项目决策效率。传统的工程实施中,由于大量决策依据、数据不能及时完整地提交出来,决策被迫延迟,或决策失误造成工期损失的现象非常常见。实际情况中,只要工程信息数据充分,决策并不困难,难的往往是决策依据不足、数据不充分,有时导致领导难以决策,有时导致多方谈判长时间僵持,延误工程进展。BIM 形成工程项目的多维度结构化数据库,整理分析数据几乎可以实时实现,解决了这方面的难题。

4.2.5　施工工艺模拟

施工工艺模拟主要是在 WBS 关联构件的基础上,将施工进度整合进 BIM 模型,形成 4D 施工模型,模拟项目整体施工工艺安排,检查主要施工步骤衔接的合理性。为了保证安全、科学、快速施工,借助 BIM 技术,针对局部重点、复杂的关键点施工区域,根据施工方案的文件和资料,在技术、管理、设备等方面定义施工过程附加信息并添加到施工作业模型中,从而完成施工组织模拟。

通过构建施工过程演示模型,结合施工方案进行精细化施工模拟,检查施工方案可行性,也可用于与施工部门协调施工方案,实现施工方案的可视化交底(其效果展示见图 4-38)。

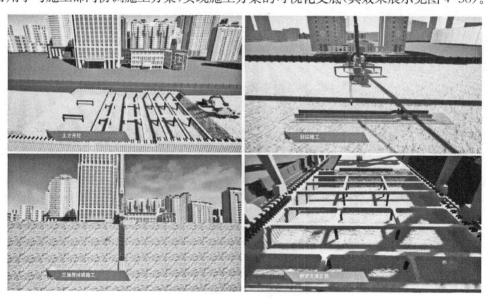

图 4-38　施工方案模拟

4.2.6 移动端管理

项目施工阶段的管理内容基本都要在现场完成,一般在现场产生的信息会以纸笔方式记录,当现场记录录入 BIM 模型时,存在记录表达不标准和二次人工录入(将纸质记录转为电子信息)易产生误差的问题;在现场作业时,构件的详细信息也是参建各方人员所需了解的内容,采用二维码、RFID 等电子标识,与 BIM 模型中构件的 ID 挂接,将提高构件的定位、查询效率;现场管理中发现的问题以往需要通过电话或公文传达指令,会出现处理问题不及时、不能到达指定责任人等情况。为了解决这些问题,可以结合移动互联技术,采用移动端设备,完成标准化录入、资料快速查询、现场工程指令下达等功能。

现场管理手机 App,利用人手一台的智能手机作为高效工作的工具,从沟通中归集出工作任务以提高现场管理水平,同时解决资料、数据的现场采集与录入的问题。例如,可用于现场实际管理的 iOS 以及 Android 操作系统的客户端软件,如图 4-39 所示。

图 4-39 移动 App 应用

4.3 智慧地下管线管理系统

地下管线是城市基础设施的重要组成部分,是城市赖以生存的生命线,也是实现数字孪生城市不可缺少的重要空间基础信息。随着城市信息化建设步伐加快,地下综合管线数据库已成为数字城市建设中基础地理信息数据库的重要组成部分[154]。建立起地下管线数据的长效更新机制,保持管线数据的完整性、现势性和准确性,是其满足城市规划、建设和运营管理的前提条件。城市的繁荣发展不仅仅体现在高楼大厦、园林绿地这样的地面功能建筑上,与之配套建设的地下管网系统更是城市能源、生活、通信、娱乐的基础保障设施,是保障城市运行的基础设施。

CBD的建设过程中，地下管线存在各种复杂状况，如规划管线与现状管线并存，现状废弃管线与保留管线信息不明确；城市建设日新月异，地形地貌变化快，管线、道路信息变更不及时；管网分布不直观，缺乏现状与未来规划对比；地面情况日益变化，原有地形特征不能匹配新的规划设计方案；管线规划数据与周边道路、水域、泵站、园区等信息没有有效集成，缺乏相关参照等实际情况。综合来看即地下管线存在盲区，给实际工程建设带来诸多困难。

4.3.1 概述

1）建设目标

在数字孪生城市环境中，对城市管线以及管线附属设施、管线周边建筑、附加采集设备等要素信息进行采集、控制，形成一个全面的地下管线网络系统，将之前在单一系统中难以解决的数据缺乏、方案不完整等问题，借助于不同系统之间的有效协同、资源整合、信息共享，实现市政设施数据资源、运行状态等统一管理，实现集约化管理和科学决策支持，为城市治理者、城市活动参与者提供高效安全的辅助信息，实现民生、投资、运营的多方位优化。

在新型的数字孪生城市理念中，城市宏观上被分为数字层和物理层，并相互结合，产生智慧城市的运营解决方案。其物理层由建筑、交通网络、公共领域、基础设施四层组成。基于这个概念，地下管线归属于基础设施层，需要有与其相结合的数字层支持，从而打造鲜活的城市脉搏，改善城市生活，为城市治理赋能。

数字孪生城市中的数字层的建设依托于传感器系统，以及传感网络的覆盖。通过数字管廊技术和云平台技术，实现对基础设施、公用资源的"感、传、知、控"，搭建智慧化市政设施和资源数字平台建设，提高管理水平，提升服务质量，树立典型示范，为未来城市管理的社会效益和经济效益奠定坚实基础。

城市地下管廊是未来城市地下建设的重要组成部分，主要容纳城市各类管线，减少资源浪费、降低运营成本。而综合管廊建设是一个耗资大、周期长的复杂工程，且管线入廊需要重新进行规划施工。优先建立数字化的虚拟管廊，将市政设施和资源形成数字核心平台，利用无线通信技术，结合编码标准、GIS技术、传感技术，形成市政数字管廊的虚拟管状空间，对城市基础设施的管线、管线中的介质、各类传感器、控制阀等进行全方位的传感，并进行数字化、信息化处理，在管控层面上具有实体管廊的同样效果，从而支撑城市建设的科学管理、分析决策与对外服务。

2）建设内容

构建集城市燃气、电力、供排水、热力、水利、综合管廊、环保于一体的智慧市政运营管理平台，实现市政的全面协同化管理。

利用物联网及新型传感器等技术，实时、自动采集城市资源流动全过程涉及的数据信息；对城市燃气、电力、供水、热力等，实现全网监测；对监测异常的情况，进行智能报警。

基于GIS系统，整合城市燃气、电力、供水、热力等基础数据资源，实现智慧市政调度指挥管理与决策的可视化；同时，实现GIS与视频监控的集成与联动，为应急处理提供方便。

实现城市各区域环境质量及污废排放点的动态监测；制定环境质量检测指标，对于未达标的情况，进行报警，并自动关联相关区域的污废排放点的排放信息，以便查找原因、解决问题，从而保证和提高城市环境质量。

对城市关键设备设施等资源，实现从启用档案、维护保养、检维修、检定、报废等全生命周期的管理；实现智能设备的互联、互通，以及远程管控与运维；对设备的运行状态、执行效率、能耗情况等进行实时跟踪与监控、分析与优化，从而提高设备的综合能力和应用效率。

构建智慧市政应急调度指挥系统，实现集安全事故、应急预案、资源调度、模拟仿真于一体的可视化、数字化安全应急管理，通过 GIS 跟踪、视频监控、移动应用等多种方式，实现安全应急事件的动态感知、智能分析与辅助决策，提高城市应急调度管理能力。

构建智慧市政大数据平台，对市政相关信息进行深度挖掘与统计分析，构建各大管网动态模型，为合理调配城市资源、准确预测资源使用情况、及时预警异常情况等提供数据支撑，实现智能化、科学化决策。

构建市政门户平台，支持平板电脑及手机终端，用户可以随时随地查询市政公共信息、跟踪城市资源使用情况，还可以预约相关服务、反馈异常及问题，提高办事效率和服务质量；市政相关调度人员及领导，可以随时随地监控、处理业务，提高应急事件的响应速度。

4.3.2　管线数据库建设

系统建设遵循 CBD 智慧城市顶层设计中的相关标准规范和技术架构，应用地面三维倾斜摄影构建主体 GIS 框架，对现状主干道管线、园区管线、周边附属设施、道路、水网等进行 BIM 建模，对周边规划管线进行梳理和校对，完成准确的数据登记和采集。

对地下管网（包括给水管、雨水管、污水管、消防水管、电力管线、通信管线、弱电管线、路灯管线、绿化喷灌管线、雨水回收管线等）情况以及管线附属物（管井、阀门、消防水箱、雨水回收水箱、配电箱、泛光照明、景观照明等）测定并生成三维模型。对规划中的未建设管线，可以进行预览，并统一分析计算，如图 4-40 所示。

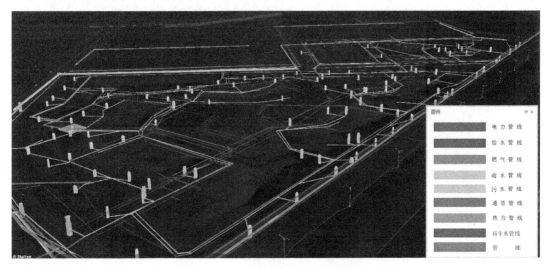

图 4-40　管线数据图形管理

1）管线数据管理系统

对管线数据进行监理、编辑、入库和管理等操作,为数据管理用户提供图形和表格管理的系统工具,满足管线数据管理维护的不同需要。

适用于管线数据编辑维护、普查数据入库、竣工测量数据更新入库、数据转换输出、GIS打印出图,如图 4-41 所示。

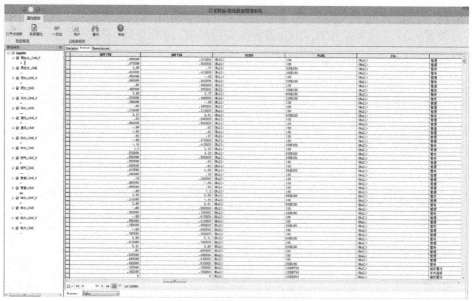

图 4-41　管线数据表格管理

2）管线共享交换系统

管线数据交换,采用政务内网或专网的网络环境,保证数据的安全性,提供给各专业单位使用,完成数据上传、下载申请,数据上传、下载操作,形成综合管线和专业管线数据的交互通道,实现各类管线数据的共建共享,提高城市管理效能,如图 4-42 所示。

图 4-42　共享交换系统

4.3.3　地上地下一体化场景构建

地下管线历来是城市的"毛细血管",隐蔽而又重要。地下管线涉及给水、雨水、污水、燃气、冷热水、电力、路灯、有线电视、通信、监控、工业等十多种地下管线,形成了复杂的地下管线网。传统的二维管理方式难以准确、直观地展示地下管线交叉排列的空间位置关系,给管理带来极大的不便。利用 CIM 技术,特别是 GIS 与 BIM 融合的手段,可直观地呈现地下管线的空间层次和位置,如图 4-43 所示。

图 4-43　CBD 示范区三维模型

以数字孪生仿真形象地展现地下管线的埋深、材质、形状、走向以及工井结构和周边环境,与传统的管线平面视图相比,可直观了解各类管线、电缆、电线、工井的空间位置,为城市地下管线资源的统筹利用、科学规划等工作提供了准确的依据,如图 4-44 所示。

图 4-44　地下管线与地上建筑关系示例

4.3.4　管线综合管理

1）管线查询

实现图查属性，即通过管点或地物可查看该管线的管道材质、埋深、建设年代、建设单位、所在道路、坐标、高程等信息。实现空间分析查询，结合几何图形即可查询图形内的地下管线信息。

2）管线设计分析

对照国家《城市工程管线综合规划规范》(GB 50289—2016)，对选择范围内的管线的净空高度、通道宽度、基础标高等数据进行提取分析，对违反规定超出标准的管线间距及管点部位给出高亮显示，同时给出一个解决方案，如架空、埋深或管沟敷设，帮助规划单位进行数据审查和设计分析。

3）管线断面分析

地下管线沿主干道路进行埋设，管线的定位以及维养施工都和道路实际边界和使用情况有密切关系。根据任意道路截面位置，生成地下管线横断面分析图，并可从主视图中查看到该位置上的管道与道路边线、非机动车道线及管线间距等信息，如图 4-45 所示。该截面图对规划管线与现状管线进行明确标注，包括规划与现状管线之间的间距，管线与边缘线、非机动车道、道路中心线之间的距离及管道的断面尺寸等信息，帮助规划单位有效进行管线位置、埋设方案的设计分析，如图 4-46 所示。

图 4-45　道路断面位置

4）管线运行监测

为平台管理员提供运行维护支持，如图 4-47 所示，包含安全警告、基线检测、平台负载、

5）管线三维综合应用集成

发展传统的三维管线应用，除了三维浏览、查询统计外，还集成了几乎所有的管线综合分析功能，如图 4-48 所示。系统定位为全方位的管线三维应用，集业务审批、管线分析功能于一身，提供管线业务日常办理的全新应用模式。

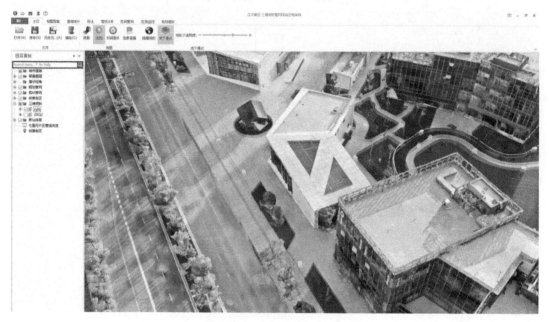

图 4-48 管线三维应用系统

6）移动管线巡检

基于 GIS 与 GPS 定位技术，结合地形、规划、管线数据，移动端管线辅助应用系统能够实现外业现场数据采集、传输、入库，以及相应的分析和统计工作，如图 4-49 所示。

图 4-49 管线移动巡查系统

7）管线在线监测与应急处置

结合物联网技术实现各类管线设施的在线监测，一张图展示地下空间，达到管理高效化的目的，同时提高事故维修的执行力度。提供供水管网监测、供热管网监测、供电管网监测、供气管网监测、预警分析、应急调度等功能，如图 4-50 所示。

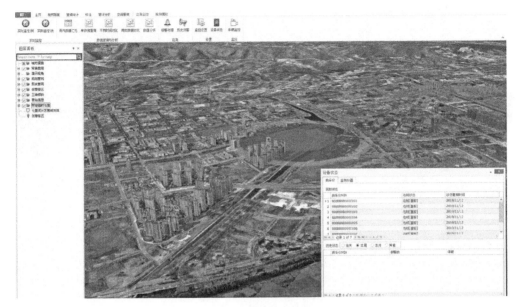

图 4-50　在线监测与应急处置系统

4.3.5　智慧市政＋物联网

1）管线＋物联网

城市地上地下三维信息的建立，不仅仅是一张静态的照片，更要能反映城市真正的动态。通过物联网数据的接入，在三维界面实现所想即所指，所指即所见的数据实景查询。想要查看的区域和信息能够快速定位，能实时了解流量、压力、温度、液位、堵塞等信息，区域内的重要信息能够醒目显示，并根据设定规则进行数据在线分析报警等，提升城市治理效率。例如实时监测排污口水的浊度、pH 值、COD（Chemical Oxygen Demand，化学需氧量）、氨氮离子、溶解氧、重金属离子等参数，监测数据可自动生成统计报表和趋势曲线，如图 4-51所示。

2）管廊＋物联网

城市地下管廊、管沟是未来城市地下建设的重要组成部分，主要容纳城市各类管线，可减少资源浪费，降低运营成本。各地政府均对推进地下综合管廊的建设提出了规划和要求。地下管廊将是一个多种信号与传输对象交汇的场所，因此必然要从对传统管线的管理扩展到对综合管廊的监测管理，如图 4-52 所示。尤其作为地下场所，在规避了频繁开挖、扩建改造等带来的诸多不便和问题的同时，也带来内部环境安全、运维环境、建筑状态等多方面的不确定因素。

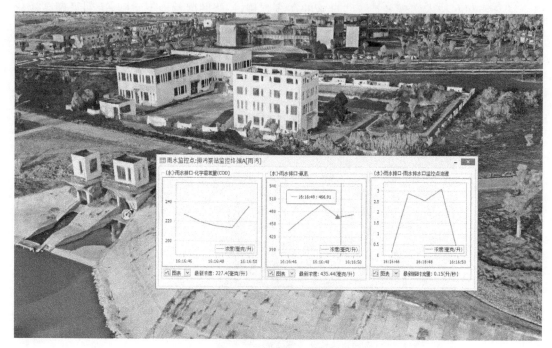

图 4-51　某泵站排水口的监测数据

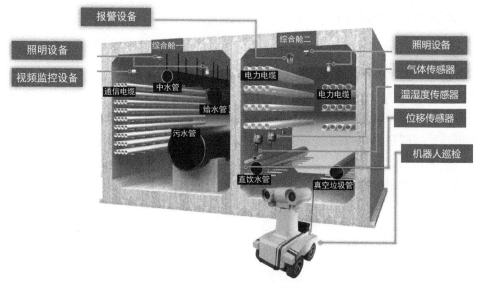

图 4-52　地下综合管廊

（1）以空间数据汇集技术为数据载体，实现市政数字管廊；

（2）依托 GIS 技术和编码标准对基础设施及附属设施进行定位、标识；

（3）依托物联网、AI 等技术，对设施的工作状态、流通介质进行感知和度量；

（4）依托工控技术实现本地逻辑控制和远程控制；

（5）依托通信技术将工况数据和操作信息送往业务系统，进行业务处理和工作调度；

（6）依托云计算技术，将全过程中的基础数据、二次数据进行整定、聚合、分析、预测，提供决策依据；

（7）依托互联网和移动互联网，与相关企业及社会参与者构成协同与服务关系；

（8）以市政数字管廊为载体，建立标准体系。

为了充分保障管廊内环境安全，采用现代传感技术对管廊状态进行实时监测、发现潜在安全隐患，主要涉及管廊内的温湿度、燃气泄漏、有害气体检测等。传感器的应用一方面在建设施工期间可以确保施工人员安全；另一方面在建设完毕运营期间可随时搜集管廊环境状况信息，方便维护检修，同时可保障巡检人员和检修人员的安全。

综合管廊对不同舱室的监测传感器安装推荐原则如图 4-53 所示。

舱室容纳 管线类别	给水管道、再生 水管道、雨水管道	污水管道	天然气管道	热力管道	电力电缆、 通信线缆
温度	●	●	●	●	●
湿度	●	●	●	●	●
水位	●	●	●	●	●
氧气	●	●	●	●	●
硫化氢	▲	●	▲	▲	▲
甲烷	▲	●	●	▲	▲
一氧化碳	▲	●	●	▲	▲

● 应监测　▲ 宜监测

图 4-53　综合管廊环境监测

感知部分：由综合管廊环境监测传感器组成，如气体探测器、温/湿度传感器、液位计、流量计、相关控制设备以及其他监测传感器等，实现对综合管廊环境参数的监测。

采集传输部分：由监控主机、PLC、消防监控主机等设备组成，实现对综合管廊环境监测的传感器信号采集并传输到云服务平台。

监测部分：由云服务平台、监测软件、监测服务器、数据库软件等组成，实现对综合管廊环境参数的在线监测、预警、分析等，如图 4-54 所示。

4.3.6　基于 GIS 与 BIM 的城市内涝模拟

城市暴雨内涝模拟分析是城市防洪减灾的关键技术之一，也是数字孪生城市风险应急管理重要的决策支持依据。虽然长期的智慧城市建设给城市内涝的模拟分析提供了更多高精度、实时、丰富的数据来源，也提供了更加高效的技术支撑，但同时也给城市内涝的模拟分析提出了新的需求和挑战[155]。

在数据采集完善的基础上，运用水文学、水动力学、地理信息系统技术、遥测技术、计算机软硬件技术等，建设 CBD 排水防涝地理信息空间和属性数据库，开发城区实时排水防涝预警模拟模型，经过不断调试，使模型具备预案模拟功能和实时预报预警功能，最大限度发

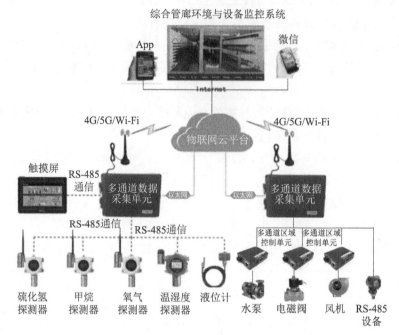

图4-54　综合管廊环境与设备监控系统

挥该模型的作用,为CBD暴雨内涝实时分析预警和排涝应急响应决策提供智能服务,为区域防洪除涝提供预测预警支撑信息。

将CBD的核心区域作为建设示范,建设内涝分析系统,包括CBD范围内及其相邻地区的骨干河道和排水管网。基于GIS场景模型、内涝分析模型,根据气象、水文、地理、市政管线等数据,完成资料收集、水文地理信息空间和属性数据库建设、暴雨内涝水文分析,建立骨干河道与地面及排水干管水动力数值耦合模型系统,对内涝和管线排水能力进行分析评估。

综合运用产流模型、汇流模型、管网水动力模型、河道洪水演进模型、闸泵调度模型、地表淹水漫溢模型,并且结合防汛应急除涝措施,运用模型分析区域内重要排水单元的实时水位、流量、可能发生淹水漫溢的地点,分析区域内暴雨洪水的排泄能力。

通过模型模拟下雨天,使用地埋式的传感设备可以实时监控并获取降水量和排水量数据。运用内涝模型分析功能,就可以对不同路段可能的淹没情况进行可视化展示。

1）基础数据准备

城市内涝分析需要实时采集数据的支撑,如雨量计、水位计等传感器。雨量计的数据密度取决于计量器的安装与实时采集,传统的内涝分析一般采用固定检测点的安装,如图4-55所示。而数据量和采集密度直接关系到计算分析的精度,在实际城市治理中,针对特定园区、路口、重点小区和园区的分析往往是城市管理和市民生活关注的重点。

采用市政数字管廊的采集和通信体系,雨量计、淹水传感器等都可以作为管线附属设施进行安装部署,同时采集雨量数据、排水数据、实时淹没监测等,达到模型数据的准确、严密,

图 4-55　沿管线的传感器埋地式安装

同时也可以实现对模型参数和优化的动态匹配,长期优化算法。

城市汇水区的测量和定位,一般借助于地形数据进行分析和区域划分。现代城市中,最佳的汇水区划分,应该与河道、城市绿地、地下管网的管井下水口分布相匹配。此部分数据往往在智慧管线数据中进行过相对详细的数据档案采集,通过系统间的数据共享,智慧管线数据能够作为内涝分析模型的详细数据来源以及模型匹配计算的有效参照,从而提升计算效能,减短模型调试周期,避免模型随着城市改造而缺乏变化造成的数据偏差甚至分析数据无效等问题。

排放口数据本身则以管线数据为基础进行收集整理,因此在市政管线的数据标准中,增加因内涝模型需要而进行的属性扩展,实现依次测量,多应用共享的数据采集和汇总流程,从而大大减少市政智慧系统建设的投入,如图 4-56 所示。

图 4-56　内涝分析范围及管线分布

除基本数据以外,还可以增加更多的数据信息,以增强分析能力,提高分析精确度。譬如:雨水管信息、蓄水池信息、水泵信息等等。这些信息都可以在管线系统的普查、建设、规划以及后续维护过程中进行整理维护。

丰富完善智慧化系统中的基础数据元素、定义更完善丰富的数据元信息和数据交换标准，扩大系统使用范围，以及各智慧系统之间的交互，对于智慧化城市治理降低实时成本，形成智慧城市的数据底座，以及建立完善的城市治理基础数据集，加快管理成效，都具有积极意义。

2）数据采集与数据组织

通过现场查勘，收集 CBD 区域基本资料，资料数据包括但不限于：自然地理和社会经济情况；水文气象数据；河流水系数据；水利工程布置资料，包括堤防、闸泵站数据及调度方式；土壤类型数据；现状和规划管网数据；现状和规划用地数据；土壤类型数据；内河河道地形断面数据；长江潮位数据；城市总体规划、水功能区域和水资源规划，及其他相关规划资料等。

（1）水文资料：对于模拟计算历史降雨径流，首先需要收集当时当地的降雨数据和蒸散发数据。如果建模是用来评估当地的排水情况，也可以只用当地的城市设计暴雨公式，结合实际城市内涝情况来得到设计暴雨过程，代入模型进行计算[156]。

（2）管网资料：管网数据是最基本的数据，这类数据主要包括研究区域内地下排水管道的长度、管径（或长与宽）、管道始末端的高程，还有雨水井或者检查井深度、高程等数据。如果考虑双层排水，即街道也算作排水通道，则需要街道的宽度，高程之类的数据。除了这些，还需要收集当地一些排水设施如泵站、水闸等的基础数据和运行方式[156]。

（3）下垫面数据：主要包括土地利用类型、地形数据等，用来计算子汇水区透水率、确定土壤下渗率以及子汇水区坡度等参数。基于建筑的 BIM 数据，结合管道流向来划分子汇水区[156]。

（4）边界数据：排水出口的边界，即下游排水末端与河道或者其他水体相连的排水口的边界，可以是潮位或者河道水位等。如果没有这些数据，只能当作自由出流处理，但这未必符合实际。另外，如果研究区域与外部其他排水区有水里交换，而且不可忽略时，则还需要准备这部分的边界条件[156]。

（5）水文数据库：应包括模型基础信息数据库，历史和实时水雨情数据库，以及模拟运行结果数据库，上述数据库与市政管线系统数据库进行集成。

3）模型建立

（1）降雨分析

降雨分析模块主要用于获取区域降雨特性的分析和处理，功能包括降雨量分析和重现期分析。

面雨量分析：获取 CBD 范围的雨量单站监测信息，应采用泰森多边形法进行面雨量分布计算，并能够进行 5 min，10 min，30 min，60 min，1 h，6 h，12 h 和 24 h 最大降雨量统计。

雨量重现期分析：基于收集的雨量历史资料和实时监测资料，可对现状雨量进行重现期分析，为内涝预警和应急响应提供支撑。

（2）降雨径流模型

降雨径流模型用于计算降雨形成的地表径流量和过程,根据历史水文气象资料,确定 CBD 区域及更大流域范围的产汇流水文规律,划分流域/产汇流水文单元,选择适用的产汇流计算方法,对流域/产汇流水文单元分别建立降雨径流水文模型。用于产流计算的模型方法有蓄水容量曲线法、单位线法、SCS 径流曲线法、线性水库法、径流系数法等。

（3）地表汇流模型

地表汇流模型用于计算径流在地表运动演进,并最终通过雨水口进入排水管网的过程。应采用水动力数值模型,具备实时模拟计算能力,河道水流采用一维水动力学模型,地表水流采用二维水动力学模型。

（4）管网汇流模型

管网汇流模型用于计算径流进入管网系统后的流动演进过程。应采用管网水力学模型模拟径流在管道的流动。

（5）内河河道排水模型

为了考虑内河水位对管道排水口的顶托作用导致的排水不畅,需要构建研究区域的内河河网排水模型,包括一维河道模型、泵站模型、闸门模型等。

（6）模型耦合集成

为了完整地反映城市暴雨内涝的物理规律,需要将地表产流模型、排水管网模型、内河河网模型等进行耦合集成,从而实现对排水管网水流漫溢到地表、地表积水回流管网、管道排水口受内河水位顶托排水不畅倒灌等整体城市内涝过程的准确数值模拟,并根据实际和给定降雨条件进行实时内涝演进计算。

（7）模型率定与验证

所有模型均需要提出率定和验证的方案方法,具备历史实测资料的区域应利用历史实测资料进行率定和验证;对于没有历史资料积累的区域,需要进行结果模拟,合理分析验证,提出可信的验证方案,并在本模型使用运行期内提供长期率定技术支持。

4）内涝和管线排水能力分析评估

内涝和管线排水能力分析评估分为三项主要内容,CBD 设计暴雨和设计洪水分析,淹没与排水过程模拟分析,内涝和排水能力综合风险评估。

（1）CBD 设计暴雨和设计洪水分析

基于收集到的气象、水文资料,分析 CBD 区域的暴雨内涝特征,根据有关规范分析设计暴雨过程,并推求不同重现期的设计洪水。设计暴雨和设计洪水的重现期应包括但不限于 1a（一年一遇）、2a（两年一遇）和 5a（五年一遇）暴雨内涝事件。

（2）淹没与排水过程模拟分析

以分析的设计暴雨和设计洪水过程结果作为边界条件,按照现状和规划期两种情景建立耦合模型,综合运用产流模型、汇流模型和管网水动力模型、河道洪水演进模型、闸泵调度模型、地表淹水漫溢模型,并且结合防汛应急除涝措施,运用模型分析区域内重要排水单元的实时水位、流量及可能发生淹水漫溢的地点。

（3）内涝淹没综合风险评估

利用淹没和排水过程模拟结果,对区域内不同防涝重要程度的设施进行不同情景下的淹没受灾情况综合分析,评估中央商务区整体抗涝排涝能力,为易涝区和重点防涝对象识别提供技术支撑。

5)成果应用

利用 GIS 将城市排水管网附属资源相关信息数据(如雨水及污水箅子、雨水及污水检查井、雨水及污水通风井、雨水及污水管线、硬地面积、绿化面积、建筑投影面积等)利用图层的形式单独或者叠加展现,便于城市管理者及时直观地了解、分析、判断相关业务情况,结合 GIS 的快速定位,可以更加便捷地处理各类业务,如图 4-57 所示。

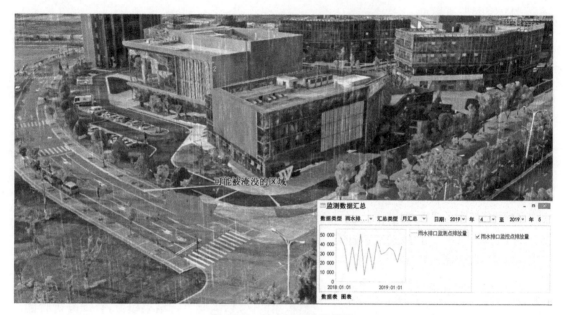

图 4-57　某大楼处内涝模拟

内涝分析模型在城市治理应用中,是与市政管线关系最密切的一类应用。其合理的使用,可以反馈到管线规划、泵站选址建设、绿地与路网的维护等多个方面,从而再对管线系统的合理维护和建设产生指导。通过这样的系统互动方式,使城市应急、工作巡检、市民服务、市政规划等形成有机的整体工作,而不是传统割裂的各自为政。

在未来城市数字化治理的过程中,基于整体城市运行数据的分析,也是极具吸引力的应用方向,尤其在 5G 大潮的推动下,结合强大的数据采集能力、芯片运算能力、人工智能分析等,必将为城市发展与管理提供更加直接精确的参照。

4.4　新金融示范区智慧园区系统

城市作为人力、资源、资本的积累和聚集中心,当经济效应影响力扩散时,能够对周围地区的经济起到带动作用,因此有必要积极利用城市的金融效应。在城市建设过程中,新金融示范区是 CBD 数字孪生城市建设的排头兵,是当前先进理念、方法和技术的集中示范区。建设新金融示范区智慧园区,将对城市金融建设起到重大作用,也为其他城市提供良好的带头示范作用。建设智慧园区为园区管理与入驻企业提供一体化服务,提升园区管理水平,主要包括三维展示平台、智慧运维管理和智慧运营服务三部分。

4.4.1 概述

1) 建设目标

基于园区的设备感知网络和底层云计算服务,开发建设各类平台服务,满足日常运维管理和决策服务的需要。以物联网平台为基础,接入各类设施的传感器,如空调、照明、会议、能耗、安防、绿色生态环境等,从多个维度进行日常运行监测与管理,实现全数据集中。通过将各类系统关联打通,支持从园区产业、园区资产、园区安防、园区招商、能耗监测、节能管理、大数据分析等多个维度进行日常运行监测与管理,以及突发事件的应急指挥调度管理,为用户提供多维一体的智能运营管理平台,为园区管理者提高园区运行效益以及园区管理效率提供数据决策支撑。

基于 GIS + BIM 支撑下的三维展示平台,以大数据可视化为形式,为管理者和参访嘉宾等集中展示园区运行的总体态势,如图 4-58 所示。

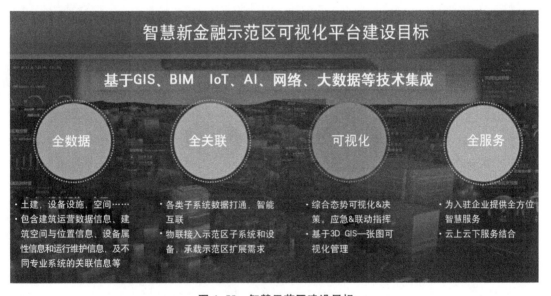

图 4-58 智慧示范区建设目标

运营服务部分以园区的各类云服务为支撑,让入驻企业通过 App、Web 无缝接入金融科技服务——金融科技区块链服务、金融科技软件云服务、融资服务、诚信服务、出海服务、一对一的现场软件支持和培训服务、创业孵化服务以及金融科技展示体验服务。为园区企业提供在线的政策政务服务、人力资源服务、金融服务、科技服务、企业认证服务、品牌推广服务。为企业用户提供公共资源预订、资源共享、物业报修、办公用品采购、第三方专业机构

（投融资、人力资源、财税、法律等）服务，实现企业监测，监测入驻企业经营情况、预防企业流失。

2）系统架构

系统总体架构包括平台应用层、支撑平台层和设备接入层三个层次，相互形成一个有机的整体。

平台应用层：最终面向管理者使用的功能会在应用系统层中设计和实现，提供标准的数据接口、服务调用 API 和交互界面，支撑应用层实现跨系统数据连通、多场景串联、智能应用及增值功能等，同时也通过平台本身的权限管理、接入管理、推送管理、状态监视、远端升级等功能，让用户更有效率地运营相关业务。

支撑平台层：即整个系统应用的支撑平台，包含物联网平台、位置引擎、3D GIS 及 BIM 数据融合支撑平台、智能视频分析、计费及支付能力、人脸识别、车牌识别、大数据分析、视频摘要、地图服务全要素融合等。

设备接入层：整个系统的数据来源基础。包括 BIM 模型数据、设备参数信息、设备运维信息、运维知识库等[157]、视频监控、能耗监测、楼宇自控、环境检测等数据，可调用设备商提供的数据访问接口。

4.4.2 GIS＋BIM 可视化平台

1）总体态势

通过 GIS、BIM 与虚拟仿真技术，构建统一地理坐标系和空间参考框架的新金融示范区基础可视化平台，对园区建筑、植被、市政设施、企业设施、管线、机电设备设施等三维建模，真实还原园区整体环境；同时，支持室内/室外、动态/静态、直接/间接、独立/关联等数据的集中展示，运用先进的信息可视化手段，加工、提炼出数据背后的隐含价值，实时反映示范区真实运行状态，包括三维综合显示各系统设备位置及状态数据，涵盖监控设备、门禁设备、能耗设备、楼宇设备、消防设备、人员定位、车辆、绿色生态等建筑设备、电气、弱电设备、各子系统的实时运行监控服务，以三维场景为依托，以三维智慧园区平台为核心，融合多个终端子系统，结合物联网及时实现园区智能化管理；一切为了用户，为园区企业、员工、物业提供方便快捷的办公环境，如图 4-59 所示。

2）园区大数据可视化

打通 CBD 新金融示范区各部门互联互通渠道，建立统一的数据存储总线，依托精细运营管理平台、集成服务平台和其他途径获取的业务数据，实现区域级产业运营的综合分析。其内容可包括空间运营分析、企业 360°视图、产业综合运行分析等，为金融示范区精准招商和优化运营提供决策支撑。

以三维电子沙盘的形式展示入驻企业，系统应能自动获取入驻企业的数据，并进行大数据分析，如图 4-60 所示，包括：

（1）园区经济贡献度：对园区的经济贡献分析，动态显示产值、税收的同比分析、环比分析，实现对目标完成率、历史排名、历年变化趋势的分析，能耗、员工数量等指标在园区的值

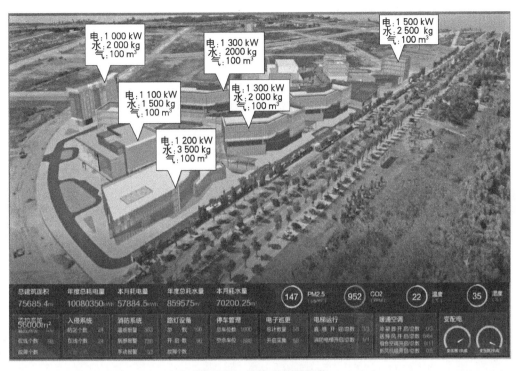

图 4-59　总体态势可视化

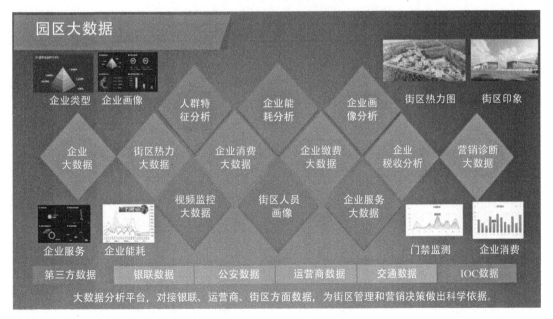

图 4-60　园区大数据

及所占的比例的分析。

　　（2）产业结构分析：对园区的产业结构分析主要是按照总收入统计不同技术领域的值

及所占的比例来分析产业的结构。

（3）经济指标分组统计：可以对整个园区按照工商注册类型、技术领域、重点企业进行分类统计，也可以先按照专业园区再按照工商注册类型、技术领域、重点企业进行分类统计企业的经济指标。

（4）用户画像：对用户进行全方位分析，抽象出相对应的标签，拟合成虚拟的画像，主要包含基本属性、社会属性、行为属性及心理属性。结合用户画像可针对不同用户类型采取个性化推荐、广告精准营销、辅助产品设计、细化运营等多方面营销手段。

（5）企业大数据：运用园区各种设备，例如智能摄像头、门禁对入驻企业的能源消耗、规模等多方面信息进行分析，得到企业的活跃度、企业人员密集度、企业人员活动频率等信息，并可将分析数据提供给招商经理制订针对性的招商计划。

（6）园区全景沙盘：全景沙盘可直观看到园区全景地图，并基于地图即时掌握空间经营、企业分布的大概运行情况。

（7）招商引资分析：以直观图报表展示园区招商动态、项目进度统计、项目进度汇报、招商绩效、项目报表信息。

（8）重点项目动态：显示重点项目进度报告、履约状态、建设进度，便于领导及时掌握进展状况，协调各方加快项目推进。

（9）服务效能分析：管理人员可以便捷地掌控区域的各类服务资源以及这些服务资源的使用情况，在线受理的效能和进度，可作为服务绩效考评依据。

（10）空间销控视图：以平面视图的方式，铺列显示物业项目位置及占用状态，以项目、楼宇、房间为要素，显示房屋基本信息（地址、可用面积、租赁状态、是否即将到期等）。

（11）企业分布统计：以饼状图形式显示园区企业性质的具体分布情况，如企业地块分布、企业数量分布、行业分布、规模分布、内外资分布等。

3）设备信息可视化

总体态势界面将新金融示范区各类资源整合于一体，集成安防、门禁、能源、消防、楼宇、会议、运维等系统，提供所有建筑设备、电气、弱电设备、各子系统的实时运行监控服务。基于总体态势的三维可视化管理大屏服务和基于移动定位技术的物业巡检智能派单服务，实现示范区三维可视化综合浏览展示，将巡检设备数据信息实时添加至 GIS + BIM 模型中，及时更新维护，紧急突发情况实时报警和应急预案的演示，并自动分派任务及时处理。

4）模型可视化

对示范区全景及局部进行 3D 综合展示，采用多样化的浏览模式，局部可以精确定位到各个构件，实现从室外到室内、从地上到地下的浏览，包括支持三维建筑模型、三维 GIS 模型、卫星影像、地形、地下管网等要素的显示。模型还能显示每栋建筑的概况、分楼层展示内部结构及设施、各分区功能、入住单位的情况、重点区域的监控画面、停车场的状况（车位的占用状态）、配电、照明、空调等设备等基本数据，部分故障设备的列表以及当天的天气状况等，第一时间向管理者传递整个新金融示范区项目的重点信息。

建筑物三维模型可分拆到楼层和房间,具体展示梁、柱、门、窗、隔断、管线、设备等。其中与设备相关的信息,包括设备三维模型,设备属性信息(包括设备的名称、型号、技术参数、生产厂家等),以及查看设备说明书、维修保养资料、供应商资料、应急处置预案、历史维护信息、安装信息等各种与设备相关的文件及信息资料。

用户可以查看复杂的地下管网,如给水管、污水管、排水管、消防水管、弱电综合管线、绿化喷灌、强弱电管线、电线以及相关管井,并且可以在模型上直接量取对象的空间位置关系,展示管线的实际拓扑图和模拟展示水的流动及流向。

室内室外一体化展示,室外 GIS 场景与室内 BIM 建筑场景能够无缝缩放、切换。

5) 运行状态可视化

运行状态可视化展示同时包含对示范区范围内的设备运行状态的实时展示,包括以下部分:

(1) 安防监测

实现智能识别、视频监控系统、门禁及通道闸、智慧消防、剩余电流检测、电气火灾安全监测能力的接入、统一管理、分析和运营;实现应急指挥调度,将各子示范区的消防系统接入平台,实现示范区消防"双保险",在应急的情况下,可以实现对各建筑的消防安全预警及调度。也可作为一项服务向各企业提供,能查看示范区内各个区域的实时视频和历史视频记录,当监测到黑名单人员或者越界人员时都会立即报警并将视频定位到异常处便于工作人员查看情况并及时处理。

(2) 智慧设施

实现智慧电梯、公共设施运维、智慧展厅、共享办公、智能会议、无人机房等的统一管理运营,并实现资产管理。

(3) 门禁监测

能实时查看示范区大门、会议室、楼道通道等门禁状态。

(4) 消防监测

能实时获取各类消防设备信息,发现异常情况立即报警,平台及时接收报警消息并处理,保障示范区的消防安全。

(5) 楼宇设备检测

能实时查看楼宇设备位置信息,并展示运行状态。包括:配电柜数据监测,电路运行状态,各支路负载,温度,电流、电压等信息的监测;对给排水(堵塞、水位、压力、流量监测)、送/排风机、水泵等设备的监测;电梯、暖通设备、消防设备等运行数据、故障、启停等数据的监测。

(6) 智能照明

在建筑模型中显示设备位置和状态,用图表显示各类信息。可显示灯具总数量、运行数量、各回路数量、开启回路数、告警回路数等信息。通过对接灯控平台,点击图标,可开关灯,控制亮度、控制室外景观照明等,同时可对照明设置控制模式,例如全开模式、全关模式、节能模式、会议室的投影模式等等。

（7）人员定位

通过手持设备，能实时展示工作人员的位置信息。分板块、分区域展示各系统设备相关统计数据，能实时、回放显示保安人员的巡检轨迹。

（8）智慧环境

显示环境质量（PM2.5、温度、湿度、CO_2、室内甲醛等有害气体）、水质水温、噪声情况、天气状况等；实时显示示范区污水处理系统的水质参数（流量、pH 值、COD、氨氮、总磷、总氮等），显示楼宇重点监测区域的上述各项信息以及不同时间单位的统计曲线；实现环境监测，通过智能传感获取室内外空气、污水监控和分析。

（9）网络可视化

基于现有网管软件，对关键业务系统、关键服务器、办公子网、设备网、物联网统一监控管理，以全网拓扑视角关注数据分析对关键业务的影响，监控关键业务节点运行、告警、流量等关键指标。

6）能耗管理可视化

能效管理平台可以将数据完全开放给大数据平台用于其他应用系统，包含采集数据、分析诊断结果等，同时也可以通过接口从大数据平台获取其他业务系统数据。

能效管理平台从逻辑上分为数据采集、数据处理、功能展现等部分。

数据采集：通过数据采集接口采集本平台需要的各种数据，包括监测数据、告警数据、环境数据、运营数据等，具体同子系统对接需要数据接入网关来实现。

数据处理：一方面用于接收采集程序采集到的各种数据并存储到数据库中，另一方面通过任务调度系统定期执行配置好的各种规则算法、预测算法、计算算法、通用算法对大数据进行处理分析，实现节能控制和超限报警，并将结果存入数据库中。

功能展现：将数据处理的结果通过各种功能界面展现给最终用户，同时也是用户配置各种算法的入口。

与大数据互通：节能平台需要从大数据中获取天气数据、人流信息、工作日历等所需的数据用于节能诊断和分析；大数据平台需要从节能平台获取用能概览、节能收益、节能报告等信息用于集中展示；节能平台将节能处理建议和故障处理建议传递给大数据平台，最终通过工单进行集中处理。

能效管理平台内部软件主要包括数据采集软件、数据库软件、平台软件和算法引擎等部分。

数据采集软件主要完成各种外部数据的定时采集功能，即将示范区各种计量仪表的计量数据、各种设备的运行监测数据、示范区环境及运营信息等通过接口采集并保存。

数据库软件主要是用来存储数据采集程序采集到的各种实时数据、用户通过平台录入的一些基本信息、平台上各种算法的运行结果数据等等。

平台软件是整个能效管理平台的人机交互接口，提供算法库管理、计算点配置、规则管理、能效诊断、模型管理、能源预测、能源计划、偏差管理、需求响应、用能监测、能源质量、用能分析、能流密度、基础数据、系统管理等诸多功能，其中基础数据模块包括示范区、建筑、楼层、入驻企业、部门、配电线路、设备系统、设备、工作日历、电价信息等多个可配置对象,而系统管理则提供了用户管理、权限管理、日志管理、参数管理等和整个系统相关的管理功能。

算法引擎主要是用于运行平台上的各种算法,平台将数据和算法传给算法引擎,算法引擎执行完成之后将结果返回给平台。

7) 绿色海绵园区可视化

通过基于 3D GIS、BIM 的三维模型和物联网,与相关雨量、流量、水质等环境检测信息联网。三维动态展示新金融示范区的绿色海绵城市建设运行情况,充分体现新金融示范区绿色海绵城市渗、透、蓄、滞、用、排的功能。

通过对水、土、气、噪声等生态环境监测的覆盖与感知,与环保的多部门信息归集共享,完善生态环境监测物联网体系,推动一体化的环保系统特色应用。

海绵园区建设主要包括四个部分:

一是雨污分流,展示通过增加道路透水面积、建设生态驳岸等方式植入海绵要素,增加地块滞、蓄水能力;全面引入雨水花园区、下凹式绿地、透水铺装、雨水回收调蓄池等海绵措施,全面提升调蓄能力。

二是展示全面采用绿色屋顶、透水铺装、雨水调蓄设施等措施,增加雨水利用率,控制径流总量。

三是展示海绵型公园区绿地建设。以低影响开发为理念,采用可渗透路面、微地形建设、水生植物净化、雨水利用等众多工艺做法,推进示范区海绵湿地等项目建设。

四是展示道路及其他基础设施方面利用透水铺装、雨水调蓄等手段,提高径流总量控制率及面源污染削减率。

4.4.3 智慧运维管理系统

新金融示范区的智慧运维管理系统可结合现场实际情况,整合 BIM 模型、施工资料、运维资料、设备信息、监控信息。在三维图形平台基础上,进行定制开发,实现基于 BIM 的可视化运维管理系统。

通过倾斜摄影等 3D GIS 场景构建手段,完成新金融示范区及周边的地形地貌的采集,并能融入 CBD 大场景中,坐标需无缝配准。倾斜摄影精度优于 2 cm,且对水面、玻璃幕墙进行精细优化。叠加室外所有的综合管线(给水、雨水、污水、绿化浇灌、消防水、强电管线、弱电线、移动、电信、联通、有线电视等)、路灯、景观灯、泛光照明、水景、LED 屏、绿化、建筑等 BIM 模型,实现三维倾斜摄影场景与建筑信息模型融合展示,室内外场景缩放无缝衔接,室内外一体化展示实现三维地形地貌建模(基地现况、现有设施或者现有设施内特定区域的现况,提供营运维护规划作业所需现况信息)。

利用 BIM 模型的数据承载和可视化 3D 空间展现能力,以 BIM 模型为载体,将各种零碎、分散的信息数据,包括建筑本身的基本信息、消防、强弱电、暖通、给水、排水、污水、安保、能耗、设施、设备、资产、隐蔽工程等,关联并支撑园区楼宇的日常运维管理,创造一个基于

BIM 的建筑空间与设备运维管理。同时结合互联网技术，以及 GIS 的宏观地理空间管理能力，将 BIM 的静态属性与互联网的实时信息相结合，叠加到 GIS 场景中，进一步拓展了平台的应用广度和深度。

1）物联网平台

（1）基于物联网的数字空间内核体现数字孪生运维

BIM 运维应用架构于物联网操作系统之上，且物联网操作系统内核应具备数字化空间概念，即提供所有关于数据的计算、存储、管理与分发，包括静态地理空间数据的格式规范、编码体系、数据管理、模型构建；动态物联设备数据、视频数据的系统对接、协议标准、数据上报、解析转换、分析清洗、逻辑流转、规则联动等服务。应用开发商、设备开发者可通过数字空间提供的可视化配置，实现简单易用的配置管理和规则联动，以微服务架构来设计分布式调用逻辑，基于简单、实用、灵活的理念，每一个服务拥有各自的某一端到端业务场景（功能）与数据（数据库），服务之间互相不共享，避免产生依赖或继承抽象的接口、服务、模块。

采用时空地理信息承载平台提供一个实时的、全方位的包括了地理信息、建筑内部信息、周边环境信息的基础应用环境，并支持三维地理信息系统与建筑信息模型、室外综合管线之间无缝和信息无损集成技术。该平台最大的特点是：三维地形与三维建筑的一体化、时间与空间的一体化、室内与室外的一体化、地面与地下的一体化，以及平台的可视、精细、开放、高效和通用等特色，保证了辅助决策指挥管理的各种应用，以及未来的扩展应用。

（2）通过物联网核心模块保障 BIM 运维平台的扩展性及效能

应利用物联网核心组件，包含数据解析模块、规则引擎模块、实时计算模块、逻辑引擎模块等，保障 BIM 运维平台的可扩展性及运行效能。其中数据解析模块是指通过适配模型，为物联设备的属性、服务、事件通信等建立协议或定义，物联网设备和服务器端需要按约定规则通信，实现适配模型转化，借由适配模型使得物联设备的接入变得简单方便；规则引擎通过对物联数据的解析、分发，使得数据能够更快速、方便地被相关应用系统进一步利用；实时计算应采用流式计算，即数据以大量、快速、时变的流形式持续到达，适用于数字孪生城市的 Web 应用、网络监控、传感监测等领域场景，告警、通知设备状态及传感器参数等在低延时的情况下与系统通信，使得系统高效地联动；逻辑引擎模块应实现将规则管理视图化，及规则的拖拽管理，只要在可视界面按照添加流程即可操作。提供一整套高效、易用的 API 服务，并配套简单易用的规则配置界面，能够被业务系统快速集成。

（3）基于物联网和移动互联技术的数据采集和智能控制

物联网传感涉及智能建筑各个部分的数据采集、空间定位、信息查询、统计分析、状态监测等，通过物联传感器和移动互联终端的数据交互、感知反馈，实现数据的采集、存储和分析，在 GIS + BIM 的三维室内外场景无缝集成的基础上，能够很方便地实现无线传感、实时监测和智能控制等各类应用，支持对设施设备运行状态、能耗异常状况的可视化自动诊断，对设备运行效率、故障问题及能耗异常问题给出诊断结果，并在超出给定阈值时能够自动控制。

2）应急安全管理

智慧安防包括安防管理、门禁管理、视频管理等功能。基于 GIS、BIM 安防监控模拟及盲区的分析，解决现有技术所存在的安防监控摄像头的位置部署不合理，或者被遮挡，导致在监控范围内出现盲区或重叠区现象的问题。安防管理利用 BIM 的三维可视化能力，展现所有监控系统的点位，显示设备的监控范围、角度，避免出现死角。智慧安防可通过远程云台的控制，对设备进行方向、焦距调整，聚焦追踪关键区域。

门禁管理功能可展示门禁设备在建筑中的位置，点击门禁模型展示该门禁的基本信息及通过记录，支持查看当日通过记录及历史通过记录，同时也支持反向查询，查看人员通过门禁的记录，还原人员在建筑内的移动过程[158]。

基于 BIM 技术的应急安全管理可杜绝盲区的出现。公共区域、建筑物内等作为人流聚集区域，突发事件的响应能力非常重要。传统突发事件的处理方式仅仅关注响应和救援，而运用 GIS、BIM 技术的运维管理对突发事件的管理包括预防、警报和处理。如遇消防事件，该管理系统可通过烟感探测器感应着火信息，在 BIM 信息模型界面中就会自动触发相应的摄像机，着火区域的三维位置立即进行定位显示，控制中心可及时查询相应周围环境和设备情况，为及时疏散人群和处理灾情提供重要信息[159]。

应急管理模块还包括了应急预案管理、应急综合指挥等功能。将物业部门设定好的各类应急预案输入至平台中，在三维模型中进行推演，帮助管理人员及用户熟悉应急疏散流程。在总控中心，管理人员可采用多屏联动的方式实现应急响应功能：通过集成烟感系统、安防报警系统等，在建筑出现突发事件的第一时间获得准确信息，将总控大屏切换至应急模式，展示报警的详细信息、对应类型的 3D GIS、BIM 三维应急疏散模拟过程、对应类型的应急预案的内容等，指导物业管理人员按照已制定的应急预案流程执行应急处理工作[158]。按照时间、空间、处理状态三个维度进行突发事件展现，支持时间轴回放，便于管理者了解事态进度，综合研判处理，为园区管理者实现园区治安管理、安全防范、突发公共安全事件控制等功能提供智能决策支持，如图 4-61 所示。

3）运维管理

通过整合 BIM 建筑模型、BIM 结构模型、BIM 机电模型、BIM 装饰模型、BIM 弱电模型、BIM 室外管网模型、BIM 室外景观模型、施工资料、运维资料、设备信息、监控信息、规范信息等图形及信息数据，形成运维管理的统一基础数据模型。利用 BIM 模型的三维可视化能力，以模型构件为载体，将各种零碎、分散、割裂的信息数据，包括建筑本身的基本信息、消防、强弱电、暖通、给水、排水、污水、厨房、安全保卫、能源、设施设备、资产、隐蔽工程等，进一步引入到楼宇的日常运维管理功能中，创造一个基于 BIM 模型的建筑空间与设备运维管理系统，如图 4-62 所示。

通过 BIM 管理系统应能使管理人员可以更直观、清晰地了解工程管理、实时在线数据、历史记录数据等相关信息。同时，在智能建筑的运营维护过程中，通过构件的长度、宽度、高度、时间、成本、设施等维度信息，结合建筑物全生命周期状态信息，对建筑的运维进行全面管理，最终实现智慧化的管理模式。

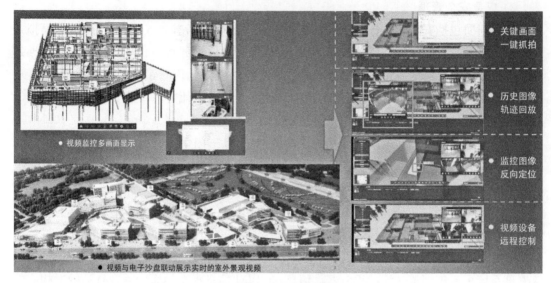

图 4-61　应急安全管理

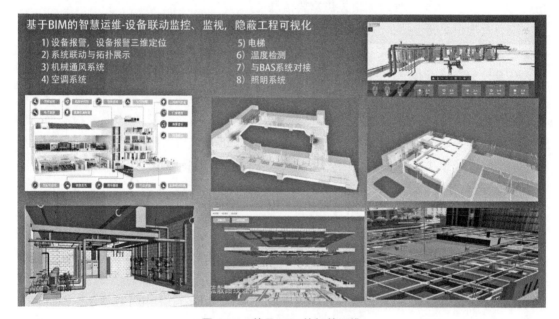

图 4-62　基于 BIM 的智慧运维

4）资料管理

资料管理可以对建筑全生命周期中产生的资料进行可视化管理，包括设施设备资料、隐蔽工程资料、设计图纸、施工图纸、竣工图纸、培训资料、操作规程等，资料信息基于数据库存储，提供增加、删除、修改及检索功能[160]，并能通过唯一标识与 BIM 进行关联，做到一一对应。运维系统可以根据设备快速地找到构建的图纸，实现三维 BIM 构建与二维 CAD 平面图等信息的关联。用户通过选择专业或输入关键字，可以快速检索和打开相关资料。

5) 设备维护与保养

园区在建设完成后,设备设施移交项目物业工程部负责日后维保工作。设备需要维保分类,并根据维保制度进行维保。在运维系统中制订计划,维保人员维保之后通过 App 或者 PC 端记录。维保计划细化到周,根据计划进行维保。

计划制定:根据用户筛选的设备分类,系统通过 BIM 的结构树自动解析相关设备信息,将需要维护保养的设备类型内置在系统中并且可以增加、删除管理,通过选择区域、维保方式和维保周期来制订维保计划,同类设备可配置多项维保内容。本年度维保计划可在往年计划的基础上进行修改保存,也可在原有计划的基础上再新增一项维保内容。

维保记录:有些设备维保内容比较细,维保工人直接按照内容打钩就可以完成;有些设备没有详细的维保内容,需要维保人员根据具体执行的维保内容填写维保记录。

6) 管网维修管理

在系统中完整地建立给水、雨水、污水、消防水、通风、空调冷媒管、冷凝水、绿化喷灌、强弱电管线、消防水池、雨水回收池、隔油池等专业的管道网络和 BIM 模型,尤其是地下或隐蔽工程部分的管网,采用 GIS 与 BIM 有机融合来三维展示,包括管网的布局,敷设的路由,水的流向,各类阀门、井、消火栓、水泵结合器、消防水箱、报警探测器、控制开关等前端设备的准确位置,建立各种管网控制开关的相互顺序和控制逻辑关系。在管网维修和故障处置中,提供快速定位,维修最佳路径和各种开关控制逻辑判断功能,帮助维修人员进行管网维修和故障处置[157]。

7) 隐蔽工程管理

基于 BIM 的智慧运维系统可以通过 GIS、BIM 竣工模型管理复杂的管线、桥架等以及相关管井、阀门井、手井、检修井,并且可以在模型上直接度量相互位置关系。改建二次装修的时候可以避开现有管网位置,便于管网维修、更换设备。通过数字化保存下来的记录,维保人员可以进行共享,有变化可以随时调整,保证信息的完整性和准确性。给设备赋予标准化编码,用于系统识别模型中构件的唯一性和所属类别,并与设备台账信息、设备物联数据建立唯一映射关系。在漫游场景沉浸式体验、浏览建筑内设施设备时,可同时显示模型及其维保记录信息,显示隐蔽工程。通过连接物联设备,可导入实时物联数据、台账数据及其他全生命周期设备信息。隐蔽工程数据需要从施工阶段开始积累,通过审核交付照片、影像资料的管理要求来确保运维阶段的隐蔽工程数据完整、真实。

8) 能耗管理

将建筑中各类传感器、探测器、仪表等测量信息与 BIM 模型构件相关联,可直观展示获取到的能耗数据(水、电、燃气等)及监控信息,依靠 BIM 模型可按照区域进行统计分析,更直观地发现能耗数据异常区域,能对异常能源使用情况进行警告或者标识。比如各区域,楼层、楼、租户、室外景观每日、周、月、季、年用水电的能耗情况等。通过设置控制值来自动监控能耗情况,一旦超过报警值会第一时间推送消息通知管理人员进行危险排查。

通过能耗管理系统采集各种建筑能耗数据,采用物联网等远程传输手段,及时采集分析能耗数据,通过对能耗的实时动态监测、报警显示、历史数据归档,以及对能耗统计与能耗审计等基本信息进行大数据分析,进行相关的节能控制,包括空调节能控制、燃气热泵节能控制,照明节能控制等各类用电设备的节能控制。

9) 空间管理

为了有效管理建筑空间,保证空间的利用率,可利用 BIM 建立一个可视三维电子沙盘,所有数据和信息可以从模型里面调用,主要包括空间分配、空间出租情况、人流管理、仓储空闲位置情况等,如二次装修的时候,哪里有管线,哪里是承重墙不能拆除,这些在 BIM 模型中一目了然;在 BIM 模型中还可以看到不同区域属于哪些租户,以及这些租户的详细信息;查看空间时也能校核空间关联的业务数据,如维修记录等。

10) 消防管理

通过 BIM 模型,能展示所有消防报警的布点情况,当发生火警时,可以与该区域的摄像机同步,显示报警点的实时图像,强制弹出窗口,以三维方式自动定位火警位置、显示报警信息,高亮显示出关联防火分区的区域范围,并能同时显示相关的逃生通道的视频,为消防救援提供数据支撑。如果消防联动出现问题或故障,应能手动打开所有的门禁、防火门,切断非消防电源等,满足消防规范的要求。日常时间可以推送消防知识、进行消防考核,如利用系统漫游模拟发生危险时逃生路线的训练。

11) 停车管理

通过 BIM 和 GIS 相结合,对停车场中的车位使用数量进行实时展示,具体包括车位总数、闲余数量等内容,对于要满员或已满员的停车场进行提醒,并采用不同的颜色(如深黄、浅黄)对将要满员或已满员的停车场进行标识,通过模型可以调取车辆的进出信息,具体包括但不限于:进入时间、车型、车牌号等信息。

在车位模型上可模拟车辆展示车位是否有车辆停靠,查看车位停靠车辆的车牌和车位号以及停放的时间、停放时截图等信息。通过车位或车牌搜索功能可定位到车位所在位置。可叠加显示停车场所有摄像头,可调用车位附近摄像头察看现场实时视频画面。

4.4.4 智慧园区运营系统

以信息化为核心的智慧园区运营涉及众多部门之间的业务协同和重点系统之间的互操作,设立一个独立的运营信息化平台,全面集成、实时监控内部各系统,跨部门、跨行业、综合协调和管理,实现业务流程信息化、设备设施智能化、工作环境人性化、生活环境舒适化。

智慧园区运营系统能够实现园区管理智慧化,实时监测园区运行状况;统一管理和分析园区数据,推动商家间的分工协作、优势互补,各种业态的相互匹配;整合园区产品和服务,实现园区与园区内部消费的融合发展;智慧化获取数据,实现园区相关实时数据自动获取,促进园区内信息的共享与流动,为园区的人员和企业提供主动式、智能化、个性化的信息服务;提供智慧化公共服务,整合园区及周边的便民公共设施信息和服务资源,建设智慧园区便民和公共服务平台。

建立示范区招商平台,梳理、整合示范区资源,建设服务招商宏观政策法规动态、产业舆情动态、企业精准画像、招商数据库等,实现示范区精准招商一张图,为示范区精准招商引资工作的展开提供有力支持。实现大数据分析平台,对接银联、运营商、园区方面数据,为行业监管和营销决策做出科学依据。

实现产业服务,提供 IT 服务、政策政务服务、人力资源服务、金融服务、科技服务等;实现企业监测,监测入驻企业经营情况,预防企业流失,主动发现企业存在的困难并提供帮助等;实现公众服务,通过 App(iOS/Android)、微信小程序、公众号的便民途径提供服务接口。

1) 用户端服务

(1) 园区外宣:主要包含园区动态、园区政策、投资环境三个栏目,是园区对外宣传的门户网站。

① 园区动态:园区发布相关新闻、通知公告的信息发布渠道。

② 园区政策:展示政府发布的工商、税务、扶持、政策性风险分析、投资链风险分析等方面的政策,供消费者和企业随时关注查看与自身相关的各类政策。

③ 投资环境:主要介绍园区范围内大的产业导向,园区所处的地理位置和周边交通情况,以及园区及周边所提供的配套服务和优惠政策。

④ 商机预报:通过宣传引流平台及其他渠道获取商机线索,招商人员可以将最新获取的各种商机线索进行上报,并填写已知的商机信息。这些上报的商机经过汇总以后,会形成统一的商机预报库,招商经理可以对这些预报的商机线索进行查看和分析。

(2) 招商运营——全场景招商引流与服务运营管理:集成园区项目规划、项目建筑、楼层、企业、资源配套数据,通过三维场景展示园区的产业定位、区域功能划分、招商优势、优惠政策、园区规划、建筑分布、企业分布、资源配套、政策优惠等信息,帮助招商人员及意向入驻企业快速、直观、全面地了解与掌握园区情况,让更多的社会企业关注园区,起到招商引资、品牌宣传推广、促进区域招商的作用,有效提升招商工作的效率,扩大招商成果。

(3) 招商项目管理:针对园区的各类招商项目,提供多轮洽谈跟踪直至签约落地的项目管理闭环功能支撑。其主要功能包括:项目跟踪登记、项目状态转换、项目搁置、空间预定、项目分配、周报、部门项目管理等。

(4) 全方位业务管控:运营管理平台的目标为构建园区精细化的在线运营管理机制,实现对创新平台、众创空间、办公场地、企业人才等多条线的全方位业务管控。建立工作流、业务流统一,领导集中掌控、各业务部门独立管理的运营管理网络,实现招商、客户管理、公共服务运营等共性业务的系统支撑、工作协同、高效管理,在实现园区基础运营标准化的同时,满足园区个性化发展的需求。

(5) 企业认证:通过平台提供更好的园区管理和更高的服务质量,建立相应的企业认证审核流程,对企业进行审核认证。

(6) 咨询服务:为消费者和企业提供法律咨询、人力资源咨询以及管理咨询等相关的咨询服务。

(7) 预约服务:针对园区的物业项目、楼宇、房源、会议室、工位等,提供统一的统筹管理。众创空间还可以对工位基本信息进行管理。提供线上预约服务,例如会议室、报告厅等场所的选择、预定、缴费、开票等一系列线上服务。

（8）金融服务：为消费者和企业提供在线缴费服务，例如园区物业费、房屋租赁费、水电燃气等能源缴费，并开具电子发票。

（9）电子钱包/园区一卡通：电子钱包支持线上/线下支付、提现、结算对账等功能服务，使个人与商家之间、商家与园区之间结算对账更快捷便利。

（10）品牌推广：通过对园区主要网站、微博、微信的访问量、阅读量、停留时间、百度搜索的热度和次数，以及针对园区关键词的舆情监控等数据进行统计，对实时数据和历史服务记录数据进行分析，实现园区舆情监控，收集整理园区存在的问题及对园区提出的意见建议，为提高园区服务水平、管理水平提供支撑，为园区品牌推广提供战略路线。

2）运营服务

（1）企业运营要求

提供客户信息管理、客户分配、自定义报表查询导出等功能。将各类园区所重点关注的内容进行全面梳理，基于产品构建完善的企业信息标签体系，涵盖多种企业信息字段，并支持按不同标签的自定义报表生成及导出功能。

具体包括：

① 客户档案

可以管理企业基本信息、工商税务信息、联系人信息、股权信息、融资信息、市场与客户信息、知识产权信息、产品及服务信息、人力资源信息、经营信息、项目申报信息、商业模式信息、资质荣誉、开增票信息，以及其他信息，可以登记新客户，支持有效客户进行迁出登记。

② 自定义标签

支持对企业快速贴标签，如挂靠企业、实地入驻企业、中介服务企业、大学生创业、留学人员创业、大学教师创业、一般纳税人、小规模纳税人、高新技术企业、毕业企业、在园区企业、在孵企业等等；可按照行业类型检索，也可按实地入驻、挂靠等入驻状态检索。

③ 客户分配

针对未分配的客户可以分配服务人员（支持批量分配），定期安排跟踪拜访，逐步完善企业信息；可以查询到所有已分配过客服人员的客户信息。

④ 自定义查询导出

基于关键字、所在物业项目、所在楼宇、行业类型、入驻状态等，为园区提供可自定义式的客户综合查询及结果报表的导出功能。

⑤ 销控视图管理

结合指标统计、平面视图等形式，为企业提供招商和资产经营相关的销控支持，包括：以平面视图/3D BIM 的方式，铺列显示物业项目位置及占用状态，以项目/楼宇/房间为要素，显示房屋基本信息（地址/可用面积/租赁状态/是否即将到期）。

（2）空间管理要求

支持对园区的物业项目、楼宇、房源、会议室、工位等空间信息的动态变更，并提供统一的管理功能。空间管理应基于 BIM 完成如下功能：

① 楼宇管理

支持对每个物业项目下的所有楼宇进行统筹管理；可以查看每个楼宇的计费面积，房间/工位的出租情况（包括已租面积、剩余面积、出租率、已租套数等）。

② 房源管理

支持对每个楼宇的房间进行管理，如房间的预测面积、实测面积、计费面积、标准单价、最低单价等。

③ 工位管理

对工位所在房间进行基本信息管理，支持批量生成工位。

(3) 会员运营要求

以移动终端为主提供用户终端，包括 App、微信小程序等常见移动终端。管理后台须提供数据记录、统计、分析等功能，基于商业智能辅助运营。

① 积分商城

提供针对各类会员积分的管理功能，可根据实际需要，设定会员积分的增减和奖励条件；用户微信端以商城的形式，展示会员可兑换的礼品以及礼品的兑换积分值。

a. 积分规则

提供针对各类会员积分的管理功能，园区可根据实际需要，设定会员积分的增减和奖励条件；

b. 积分兑换

用户微信端以商城的形式，展示会员可兑换的礼品以及礼品的兑换积分值。

② 会员中心

a. 会员注册

为园区提供所有注册用户的管理功能，显示各类用户的分类列表，并提供企业类会员用户的认证申请审核。提供针对各类会员积分的管理功能，园区可根据实际需要，设定会员积分的增减和奖励条件，支持微信一键注册登录。

b. 电子会员卡

提供会员注册、登录、电子会员卡、会员资料、我的积分、会员权益介绍、我的券包、我的订单、我的活动报名、我的收藏、我的积分兑换、我的消息等功能应用。

c. 会员推广

支持老会员用户在朋友圈分享会员推荐二维码，朋友注册成为会员之后，系统会自动记录新注册会员的推荐人，老会员用户可以获得相应的奖励。

d. 缴费服务

通过手机可进行各项示范区服务的缴费，如物业费、停车费、餐费等。支付形式包括NFC、支付宝、微信等。

(4) 第三方服务集市（电商平台）

服务集市主要是建立以企业、人才为核心服务对象，集聚政府服务资源、园区服务资源和社会服务资源，逐步实现生产性服务、生活性服务相融合的综合服务集市，主要涵盖了创业投资、职业发展、创新交流、科技金融、生活配套等服务功能。通过接受第三方服务机构(包括金融机构、会计师事务所、律师事务所、证券公司等)申请,在平台上发布其相关服务信息,为园区企业提供财会、融资、法律、知识产权等方面的专业服务。

(5)智慧停车

① 车位预定

顾客通过手机查询车场内部各个区域的忙闲情况,剩余空车位数量,顾客入场前可以避开拥堵,提高停车效率,减少管理成本。

② 智慧停车

支持手机反向寻车功能,用户可以通过手机实时查看自己车停放的位置,支持地图反向寻车路径规划导航功能。

(6)热门活动

① 活动检索

用户可以通过关键字来搜索对应的活动内容。

② 活动报名

以图文结合的方式展示活动的内容、时间、地点等相关信息,用户可通过活动标签来进行视图切换,例如最新发布、热门点击、最多参与、活动时间等。对于有兴趣参与活动的微平台会员,可在线报名参与活动。同时支持在线取消报名。

③ 扫码签到

用户在活动现场可扫描活动二维码进行现场签到。

④ 活动分享

活动发起者可添加活动内容并设置活动报名人数限制等配置项,查看所有活动报名者的信息,支持对活动进行审核,用户可将活动帖分享至QQ、微信等平台。

⑤ 活动收藏

用户可以对自己感兴趣的活动进行收藏并查看。

(7)手机一卡通要求

① 支付

打造园区一卡通电子钱包,园区生活消费线上一卡通行。

园区内的生活、工作、消费、娱乐、健康支付场景在平台得以建立。

机构及商家结算对账更方便,分账更明晰。

② 门禁

通过手机与门禁关联,替代实体门禁卡。

3)管理端服务

(1)企业管理—统计决策:通过电子沙盘来统计园区内所有企业的数量、对企业进行多维度分类,并对税收、产值、收入、进出口总额、利润总额、经营效益分析等指标进行统计分析和展示,将企业中现有的数据进行有效的整合,快速准确地提供分析报表并提出决策依据,帮助企业做出明智的业务经营决策。

（2）园区管理—微信小程序：分为用户端小程序、商户端小程序两部分。

① 用户端小程序：园区内用户可通过微信用户小程序了解到例如当前园区内剩余停车位、餐厅热门时间段人流量等情况，并可参与会员活动，例如积分累计、积分兑换、会员限时秒杀等推广活动。

② 商户端小程序：商户小程序可以实现为商家发布广告，停车券的管理和发放，以及商家与园区直接的结算管理等内容。

③ 园区企业—企业管理：对在园区内认证过的企业的基本信息进行管理。

④ 运营管理：可以通过运营后台对消费者业务平台、政府/企业管理平台进行管理，获取园区内的企业运营指标总览，进行系统分析，并发布相关的分析报告。

4）人员分析

通过园区的传感定位设备数据、互联网数据、人员终端数据等多源数据，生成基于 BIM 的三维人员热力图，精细度至少达到按楼层显示，热力图更新频率与多源数据更新频率同步，能够与可视化平台适配。至少能对各类活动、体验中心参观人员进行数据统计分析，累计一定数据后可进行园区分布预测，该能力可通过自我学习机制不断优化。

通过 AI 视频分析、Wi-Fi 定位网关、微信探针上报等手段获取实时客流数据，在可视化平台上通过 GIS/BIM 显示指定区域的人员数量及绘制客流热力图，当区域内的客流量超过阈值时会在可视化平台上发布预警。

统计进出示范区及示范区域内各建筑、各楼层的人员数量，包括每分钟进出数量，全天进出数量，当前示范区内人数。根据人流量及报警处理情况按日报、月报、季度报表及年度报表的形式生成客流量统计报表、报警报表，也可通过任意时间段进行查询。

（1）人流热力图：了解区域人群的实时数量和分布情况。

通过对用户的定位数据分析，提供指定区域内的实时、分时、任意时刻的热力图展示，可查看指定区域内的人流聚集情况。

（2）人流预警：建立区域人流量预警体系，当人流量超出阈值时发出预警。

通过热力图，可以预先针对指定区域设定人流量预警。在人流量达到预警阈值时，自动触发系统通过短信的方式向指定管理员进行短信告警提醒。

（3）电子围栏：划定监控区域范围。

支持以手动框选的方式划定需要监控的电子围栏区域范围，提供辖区内指定范围的实时人群和热力展示。

第 5 章
数字孪生城市管理集成

数字孪生技术的应用使得城市的建设途径、治理手段发生了翻天覆地的变化,由依赖经验的城市管理逐渐向城市泛在感知数字化管理方向升级,城市管理者有望打破"信息孤岛"困境,通过数据获取、知识发现、态势认知来打通城市神经系统,及时获取城市自然资源、交通资源、市政资源、电力资源、燃气资源、路灯资源、消防资源、通信资源等一系列信息,并将其在信息维度上升级为虚实交融的格局,从而便于预判与及时解决城市问题。

建设数字孪生城市的未来智慧城市管理中心是对国家实施新型智慧城市行动号召的响应,管理中心的建设能够推进"万物感知、万物互联、万物智能"的数字孪生城市的发展,完成对传统条块化智慧城市建设管理的颠覆,扩大城市的精细化管理,提高城市健康运行与快速响应效率。随着新基建的大规模推进,数字孪生城市的建设成本将大大降低,为数字孪生城市虚实交互提供基础支撑环境,数字孪生城市的精准映射从主要依靠物联网扩展到新基建的全部领域,包括5G、物联网、边缘计算、数据中心,市政设施、行业设施和公共服务设施的智能化,实现万物互联和智能定义一切。本章将介绍智慧城市管理中心的建设背景、目标、原则等基本信息和系统架构,对主要功能模块进行分析,并在此基础上提出了几类典型应用。

5.1 概述

5.1.1 建设背景

数字孪生城市指挥中心的运营管理涉及多个业务部门,各部门在自身的发展过程中都逐步建设和开发了大量的信息化系统,积累了丰富的数据,但都是单独管理,处于各自为政、条块分割、烟囱林立、信息孤岛的状态,而且业务流程、管理模式存在差异,由于各信息化系统建设厂商的平台架构、技术路线、遵循的技术标准都各不相同,导致系统的建设管理、运行维护、信息共享等方面都存在较多问题,具体表现在:

(1) 系统分开建设,基础数据各自维护,存在数据重叠或不一致的情况。

(2) 标准规范不一,系统分散运行维护,且缺乏标准及规范的指导,不利于控制成本。

(3) 数据共享分析难,不同业务部门调取数据困难,协调层级多,不同系统之间数据共享困难。

以城市运行中经常遇到的水管爆裂事件为例,2011 年 8 月 29 日上午 8 时 43 分,广州东风西路自来水管自然爆漏,由于出事地段地下管线情况复杂:有两条污水管、一条煤气管、一条 22 万伏电缆和两条 11 万伏电缆等市政设施,涉及道路、水务、消防、交通等多个业务部门,因此供水管的爆管维修难度较大。截至第二天凌晨 4 时,有关的抢修工作才完成。因此,统一指挥调度、协同开展工作就显得非常重要,事件处置的效率直接关系经济损失程度。

在此背景下,本着共建、共享、共用的原则,依据标准规范统一建设,针对不同的应用场景,统筹感知体系建设,统一采集汇聚,实现城市动态数据整合与共享,形成全域覆盖、动静结合、三维立体的规范化、智能化、全连接的感知布局,对现有市政综合业务的设备、数据、应用系统等资源进行整合,实现物理城市到数字城市的精准映射,最终达到智慧城市运营管理水平的整体跃升[27]。

基于 GIS、BIM、CIM、AI、大数据、IoT 等技术的数字孪生城市平台建设,提升燃气、电力、交通、规划、消防应急、管廊监控、内涝分析、综合执法等运营服务效率,对这些业务场景重新进行梳理和优化,对基础设施、环境设施、潜在危险设施的状态进行监测预警,并在监测预警的基础上进行对外发布,建立一个集监控、调度、指挥于一体的综合指挥中心及配套可视化系统,由各业务单位指派专人共同参与指挥中心的日常运营、协同工作,管理者在指挥中心即可总览全局,协调各方,减少信息获取及沟通协调的层级,使管理层级扁平化、管理路径垂直化,通过信息化手段缩短反应时间,提高整体反应能力,进一步加快"指挥棒"的传递速度,提高决策效率,保障整个城市相关系统的高效运行。

5.1.2　建设目标

数字孪生城市是对传统条块化智慧城市建设方式的颠覆,对真实世界的一花一草、一人一物等要素数字化,实现物理世界和网络线上的虚拟世界虚实对应的格局。依据物理城市骨架按需创建数字模型,利用云计算、大数据、人工智能等技术[84],数字孪生城市不仅具有数据涌动、知识发现、实时诊断、智能辨识、态势认知等城市多元数据分析的基本能力,还具有模拟仿真、深度学习、自我决策等更高级能力,而且更重要的是,必须具备反向控制城市智能化设施和相关主体(如人、车)的能力,使城市自然资源、道路资源、管线资源、燃气资源、电力资源、医疗资源、政务资源、警力资源、交通资源等得以及时调配,事件得以快速处置。

国家政策层面提出实施新型智慧城市行动,推进大城市精细化管理,城市运行一网统管,支撑城市智慧、高效运行和突发事件快速、智能响应。

坚持数字孪生城市发展理念,支撑孪生城市要素数字化和虚拟化、城市运行状态实时化和可视化、城市管理决策协同化和智能化[86]。构建城市"一网统管"的治理体系,统筹精细化管理,充分结合新区新兴产业,创新研发服务城市治理的特色应用,探索建立以城市数据要素为基础的数据共享与交换机制,促进数字经济发展。

数字孪生城市运营管理中心,以"万物感知、万物互联、万物智能"为特征的城市信息模型为关键技术建设数字孪生城市,全面推动海量数据的跨领域融合应用,构建安全、有序的数据开放生态,充分释放数据资源价值,打造融合城市规划建设、城市运行、城市灾害预警、应急管理、公共服务等功能的一体化智慧城市全景式管理服务,推动城市运转的全面数字化、智能化,让城市居民生活更舒适、更方便。

5.1.3 建设原则

通过数字孪生技术,城市治理手段正向泛在感知数字化升级,以感知、连接和计算三大能力为主线,推动基础设施智能化升级,丰富城市治理手段。构筑一套完善的物联网体系,统一综合治理基础数据规范;构筑一套城市管理交换专网,实现互通共享;构建城市治理数字孪生中枢,通过城市数据中心提供大数据和 AI 等技术;建设综合指挥中心,实现城市横向到边,纵向到底的一体化指挥体系。形成从大脑到中枢神经到末梢神经的城市神经系统,打造支撑未来城市数字化转型的智能体系。

1)共建

城市治理建设应结合各领域和部门实际需求,利用大数据、分布式计算、数据可视化等先进技术,对城市资源进行整合,建立统一的城市数据中心。在数据层面,共建城市一张底图,实现城市的全域 3D 建模。在资源和数据集中的基础上,还将建立一个由各业务部室参与运营,集监控、调度、指挥于一体的城市综合指挥中心及配套大屏可视化系统,增强决策应变和应急指挥的能力。统一设计、统一标准、统一网络、统一数据平台、统一建设、统一管理,必将会带来城市管理效率的大幅跃升。

2)共享

数字孪生城市综合指挥中心应建设一套超高分辨率大屏幕可视化系统,系统支持多方按照职责权限分工共享并行操作,各席位可以局部控制,任何局部操作不会对全局产生影响,也不影响整体展示效果,同时系统也能接受统一控制,实现统与分的灵活控制。通过大数据统一平台建设,使得城市治理参与的各单位能够统一协调,信息化建设目标统一,实现资源集约化和高利用率,提升城市治理建设投入的综合价值。

3)共用

数字孪生城市综合指挥中心不仅仅是个秀场,它更是一个不间断、全天候的监控、调度和指挥中心,实现"一屏观天下,一网管全城",通过综合指挥中心的建设,更好更快更优地调动各方资源,协调各方力量,提升管理效率,降低运营成本。同时作为市政职能的中枢机构,指挥中心兼顾了领导视察指导的需求,是集行政服务、指挥控制、对外展示等为一体的多功能城市馆。

5.1.4 需求分析

数字孪生是城市信息化的新高度,以全域数字化标识和一体化感知检测为数字孪生基础,以全域全景的数据资源、高性能的协同计算、深度学习的机器智能平台为城市信息中枢,以数字孪生模型平台为城市运行信息集成展示载体,大数据技术将整合分析跨地域、跨行业、跨部门的海量数据,使城市建设从"家底摸不清"转向"精准管理""科学治理",形成一个跨领域的技术融合、集成驱动的创新、自我优化的智能运行模式和集成大平台。为智慧城市建设管理提供强大的决策分析,实现城市转型发展,提高整个城市的综合竞争实力。[2,161]。

1) 用户需求分析

(1) 城市管理者的需求

掌握城市规划、建设、运行、运维、绿色生态的综合状态,了解城市规划的合理性、工程建设的进展、综合市政的运行风险和问题;接收运行中心定期或者不定期发布的城市综合运行辅助决策信息,使用平台的各功能获取决策所需的数据和分析结果;当发生突发事件时,运行中心能作为总指挥中心进行重大问题处置、调度和指挥。

① 运行态势全局掌控:通过全面覆盖的物联网基础设施和智能化的视频监控体系,实现城市运行状况自动感知,以高度可视化的方式实时展示城市运行体征数据,展示城市运行全貌。

② 各类事件协同处置:健全日常治理及突发事件处置体系,构建具有监控预警、指挥调度、部门联动等功能的城市突发事件处置平台,实现日常治理的协同和紧急状态的联动。运营管理平台可以提供 3D 电子沙盘、实时态势、联动指挥等功能。

③ 风险隐患科学预防:根据预先设定的城市运行综合指标,对城市运行过程中收集到的信息进行实时分析比对,提前预知城市运行中的各项风险,减少事故发生率。

④ 城市发展智慧决策:依托城市运行中收集到的各类数据,针对城市治理的重点领域和市民关注的热点问题进行专题分析,为重大政策制定和政府决策提供依据。

(2) 各主管部门的需求

根据业务需要,从运营管理平台获取综合规划、建设、市政、交通、路灯、建筑、消防救灾、管廊、内涝分析、综合执法、运维、绿色生态等业务办理和管理方面的数据、动态信息;同时接收运营管理平台在城市事件处置过程中的任务和指令,并对执行情况进行反馈。

① 数据共享与专题问题分析:基于平台决策分析能力和大数据资源,使用专业算法和分析模型,辅助各入驻单位进行专题问题分析。

② 多部门联合行动的巡检和协同指挥:基于 3D GIS、BIM 模型、把多部门的相关数据、视频融合到一个界面上,实时接收、执行通过运营管理平台分配的任务,跟踪并反馈任务执行状态,综合展示实时态势,提高联动指挥、综合协调的能力,实现多部门联合行动的协调指挥。

③ 统一指挥中心:对于城市的重大专题会议,基于运营指挥大屏和中屏能力,利用大数据资源和数据分析及呈现能力为会议提供数据支持。

(3) 运营管理平台值班人员的需求

① 预警和应急事件处理:监控预警信息和应急事故的发生,根据预警和事件等级进行发布和处理,对于重大预警和安全事件,立即启动应急预案。

② 大型任务的跟踪协调:实时监控大型任务的进展情况,汇总各相关部门信息,协调各相关部门资源,及时向领导汇报。

③ 参观接待:根据不同的参观需求,选择相应的大屏主题,由讲解人员按照事先编排的预案进行讲解。

（4）专题研究人员的需求

依托系统和平台，进行分析研究，对城市的规划方案、交通方案、工程项目建设、城市运行、排水、内涝信息、消防救灾、城管执法、公共交通等数据、信息及相关分析结果信息进行多种提取、查询、组合以及综合汇总分析研究；及时增加和调整各类城市运行分析模型，以适应城市快速发展的需求；把最新的城市运行决策结果提供给领导，以支撑辅助决策的需要；同时针对各类风险制定相关预案；业务处置过程中，要更快、更全面地掌握业务动态，特别是处理突发事件时能够获取实时信息支持，比如地理定位信息和实时视频信息。

2）平台功能需求分析

技术层面，通过数字孪生城市模型平台，聚合多源数据、算法、各类技术能力和工具集，构成强大的能力中台，为应用场景提供开放赋能服务。平台下层是城市公共数字底座，以其强大的感知、传输、计算、控制和智能化能力，重塑城市数字基因，营造智能运行环境，支撑数字孪生城市虚实交互、精准映射。

业务层面，通过建立城市大脑的协同平台，对接城市管理、生态治理、交通治理、市场监管、应急管理、公共安全等不同领域系统，以重大事件和特殊场景需求为驱动，以数字孪生城市模型平台为基础，制定全域一体的闭环流程和处置预案，按需调用相关子系统业务能力，从而实现城市治理的协同联动和一网统管。城市大脑是城市治理的主要载体，数字孪生城市平台是城市大脑的核心平台，以此为依托，面向未来启动基于数据驱动的城市治理和城市运营。

具体主要表现为：

（1）具备城市大数据治理能力，整合各业务系统的"烟囱"数据，实现"万物感知、万物互联、万物智能"。

数字孪生城市指挥中心智慧运营管理平台包括了城市规划方案、交通、隧道、项目建设、综合市政、管廊、运维、绿色生态、城市运行等信息，是所有城区垂直业务之上的集大成者，运营管理平台需要整合整个城市的各类相关数据，因此运营管理平台的基础是城市大数据治理平台。所谓城市大数据治理平台，并不仅仅是通用的大数据存储计算系统（Hadoop、Spark等），通用大数据存储和计算系统是城市大数据治理平台的一个技术支撑，城市大数据治理平台需要管理城市大数据的各个方面，包括数据获取、数据清洗、数据整合、数据存储、数据建模、数据计算、数据维护、数据运营等。

城市大数据治理平台不仅仅是运营管理平台的核心平台，也可以对整个数字孪生城市体系的其他业务系统提供数据相关服务，可以作为智慧城市系统架构中的大数据管理。

（2）具备基于三维 GIS 等进行数据展示的能力，实时、全面、形象地呈现城市运行态势。

城市运行和城市治理是基于城市各要素之上的，而城市各要素数据基本都可以基于三维的 GIS 与 BIM 融合系统进行表达。作为智慧城市体系的总体仪表盘，运营管理平台需要能够对城市运行和城市治理的各项数据指标进行实时的、全面的、直观的形象展示，因此，需要规划建设基于三维 GIS 与 BIM 的数据展示系统。

基于三维 GIS 与 BIM 融合的数据展示系统需要能够提供展示数据的格式标准，通过标准米使得系统各功能模块之间实现松耦合和可复制。基于三维 GIS 与 BIM 融合的数据展示系统应该提供对展示指标的下钻支持,以最直观的形式支持用户对各专题指标数据"从上到下"和"自下而上"的探索。

基于三维 GIS 与 BIM 融合的数据展示系统不仅仅是运营管理平台的核心平台,也可以对智慧城市体系的其他业务系统提供数据展示服务,可以作为智慧城市系统架构中的数据展示。

(3) 具备支持数据挖掘的能力,为城市管理决策增添数据支持。

建设城市大数据分析能力,以海量跨业务部门数据为基础,以大数据挖掘分析为手段,以城市规划、城市建设、城市交通、城市市政、城市运维、决策支撑、发展评估等业务需求为导向,对城市规划、建设、运行、发展等各个环节进行数据分析,形成相关主题数据库和事件预案库,对城市发展筹划、重大事务决策、重大事件处置提供以数据为驱动的知识情报支撑。

决策分析,是指为城市管理决策提供基于专业视角的大数据分析的支持。决策分析需求来源于两个方面,一是针对发展规划的战略决策;二是针对治理中的重点问题,通过专业的团队进行大量的数据调研、问题分析、大数据建模等工作,最终输出决策分析报告,为相关决策的制定提供数据支持。

数据分析系统,是一个开放的能力系统,提供给专业团队进行决策分析的开发工作。数据分析系统建设在城市大数据管理平台之上,数据分析系统可以调用城市大数据管理平台的大数据资源、数据服务接口,也可以调用显示系统的显示服务。专业的决策分析团队通过使用数据分析系统,可以调用现有的大数据资源,也可以根据专题需要聚合更多的数据资源,同时针对专门问题建立专业的大数据分析模型,进行大数据分析运算,最终输出决策分析报告。决策分析报告可以直接通过数据展示平台进行访问,也可以生成各类常规的文档格式。

3) 应用需求分析

传统的管理指挥中心数据与业务往往结合不紧密,应用容易被孤立,视频信号与位置信息脱离,内容过于抽象,难以直观感受和理解,经常出现类似"大字报"模式的展示风格,用户的直接信息获取能力偏弱,解决好这些难题,可以有效提升用户使用体验。

(1) 城市一键治理体系

以智慧城市管理中心为龙头,形成纵向到底,横向到边,延伸到区、街道,与各部门指挥大厅贯通的城市治理体系。

(2) 城市运行一张图

以智慧城市管理中心大屏为展示出口,构建城市运行可视化一张图,提供城市运行展示、城市应急预警、城市联动指挥等能力。

(3) 构建城市一系列共性能力

① 城市一套地图共享:所有业务共享一套 3D GIS 地图,一套 3D GIS 与 BIM 融合的数字孪生城市模型,涉及规划、建设、市政、交通、消防、救灾、运营与维护各个业务的静态、动态信息,数据分层显示,突出重点关注,信息高度融合,一屏纵观全局。

② 城市视频集中管理：建立城市视频统一平台，海量的视频源是综合管理指挥中心的重要资源，汇聚和应用视频源是一项必备的重要工作，在统一的空间按需及时调出相关视频也是最基本要求。采用 RTSP(Real Time Streaming Protocol,实时流传输协议)流技术将视频源汇聚和应用，能够做到按需使用视频，且在不需要专业人员的配合下多维度、无死角地查看视频。

③ 城市数据统一使用：建立城市大数据湖，通过将各业务系统的数据融合集成，借助超大分辨率 GIS，实现应用关联显示，信息推送能力大幅增强，这种模式所展示的场景不再是业务系统的简单堆积，而是按照一定逻辑关系及管理需求来充分反映出管理目标的状态和趋势。

④ 城市地貌渲染：借助图形工作站 GPU（Graphics Processing Unit,图形处理器）超强的计算能力将海量的地貌、水系、植被、土壤、建筑、道路、桥梁、隧道、公园、市政业务等数据进行渲染，按照 1∶1 比例绘制要素场景，以点对点的超高分辨率显示，表达细腻，刷新流畅，达到画面整体风格的一致性和完整性。

5.2 系统构架

5.2.1 蓝图设计

数字孪生城市建设依托以云、网、端为主要构成的技术生态体系，端侧形成城市全域感知，深度刻画城市运行体征状态。网侧形成泛在高速网络，提供毫秒级时延的双向数据传输，奠定智能交互基础。云侧形成普惠智能计算，大范围、多尺度、长周期、智能化地实现城市的决策、操控[27]。

数字孪生城市，以全域数字化标识和一体化感知监测为数字孪生基础，以全域全量的数据资源（数据）、高性能的协同计算（算力）、深度学习的机器智能平台（算法）为城市信息中枢，以数字孪生模型平台为城市运行信息集成展示载体，操控城市治理、民生服务、产业发展等各系统协同运转，形成一种自我优化的智能运行模式，实现"全域立体感知、万物可信互联、泛在普惠计算、智能定义一切、数据驱动决策"[162]。

数字孪生城市模式下，加载了数据和软件的城市信息模型成为城市最重要的基础设施之一，最典型的应用场景首推"规建管"全生命周期的协同管控，实现城市规划布局仿真可计算、城市建设运行全程可操控、城市管理服务要素资源可调配，全面提升城市规划、建设、管理的一体化运作水平，真正实现城市一张蓝图绘到底、建到底和管到底。

（1）规划前期

基于数字模型分析推演，推动顶层设计落地，科学评估、规划。

（2）勘察阶段

基于数字模型进行数值模拟、空间分析和可视化表达，构建工程勘察信息数据库，实现工程勘察信息有效传递和共享。

（3）规划阶段

全面整合规划数据，在数字空间实现合并叠加，形成一张底图，进行规划评估、多方协同、动态优化与实施监督。

（4）设计阶段

基于数字模型，对设计方案进行性能和功能模拟、优化、审查和数字化成果交付，开展集成协同设计，提升质量和效率。

（5）建设阶段

基于数字模型对工程项目从图纸、施工到竣工交付全过程进行监管。

（6）运行管理阶段

基于数字模型和标识体系、感知体系及各类智能设施，实现对城市运行状况的实时监测和统一呈现，提升城市综合防灾抗灾能力。

数字孪生城市可实时展示城市运行全貌，助力形成城市一盘棋集中治理模式，立足城市运行监测、管理、处理、决策等治理领域，建立物理世界与虚拟世界的数据映射和数字展示平台（数字孪生城市模型平台），实现跨层级、跨地域、跨系统、跨部门、跨业务的城市治理协同，形成全程在线、高效便捷，精准监测、高效处置，主动发现、智能处置的城市智能治理体系[163]。

数字孪生城市将全面采集城市居民的日常出行轨迹、收入水准、家庭结构、日常消费、生活习惯等，洞察提取居民行为特征，在数字空间上预测人口结构和迁徙轨迹，推演未来的设施布局、评估商业项目影响等，以智能人机交互、网络主页提醒、智能服务推送等形式实现城市居民政务服务、教育文化、诊疗健康、交通出行等服务的快速响应和个性化服务，形成具有巨大影响力和重塑力的数字孪生服务体系[164]。

通过数字孪生引擎对接城市管理、生态治理、交通治理、城市安全等不同领域系统，以重大事件和特殊场景需求为驱动，以数字孪生城市模型平台为基础，从而实现城市治理的协同联动和一网统管，面向未来启动基于数据驱动的城市治理和城市运营，如图 5-1 所示。

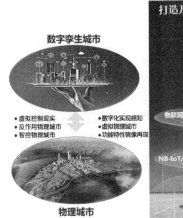

图 5-1　智慧城市管理中心蓝图

未来智慧城市管理中心需在三个方向进行建设：

（1）构建数字孪生城市底板，持续建设高精度数字孪生城市信息模型。将城市区域内的交通组织、景观结构、建筑群、城市标志性地物、道路、桥梁、隧道、公园、市政基础（给排水、燃气、电力系统、园林、防灾减灾等）等城市要素数字化，通过数字化标识，完整地映射在城市信息模型中。

（2）规划建设城市立体感知体系，利用视频、传感器、5G通信等构建城市明亮的眼睛，实时感知城市脉动。

（3）建设智慧城市孪生中枢，虚拟服务现实，模拟仿真决策，精细化管理，人性化服务。

5.2.2　整体架构

未来智慧城市管理中心建设包括：城市数字化运营中心（City Operation Center，COC）、数字孪生城市中枢平台（CIM & Data Lake & AI，CDA），如图5-2所示。

图 5-2　城市数字化运营中心与中枢平台

城市数字化运营中心：基于"1＋1"指挥体系，1个城市管理中心大屏和1类城市管理中心中屏；构建"1＋X＋Y"多级联动协同，运用数字孪生和可视化仿真技术，将城市单体数据/业务进行融合、集成，实现城市实时可视化运营、模拟推演预测、联动指挥，为城市运营管理者提供跨领域、跨行业、全域视角的城市级指挥、决策平台。

数字孪生城市中枢平台：构建以CIM为核心的CCSDA数字孪生城市技术体系，包括融合多源数据编织城市信息模型（CIM），建立全区立体化城市感知体系（Camera Sensor），构建城市大数据湖（Data Lake），运用人工智能（AI）技术让城市更加智能，实现物理城市与数字世界的孪生，构筑数字孪生城市持续运营的基石。

5.2.3　功能架构

智慧城市管理中心建设框架为"三横两纵","三横"包括基础层、平台层、应用层,"两纵"包括城市运维与安全保障体系、城市运营与标准支撑体系,如图 5-3 所示。

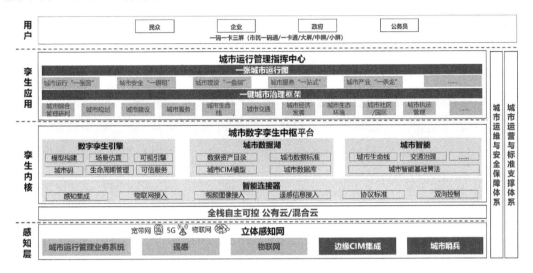

图 5-3　智慧城市管理中心建设框架

1) 孪生应用

通过两个框架支撑涵盖了智慧规划、智慧建设、智慧交通、智慧市政、智慧管廊、智慧水务、应急指挥等多个业务应用[165]。

2) 孪生内核

以数字孪生城市信息模型为核心,其中包括城市数据湖、城市智能等。利用城市骨架数据、感知数据和视频监控联网数据,结合数字底座的强大云计算能力、大数据分析能力、人工智能能力,实现对城市运行监测、运营管理、应急调度等一体化管理与服务的综合支撑。

3) 感知层

构建城市立体感知能力,实现城市一体化感知监测体系。

(1) 采集层:通过基础设施监测感知设备、环境监测感知设备、网格化管理数据采集设备、视频探头、电子标签等感知设备,实现物理空间物体部件、城市事件的数字化,应涵盖各部门所要展示信息的所有采集设备,将数据模型信息及时地传输到展示平台。

(2) 传输网络:5G 通信网络可有效地引入边缘计算的架构,在功能和算力布局上形成边云协同的体系,覆盖中心云、支撑私有云及边缘计算节点,将其有效连接形成分布式算力网络,构筑核心云负责学习训练和模型构建,边缘节点负责执行分布式智能的分工格局。而边缘节点部署在离用户和生产现场最近的地方,形成就近闭环的原则,以达成体验优化、经济有效的目的,满足低时延业务的要求。

5.3 主要功能模块

5.3.1 模块实现功能

　　智慧城市管理中心软件采用模块化结构,低耦合、高内聚。监控综合管理平台能满足系统的采集、运算、控制、显示、报警、存贮、打印等全部功能要求,还能满足总监控中心、分监控中心日常监控及运营管理的需要,且具有高可靠、交互快、安全高、易集成、易维护等特点。监控综合管理平台具有容错功能,能确保不会因一个小的错误引发系统中断,而需重新启动,如表5-1所示。

表5-1　模块实现功能

类别	模块名称	功能
运营指挥体系	1+1运行指挥	提供公共指挥大屏,指挥中屏,满足运营指挥体系需求
城市孪生应用	城市运行一张图	综合展示各领域运行数据,形成数字孪生城市运行全景图,实现对城市规划、城市建设、城市交通、市政设施、电力规划、燃气供应、生态环境、公共安全、交通出行、民生服务、城市治理、公共卫生等城市各领域运行状况和相关指标的展现,全面呈现城市运行综合态势
	城市一键运行	城市一键运行统一接口,涵盖了智慧交通、智慧市政、智慧管廊、智慧水务、应急指挥等多个业务应用
数字孪生城市中枢	城市数字孪生引擎	实现城市数字化场景构建,城市运行数据融合,提供城市运行可视化等功能
	城市数据湖	提供核心数据处理和管理服务,完成平台内的各种数据信息的存取,为平台提供视频信息管理服务,及音视频媒体数据的高性能转发及转码服务
	城市智能平台	面向城市信号灯优化、车流分析、人员聚集、占道经营、违规违建、内涝预测、烟雾火灾识别等场景,形成具有知识计算、认知推理、运动执行、人机交互能力的智能支撑平台
	GIS模块	提供建筑、管线、设备、桥梁、隧道等三维模型的数据展示服务
	BIM模块	提供三维模型的数据展示服务
立体感知体系	物联网感知	构建全域物联感知网,利用5G、NB-IoT等技术,实现亿级传感器设备的接入和管理
	视频视觉感知	构建城市级的融合视频联网平台,实现城市视频的全方位感知和综合利用
	其他数据感知	融合倾斜摄影数据、基础地理数据、建筑模型数据、城市街景数据、激光点云数据等,形成多源异构多模的全息城市数据,成为城市运行的"骨架"
	传输网	以5G、NB-IoT、城域网等实现电子政务网、互联网、各类专网数据的传输和共享能力

5.3.2　"1 + 1"运行指挥体系

数字孪生城市建设从综合市政服务需求及业务管理角度出发,按照"平时只监不控、应急授权管控"原则,构建"1 + 1"指挥中心体系,即 1 个综合指挥中心大屏、1 类独立指挥中心中屏满足各部门业务和数据安全诉求;"1 + X + Y"多级联动指挥,即围绕智慧城市管理中心,与 X 个单位和 Y 个二级网格指挥中心形成纵横联动。

数字孪生城市综合指挥中心是城市的信息中枢和决策中心,实现城市横向部门、纵向部门、事件现场等多场景的互动。真正实现统一平台集中管理、集中指挥调度,在一个系统中完成了视频监控、视频会议及指挥调度的所有功能,实现了视频监控、视频会议和调度电话、应急指挥等系统的有机融合[166]。

数字孪生城市管理中心随时调取各部门平台的所有实时和历史的监控管理信息;局平台只对本管辖区域内的监管内容进行监控管理,可将监控管理信息推送到管理中心,根据授权可以访问管理中心或同级的部门平台信息。

5.3.3　数字孪生城市中枢

数字孪生城市是基于 GIS、BIM、物联网、人工智能、3D 引擎等技术构建的与物理世界相匹配的孪生城市,实现城市全要素数字化、城市全状态实时化和可视化、城市管理决策协同化和智能化,为城市综合决策、智能管理、全局优化提供平台与手段[30]。

数字孪生城市中枢包括数字孪生城市引擎、城市数据湖、城市智能等能力。

1) 数字孪生城市引擎

利用 BIM、GIS、IoT 等技术,将城市运行中的全要素统一标识与城市底板静态数据、动态数据、业务数据等相融合,构建城市数字孪生信息模型,并提供 2D、3D、XR(Extended Reality,扩展现实)等可视化体验。

城市要素统一标识:按照统一标识管理规范,为城市各类部件生成唯一运维码标识,并通过统一服务接口面向不同用户和服务商提供不同的服务能力,编码结构应符合国际标准《ISO/IEC 15459 信息技术自动识别和数据采集技术唯一标识》,编码具有分层灵活、兼容性良好、可扩展性强等特点,适合作为各种编码体系之间交换的元标识机制,同时支持各种码制二维码,如 GM 码、龙贝码、汉信码、QR 码、DM 码等;兼容支持各种编码体系,如 OID、Handle、Ecode 等,以及政府部门、行业机构制定的编码体系和各单位主体自定义的、个性化的编码体系。

城市底板数据:城市建筑物信息模型、地理信息系统的融合,其中地理信息系统是以倾斜摄影数据为基础,对地理空间实体和现象的特征要素进行表达、获取、处理、管理、分析与应用的计算机空间或时空信息系统。

城市动态数据:基于物联网技术,让各种传感器、监测仪等物理设备在无人工干预的情况下实现协同和互动,实时采集任何需要监控的信息,从而提供智能和集约服务。利用物联网技术具有全面感知、可靠传递、智能处理的特点,实现物与物、物与人的泛在连接,实现对物品和过程的智能化感知、识别和管理,使得城市管理变得更加精细化、智慧化和简单化[167]。

城市数字孪生数据资源融合:将 BIM 和 GIS、IoT 有效结合,以 5G 和 AI 等科技手段重塑城市要素,标签化、数字化、平台化地实现物理城市的数字孪生镜像;以城市数字平台支撑城市服务重塑,服务数字化、智能化;以人为本,场景驱动,融合虚拟与现实、数字场景与物理场景;城市数字孪生一体化,以新视角重塑城市规划、建设、管理、协同及发展。

城市数字孪生可视化:提供 3D GIS、3D BIM、XR 等可视化引擎能力,对整个城市的地理信息、用地信息、面积数据、建筑信息、市政管线信息、交通信息、电力信息、配套信息、社区信息等各相关模型进行展示,掌握其属性,监控整个城市的动态,并对细分业务领域数据指标进行多维度可视分析,实现从全域视角到微观领域,对城市运行态势进行全息动态感知。如感知城市人口热力图、实时交通车流、停车库状态、视频实时监控、交通早晚流量差异、雨污水管线设计对城市内涝的影响等情况。为整个城市的综合治理的辅助决策、智慧管理提供具有空间信息功能的依据。BIM 与 GIS 的融合,是将模型置于集成了地理信息的三维 GIS 环境中进行展示,为方案讨论提供具有真实坐标系统的三维模型。在三维可视化环境中提供一种身临其境的感觉,让人们对整个城市的市政、交通、电力、通信等设施的认知能力有了极大提高,为城市管理者提供空间信息、实时数据、预测数据的服务。

2) 城市数据湖

城市数据湖包含大数据平台、共享交换和基础库等内容,支持多源异构数据源接入,统一归集到大数据资源池,面向全量数据资源进行编目,支撑公用数据资源库建设的数据治理能力、跨部门交换和中心落地共享的共享服务能力,以及统一运行监控能力。

3) 城市智能

城市智能平台为数字孪生城市中枢提供核心驱动力,将运用全新的信息化、智能化手段,汇聚城市数据,通过人工智能云平台进行合理的分析和调度,实现城市管理智慧化、服务人性化、决策科学化。

(1) 数字孪生城市中枢的核心驱动力

数字孪生城市中枢提供包括智能视觉、智能语音、知识图谱等 AI 能力的上架和开放共享服务,以及和专业领域相结合的 AI 智能引擎。

(2) 数字孪生城市的创新中心

人工智能平台将发挥政府数据汇聚优势、企业技术算力优势、高校人才算法优势,结合城市治理、环境保护、经济调节、民生服务等多个领域场景,实现人工智能普惠服务政府、社会等多个领域。

(3) 数字孪生城市的生态合作中心

建设 AI 生态联合合作中心,吸纳更广泛的 AI 领域人才、资本、产业资源,形成高效的辐射能力。

4) 数字孪生城市立体感知体系

通过数字孪生城市的建设,城市治理逐渐从宏观调控过渡到微观控制,从离线分析变为实时在线管理。可计算、可记录、可分析成为新时代城市管理工作改革的现实需求和特征。通过构建城市级的立体感知体系，在广度和频度上实现城市感知能力的提升，使真实物理城市和孪生城市之间的映射、交互成为可能，为未来智慧城市的智能分析、模拟仿真、洞悉人类不易发现的城市复杂运行规律、城市问题内在关联、自组织隐性秩序和影响机理、制定全局最优策略、解决城市各类顽疾提供源源不断的数据支撑。

数字孪生城市立体感知体系主要从三方面进行建设：全域物联感知、全息视频视觉感知、其他城市数据综合感知。

（1）全域物联感知

城市物联网智能终端涉及的领域包括：计量终端（水务、燃气、热力、电力等），环境监测传感器（大气、水、噪声、辐射、土壤、生态等环境监测设备），城市公共服务和基础设施监测（智能停车、智能井盖、智能垃圾箱、多功能路灯杆等）[27]。

（2）全息视频视觉感知

建立城市级的全息视频视觉感知体系，针对当前视频监控建设中存在的数据重复、多头采集、数据孤岛、建设与应用脱节及带宽存储设备建设不足等问题，从城市全息视频监控的顶层设计来优化视频监控业务的应用架构；从业务、应用、技术、数据、网络、安全、机制等各个角度，推动社会各部门、各单位开展业务梳理、流程优化再造、系统整合，建立边界清晰、流程顺畅、运转高效的信息化架构，实现促进视频监控业务流、信息流和管理流的有机统一。建立包括社会各部门、各行业视频图像专用传输、浏览及应用网络体系。如智慧安监以业务数据为基本，以风险隐患为着力点，应用大数据、物联网等方式方法，完成风险隐患的尽早发觉、立即消除，合理减少安全事故的发生，降低安全事故造成的损害。

具体应从以下几方面推动：

① 联网整合是基础，集约化建设是趋势，跨域的事件、大案需要资源能被灵活调度，能充分共享。

② 让海量视频快速产生价值是目标，结构化、智能化、大数据是手段。

③ 视频向"视频＋"发展，未来的应用将在视频的基础上，结合 AI 技术来推动丰富的应用。

④ 服务不再只局限在某特定部门内，而是向开放共享、服务大政府大群众转型。

（3）其他城市数据综合感知

其他城市数据包括城市骨架数据、城市政务数据等，也是服务城市管理的重要数据类别。

城市骨架数据主要是城市的物理剖面，包括倾斜摄影数据、基础地理数据、建筑模型数据、城市街景数据、激光点云数据，以及无人机群为城市提供的基于图像扫描的城市数字模型，街道、社区、娱乐、商业等各功能模块都将拥有数字模型，包括城市的每条电力线、变电站、污水系统、供水和排水系统、城市应急系统、Wi-Fi 网络、高速公路、交通控制系统等所有看见或看不见的地方。

城市政务数据主要是城市各单位的业务、服务的居民、法人等政务数据，形成面向不同领域的 6 大基础库,包括一般信息资源库、法人信息资源库、电子证照信息资源库、自然资源与空间地理信息资源库、宏观经济信息资源库、社会信用信息资源库。

5)数字孪生城市应用集成框架

城市孪生应用提供框架集成服务,支撑未来城市融合业务的开发和持续集成。

(1)一张城市运行图框架:提供城市运行指挥可视化展示集成框架,根据用户的场景需求,动态可扩展支撑可视化的多屏开发。

① 城市运行"一张图":城市运行一张图就是综合展示城市各领域运行数据,形成数字孪生城市运行全景图,实现对城市规划、城市建设、给水、排水、生态环境、公共安全、交通出行、民生服务、城市治理、公共卫生等城市各领域运行状况和相关指标的展现,通过 GIS、BIM、AI、IoT 等技术的多维数据融合形成城市运行关键体征指标体系,展示三维城市运行关键体征,展现城市运行综合态势,预测城市的未来发展[168]。

② 城市安全"一眼明":一张图 7×24 小时值守,承担着平时事件管理和战时联动指挥的重要功能,从保障城市整体安全运行的角度出发,以预防燃气爆炸、水管爆裂、交通堵塞、桥梁垮塌、路面坍塌、城市内涝、大面积停水停气等重大安全事故为目标,创建"城市运行监测—智能分析—预警预测—决策指挥"的智慧城市精细化治理模式。

③ 城市建设"一盘棋":围绕城市规划、设计、建设、运营、更新,在规划阶段,通过规划一张图辅助决策,实现规划协同编制、数据实时共享,保证多部门信息沟通联动、审批协调一致,保证一张蓝图的实时性和有效性;在建设阶段,是数字世界规划物理世界的实现,通过对接规划数据和后续管理需求,探索数字化监管新模式,提高城市规划管理部门效率,实现建筑市场与施工现场的联动;在管理阶段,更新后的建设成果使物理世界充分融合到数字世界,并通过安装各类传感器对城市建筑的能耗、经济以及生态环境实时监测与智能分析,及时发现问题,事前预测风险,提高城市公共安全和民众的幸福指数[169]。

(2)一键城市运行框架

实现以下城市运行的各类集成。

① 城市驾驶舱:是为数字孪生城市各级管理者量身定制的智能化、平台化、数据驱动的城市管理和辅助决策工具,可根据职责分工和关注重点为领导提供全方位、个性化的运行监测、行政问效、指挥调度等城市服务,包括监测、预警、分析、指挥、安全、管理、数据访问、业务流程等统一的集成,实现各部门、各专业之间的数据融合汇聚、横向贯通,帮助领导实现对城市管理工作的全面、及时把控。

② 应用的集成:以 SOA 技术为架构,将各应用系统功能进行集成,以统一数据交换标准格式和面向服务的系统调用等实现应用的集成,为业务应用的持续开发和创新提供统计标准,提高功能模块之间的信息共享及信息交互能力[170]。

③ 统一的权限管理:开发统一的权限管理功能,包含用户管理、角色划分、权限分配等功能,将各系统权限无缝地集成在一起,实现统一的权限分配[171]。

④ 数字孪生城市综合指挥中心对外提供丰富的数据服务能力,与其他业务相关监控平台互联互通。统一综合治理基础数据规范,实现互通共享,各单位应将运行信息送至数字孪

生城市综合指挥中心;数字孪生城市综合指挥中心建设统一的分拨平台,和各单位之间实现
事件的快速处理和闭环。

5.3.4　数字孪生城市指挥中心

数字孪生城市通过城市指挥中心大脑,汇聚与交融不同来源的数据,如实记录和展示城
市动态,能预测城市各子系统的发展,尽可能预见政策干预对各子系统的影响,充分考虑各
种规避行为、时间延迟和信息损失等问题,将自学习、自优化功能融入城市管理过程,最终达
到增加城市系统整体福利的理想效果,如图 5-4 所示。

图 5-4　CBD 数字孪生指挥中心效果图

数字孪生城市指挥中心构建基于 CIM 的数字孪生底座,通过物联感知数据、业务专题
数据等多源数据的接入,赋能孪生场景,接入各部门和职能机构,融合城市管理、交通、应急、
市政设施等多种业务数据,打造城市指挥中心,实现"决策一键达、治理一网通、服务一端享"
的建设目标。

1) 连通虚实世界,构建 CIM 数字孪生底座

CIM 平台是实现精准映射城市运行细节、洞悉城市发展规律、推演仿真城市未来趋势的
综合信息载体与核心平台,也是连接物理城市与数字城市的关键桥梁。城市数字孪生 CIM
平台整合城市规划、建设、管理等数据,同时不断融入物联网感知数据、位置数据和各种运行
数据,保证城市数据的实时性,展示城市真实运行状态。

数字孪生城市以城市信息模型为底座,以物理实体映射的数字孪生体为对象,将物联网
数据及业务数据作为对象的属性进行挖掘应用,充分运用人工智能和深度学习的技术来治

理城市。构建基于 CIM 的数字孪生城市,需要获取传统 GIS 数据、倾斜摄影数据、BIM 模型数据等,融合城市部件、人口、法人等数据,构建 CIM 数据中心,接入物联网平台及各领域业务系统,形成信息完整、全域感知、实时联动的数字孪生平台,如图 5-5 所示。

图 5-5 CIM 数字孪生平台总体架构图

（1）三维数字孪生底座构建

以地上地下一体化的城市新空间为三维场景建设目标,搭建 CBD 城市三维数字孪生底座。获取卫星遥感/倾斜摄影影像数据、DEM/DOM/DLG 地理信息数据、地名地址数据、BIM 模型等数据,进行数据的清洗、融合与轻量化处理,结合城市道路、建筑、人口等专题信息,构建城市地上三维场景;结合激光点云数据、图纸数据、地质数据、管线数据等信息,还原包括管廊、地铁、地下防空设施在内的城市地下空间。平台通过仿真渲染、纹理映射、天气模拟等可视化处理,全方位展示与现实世界关联同步的虚拟三维场景,呈现一个真实准确可交互的城市三维数字孪生底座。

（2）物联感知平台接入

构建覆盖 CBD 城市的全域感知网络,对物联数据进行汇聚、治理,实现物联设备的统一接入管理,融入城市数字孪生底座,形成空间全域覆盖的物联感知网络体系。支持城市视频监控网络、重点区域监测、设施设备监控等城市全方位要素感知终端的泛在接入,颗粒度细化到每一截管道、每一个井盖、每一处传感器等,实现城市全域万物互联,基于数字孪生底座保障数字世界与现实世界的动态信息交互,实现城市运行状态的全面监测和实时感知。

（3）各行业平台对接

基于大数据、云计算等技术手段,以城市级数字孪生平台为基底,对接城市各部门分散的应用系统,获取交通、环保、路灯、管廊、市政综合管线、电力、消防、建设、环卫等行业专题数据,进行汇聚、清洗、转换和集成,融合多源异构的碎片化数据建设统一标准的 CIM 数据中心,与虚拟世界进行关联映射,并且运用数据统计分析计算能力,实现城市行业专题数据在数字孪生世界中的可视化及交互式呈现,如图 5-6 所示。

城市基础	城市人口	宏观经济	企业法人	发展规划	…
城市管理	管理网格	城市事件	市容环境	宣传广告	园林绿化
	城市部件	重大活动	市政施工	路灯管理	管廊管理
	执法记录	监控视频	监控点位	实时定位	…
交通管理	人流量	车流量	交通设施	车辆信息	…
应急管理	危险源	物资储备	救援队伍	雨量监测	保障资源
	防护目标	应急专家	视频监控数据	避难场所	危险源监测
安全预警	设备运行	化工生产	安防报警	预警信息	…

图 5-6　CIM 数据中心

2) 融合多源数据,打造市域治理业务闭环

数字孪生城市指挥中心以数字孪生为基础,为城市运行中涉及的人物、事物、事件、地点、时间、现象和场景提供统一的空间位置标准,接入物联感知数据,串联各行业专题应用,打通多源数据从而构建协同管理的空间基础,支撑城市数字孪生指挥中心集中、统一、高效运行,形成城市管理问题预警、发现、预处理、任务分派、指挥调度、辅助决策、监督考核、统计分析全流程协同管理的智慧闭环,包含以下数据:

(1) 物联感知数据:指挥中心对城市运行、城市部件、市政设备设施进行全方面监管,获取智慧路灯、智慧管廊等数据。

智慧路灯是城市物联感知神经网络的重要载体,可搭载照明、节能控制、Wi-Fi、视频监控、环境监测、广播、报警、充电、LED 显示屏等设备,实时获取气象、环境监测数据,包括温度、湿度、PM2.5 等;无线网络使用数据,包括用户信息、网络轨迹等;视频监控数据,包括人流数据、车流数据、人脸识别数据、群体异常事件数据、车辆违规数据等;应急数据,包括火警、爆炸信息等;共同为城市综合指挥管理提供数据支撑。

智慧管廊是一个复杂的地下工程体系,物联感知设备主要包括声光报警器、液位传感器、气体传感器、温湿度传感器、开停传感器、电压电流互感器、摄像机、报警装置、出入口控制装置、感温火灾探测器、可燃气体探测器等,获取管廊设备设施实时数据,实现管廊的实时运维管理。

(2) 行业平台专题数据:智慧城管提供网格员巡查数据、城管执法数据等;市容环卫系统提供环卫车辆数据、环卫设施数据、环卫作业数据等;智慧交通系统提供交通信号灯数据、交通拥堵数据、交通事故数据等;安全预警应急系统提供应急事件统计数据、应急预案等;智慧隧道、综合管线系统提供相应的设施设备运行状态数据、安全报警数据及故障数据,打通各应用系统数据壁垒,共同推进城市指挥中心数据流转,提高城市管理效率。

3) 创新协同治理,构建城市运行管理新场景

(1) 城市画像精准定位管理需求

基于数字孪生底座,通过政治、经济、文化、社会、人文、历史、地理、生态、环境、气象、交通等全要素数据聚合,准确抓取城市体征,构建城市画像,可洞察城市动态,摸清城市发展脉络,制定正确的城市发展战略和策略。通过民众的衣食住行、文化、消费、兴趣爱好、收入、教育、医疗、卫生、职业等多元化数据聚合,临摹出城市的人口特征,进行区域人口画像,可精准洞察民众痛点和需求,便于对症下药,改善公共服务和社会服务,提升百姓幸福感。

(2) 城市大脑赋能运行管理"一盘棋"

通过数字孪生城市,实时展示人口分布热力图,商场、交通枢纽、地铁站、热门景点、博物馆、图书馆、体育馆运行状态和实时利用率,人和车辆动态和轨迹追踪,建筑工地、桥梁、隧道、休闲场所、公园、重点设施的安全监控,一张图全景展现全市运行动态,常态下监控,应急态下统一指挥全城协作。此外,如通过建筑几何数据、声学传感器数据、专业分析模型以及可视化渲染进行城市噪音分析,通过道路、桥梁、隧道、高架、河道、排水管线、雨水管线等的几何数据、地质传感器数据、液位数据、气象数据、海绵城市数据等专业分析模型以及可视化渲染进行洪水分析、能效分析、地表光照分析、电信信号分析,进行电信规划和仿真、交通模拟和规划、环境和能源管理、智能决策分析、智能预测和预警,最终形成自学习的优化运营。

(3) 数字孪生助力规建管一体化

通过在数字孪生城市中执行快速的数字模型虚拟分析和虚拟规划,摸清城市一花一木、一路一桥、一管一线的家底,把握城市运行脉搏,推动城市规划有的放矢,提前布局。在规划前期和建设早期了解城市特性、评估规划影响,避免在不切实际的规划设计上浪费时间,避免在验证阶段重新进行设计,以更少的成本和更快的速度推动创新技术支撑的智慧城市顶层设计落地。

在建设阶段,通过施工方案的模拟,寻找最优的施工方案,在建设过程中不断导入过程数据,为数字孪生城市的运行提供可靠的数据和信息;在运营阶段则基于数字模型和标识体系、感知体系及各类智能设施,实现对城市运行状况的实时监测和统一呈现,提升城市综合防灾抗灾能力。对已建成并运行多年的城市,通过物联网设施的全面部署和对城市进行数字建模,同样可以构建数字孪生城市。

(4) 虚实联动推动城市治理智能化

数字孪生城市可一定程度上对城市的人、事、物进行前瞻性预判,进而通过智能交互实现城市内各类主体的适应性变化和城市的最优化运作。其核心是高精度、多耦合的城市信息模型。通过加载其上的全量全域数据,在城市系统内汇集交融,产生新的涌现,实现对城市规律的识别,为改善和优化城市系统提供有效的指引。

数字城市与物理城市两个主体虚实互动,孪生并行,以虚控实。通过物联感知和泛在网络实现由实入虚,再通过科学决策和智能控制由虚入实,实现对物理城市的最优管理。优化后的物理城市再通过物联感知和泛在网络实现由实入虚,数字城市仿真决策后再一次由虚入实,这样在虚拟世界仿真,在现实世界执行,虚实迭代,持续优化,逐步形成深度学习自我优化的内生发展模式,将大大提升城市的治理能力和水平。此外数字孪生模式下,通过数字空间的信息关联,可增进现实世界的实体交互,实现情景交融式服务,真正做到信息随心至、万物触手及。

(5) 指标体系实现城市运行可视化

数字孪生城市可实时展示城市运行全貌,助力形成城市一盘棋集中治理模式,立足城市运行监测、管理、处理、决策等治理领域,建立物理世界与虚拟世界的数据映射和数字展示平台(数字孪生城市模型平台),实现跨层级、跨地域、跨系统、跨部门、跨业务的城市治理协同,形成全程在线、高效便捷,精准监测、高效处置,主动发现、智能处置的城市智能治理体系[164]。

基于数字孪生城市体系以及可视化系统,以定量与定性方式,建模分析城市交通路况、人流聚集分布、空气质量、水质指标等各维度城市数据,决策者和评估者可快速、直观地了解智慧化对城市环境、城市运行等状态的提升效果,评判智慧项目的建设效益,实现城市数据挖掘分析,辅助政府在今后信息化、智慧化建设中的科学决策,避免走弯路和重复建设、低效益建设[86]。

5.4　数字孪生城市应用集成效果

本节以数字孪生技术为基础,较全面地阐述了城市生命线、城市交通、城市规划建设、城市生态环境、城市智慧城管、城市综合市政管线等领域的数字孪生技术应用,通过全面透彻感知、宽带泛在互联、智能融合应用,形成以市民为中心、城市社会为舞台的用户创新、开放创新、大众创新、协同创新的智慧城管平台的建设,基于物联网、视频、AI 技术的智慧环卫,在 5G 网络环境下的智慧交通设计。3D GIS 与 BIM 的融合,能真实地反映地下管线的空间分布状况,使在平面显示下错综复杂的管线、管廊、隧道变得更加清晰明了。

数字孪生城市的本质是城市级数据闭环赋能体系,通过数据全域标识、状态精准感知、数据实时分析、模型科学决策、智能精准执行,实现城市的模拟、监控、诊断、预测和控制,解决城市规划、设计、建设、管理、服务这一闭环过程中的复杂性和不确定性问题,全面提高城市物质资源、智力资源、信息资源配置效率和运转状态,实现智慧城市的内生发展动力[27]。数字孪生城市基于数字化标识、自动化感知、网络化连接、普惠化计算、智能化控制、平台化服务的信息技术体系和城市信息空间模型,在数字空间再造一个与物理城市匹配对应的数字城市,全息模拟、动态监控、实时诊断、精准预测城市物理实体在现实环境中的状态,推动城市全要素数字化和虚拟化、全状态实时化和可视化、城市运行管理协同化智能化,实现物理城市与数字城市协同交互、平行运转[30]。

数字孪生城市管理中心依托"一网统管"城市运行中枢平台,利用数字孪生城市发展理念,实现直管区城市规划建设、城市全要素资产数字化、城市运行状态实时化、城市管理协同化和智能化等。管理中心围绕城市运行的融合业务设计,实现城市基础设施检测、分析预警、事件处理、辅助决策等功能[30]。

围绕"一屏观天下、一网管全城"的目标,依托数字孪生城市体系,实现各类城市运行系统的互联互通,实现城市规划建设、城市全要素资产数字化、城市运行状态实时化、城市管理协同化和智能化等,实现城市生命体征的全量、实时感知,形成应用枢纽、指挥平台、赋能载体"三合一",增强快速发现、快速反应、快速处置能力,实现全网统一管理模式、数据格式、系统标准,形成统一的城市三维可视化动态运行视图,推动硬件设施共建共用,加快形成跨部门、跨层级、跨区域的协同运行体系。实现城市基础设施检测、分析预警、事件处理、辅助决策等功能[30]。

通过数字孪生城市中枢,开发丰富的城市应用,可实现将市政设施属性、实时监测数据、视频信息、车辆定位、管辖范围、单位信息等业务内容集成到统一、关联、协作的平台上;基于云计算技术,可实现数据分析、统一协调、顶层部署、决策指挥,对城市地理空间、市政设施、人、车、事、社会综合事务等数据进行数字化处理,给市政部门提供重大安全隐患预警、辅助决策;基于大数据的概念,将智慧城管系统接入市政综合管理平台,使各市政管理子系统数据互联互通,杜绝单一信息孤岛现象存在,使城市管理更高效。

目前,国内外在数字孪生城市落地应用方面已取得了重大的进展:

雄安新区坚持数字城市与现实城市同步规划、同步建设,推动全域智能化应用服务实时可控,打造具有深度学习能力、全球领先的数字城市[172]。借助大数据深度挖掘技术、人工智能、物联网技术和互联网平台等新一代信息技术,从数字呈现、网络互联到智能体验进行全方位谋划,实现数字城市与物理城市同步规划、同步建设,对物理世界的人、物、事件等所有要素数字化,生成全数字化城市。物理城市与数字城市孪生并存,精准映射,实现虚拟服务现实,数据驱动决策,智能定义一切,促进管理一盘棋,服务一站式,扁平化、前后端打通,以高度智能化代替传统网格化管理,虚实融合蕴含无限应用创新空间,将引发城市智能化管理和服务模式的重大颠覆性创新。

"虚拟新加坡"项目计划完全依照真实物理世界中的新加坡,创建数字孪生城市信息模型。模型内置海量静态、动态数据,并可根据目的需求,实时显示运营状态。"虚拟新加坡"既是物理世界运行动态的展示,满足城市管理需求,也能够指导城市未来建设与运行优化。新加坡同时在打造智慧国家传感平台,部署西门子公司基于云的开放式物联网操作系统,统一管理传感网络设备、数据交换、数据融合与理解。

5.4.1 应用集成思路

数字孪生城市中枢对接城市管理、生态治理、交通治理、城市安全等不同领域系统,以重大事件和特殊场景需求为驱动,以数字孪生城市模型平台为基础,实现城市治理的协同联动和一网统管,面向未来启动基于数据驱动的城市治理和城市运营。

从"5+5+N+N"数字孪生城市建设思路出发,构建完整的数字城市生命周期(规划、设计、建设、运营、更新)、全面的数字城市建设内容(建筑、生态景观、交通、市政、管廊管线)、丰

富的智慧应用场景服务城市执法指挥管理部门,力求成为数字孪生城市的建设标杆,如图
5-7所示。

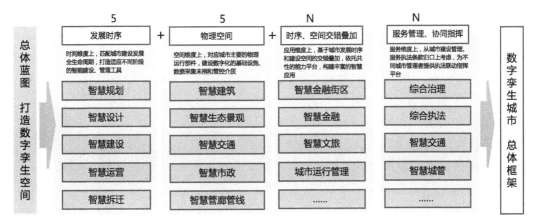

图 5-7　总体应用集成思路

5.4.2　数字孪生城市融合应用架构

数字孪生城市融合应用(后续简称孪生应用)和城市管理各条块专业应用是相辅相成的关系,遵循"平时只监不控,应急授权管控"的原则,孪生应用基于数字孪生城市中枢能力,包括城市数据湖、城市孪生引擎、城市 AI 算力等,实现城市管理四大功能:运行监测、智能分析、预测预警、决策指挥,如图 5-8 所示。

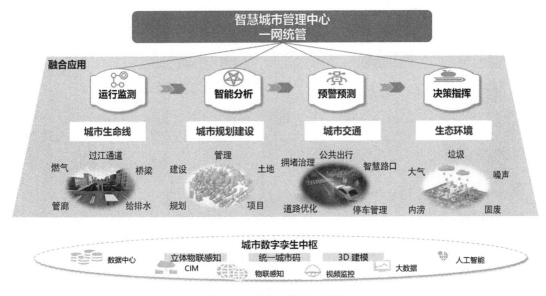

图 5-8　总体应用集成架构

根据实际落地的项目,重点从四个场景进行分享。这四个场景是城市运行管理中最基

本也是最重要的,通过数字孪生技术理念,实现这些场景应用的原生开发,充分利用数字孪生的空间数字化、时间数字化、资产数字化等特性。

5.4.3 数字孪生城市融合应用探索

1) 城市生命线孪生应用

城市生命线关注城市给水、排水、污水、燃气、管廊、电力、通信、桥梁、隧道等与城市功能和生活密切相关的城市基础设施。通过孪生融合应用的开发思路,基于 GIS 与 BIM、视频融合的一体化动态监测,实现智能预警,全方位保障城市安全运行,如图 5-9 所示。

城市生命线工程安全运行监测系统是指对社会生活、生产有重大影响的交通桥梁、隧道、道路、供水、排水、供电、燃气、电力、通信、热力管线等进行安全运行监测的工程系统,可实现及时精准预警,保障城市安全,平稳供暖、

图 5-9　城市生命线多个维度

供水、供气、供电,维持城市正常运作,全面服务于民生工程。构建人本化的城市安全空间、健全城市公共安全体系的需求,落实城市空间风险源头治理、分级防控主动保障城市的安全,通过整合政府资源,实现人、资源、管理、技术等要素的集约优化,打破城市地下管网信息孤岛局面,提升城市精细化管理水平,创新城市的管理模式,助推公共安全产业发展,解决城市发展的实际问题。

通过构建城市生命线孪生体(CIM 模型),实现孪生应用的中枢能力,如图 5-10 所示。

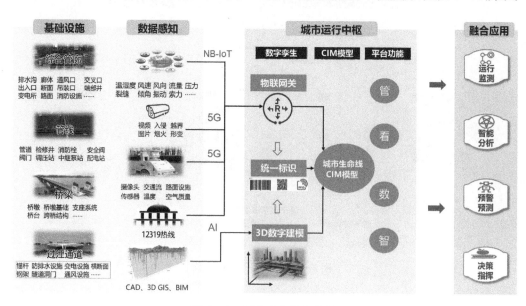

图 5-10　城市生命线孪生体

（1）构建城市安全理论体系

基于数字孪生技术，创建燃气泄漏进入地下相邻空间发生火灾爆炸、供水管网漏损爆管引发路面塌陷、桥梁结构受损坍塌引发城市交通瘫痪等城市生命线工程重特大突发事件的次生衍生演化模型，通过 AI、大数据、边缘计算等技术系统性地研究城市安全运行耦合风险动态评估、城市生命线工程灾害事故高风险空间识别方法，揭示城市生命线工程事故对城市社会经济运行的影响规律，形成城市安全空间的物联网监测和风险评估理论体系。

（2）"全链条"安全防控

针对城市高风险空间致灾因子的实时动态监测、综合预警防控和处置决策支持的技术需求，基于 CIM、AI、IoT、大数据等技术，设计统一标识规则，将城市生命线的每个部件和模型进行统一标识。从规划、建设、运营、更新等方面实现标识目标的全生命周期的管理，创建风险隐患识别、物联网感知、多网融合传输、大数据分析、专业模型预测和事故预警联动的全链条城市安全防控技术体系架构，形成燃气、供水/排水、热力、电力、通信、井盖、综合管廊、道路、桥梁等城市生命线工程的城市安全空间立体化监测网，解决城市生命线工程安全状态动态监测、安全风险评估、风险预警防控、协同组织架构等问题。

（3）打破制度壁垒

城市生命线涉及多行业城市管理部门，体制机制和权属关系复杂，基于数字孪生城市平台一体化建设，在三维城市虚拟动态空间将日常运行和维护管理相融合，构建系统性、科学性的城市安全保障体系，实现对城市生命线系统的实时动态监控和有效预警预判。通过地面空间与地下管网的 GIS、BIM 的融合、建筑信息模型和地理信息系统的耦合，为政府主管部门提供城市基础设施的三维可视化、数字化展示，直观表达供水、排水、燃气、电力、通信等地下管网空间分布及埋深综合情况，以及地下管网与地上建筑、桥梁之间的空间关系，通过物联网监测和大数据分析，预警预判安全风险点，最大限度降低城市生命线的安全隐患。

（4）攻克技术壁垒

基于数字孪生三维可视化动态模拟的技术和 5G、CIM、AI、IoT、大数据等技术，有效地解决了城市生命线工程复杂管网与环境叠加带来的系统性风险识别难题，通过标识综合管龄、管材、维修记录、地质环境与人口、经济等承灾载体要素，有效解决城市高风险空间识别技术；实时识别燃气在土壤、地面和地下空间扩散输运规律，建立泄漏源与相邻空间拓扑结构，攻克跨系统风险转移和耦合灾害分析技术，实现城市生命线工程风险的系统性识别、多指标叠加量化和多维度空间可视化。针对不同类型生命线工程风险空间分布特征，基于气体扩散模型、水力学模型、桥梁结构有限元建模等方法，建立传感器空间优化布设技术，解决城市立体空间监测的数量、位置、效能等多目标优化问题，实现对生命线工程风险的科学有效监测。

2）城市交通孪生应用

目前，大城市交通拥堵问题是一个普遍存在的问题，如果在现实世界中修改道路或者做实地测试是一件非常困难的事，而在数字孪生城市平台可以对物理世界中复杂的交通系统，使用云计算、物联网、人工智能、大数据、实景三维、语义化等技术进行复制，构建可被机器理解的数字孪生交通环境。

在数字孪生交通综合管控平台里,可以融合多源异构的交通实时数据,构建交通信息知识图谱,对交通时空大数据进行挖掘、分析、推演和展示,寻找最优的解决方案,再回到现实世界里进行验证和实施,从而实现对道路交通流的监测预警、应急处理以及拥堵治理等[1],如对某一区域道路上的车辆速度、流量、道路占有率、车辆密度、测距(位置坐标)和道路设施进行模拟,通过 AI 分析,可预判某个区域未来 10 min 至 1 h 内的交通态势,联动控制相应道路的红绿灯开闭时间、时长,使海量传感器数据同步到数字孪生平台中。

数字孪生交通综合管控平台是一个基于 GIS、BIM、物联网、云计算、互联网、人工智能等技术的交通运输智能服务系统。它的突出特点是以信息的收集、处理、仿真、分析、利用、发布、交换为主线,为交通参与者提供多样性的服务,包括感知层、数据中心、应用中心及展现层。感知层,即基础设施层,是数字孪生交通系统的神经末梢,通过物联网实现道路的全面感知与检测;数据中心是数字孪生交通系统的大脑,旨在获取交通系统的第一手数据、运营商第三方数据以及源自感知层的设备采集数据,通过数据治理,完成对数据的清洗、转换以及应用;应用中心实现管理、业务以及应用的互联互通,通过"端-管-云"的架构,实现智慧交通在云端的数字孪生映射,利用人工智能实现快速、高效的智慧交通业务应用[173];展现层将各类数据的分析结果、决策方案、专题分析报告等通过运营大屏、移动端、PC 等可视化方式展现出来。

数字孪生交通综合管控平台具有以下优势:

(1)交通指挥图形化

平台以数字孪生为载体,实现多媒体相结合的高精度实景重现、集成仿真管理和应急指挥调度,支持图形化的路网动态监控、交通警情监控、车辆监控、视频图像发布、应急指挥调度、系统设备管理、预案、交通诱导等功能。

平台提供精确的电子地图更新、周边区域搜索、道路设备联控、处警人员指令下发、处警情况跟踪等指挥模式,可使指挥调度人员统筹全局,并通过多媒体设备联动查看现场情况,大大提高了应急事件的处置效率和准确性。

(2)交通信息采集自动化

平台利用地磁设备、视频、微波、雷达等交通流自动采集设备,对过往机动车辆的车型、车流量、道路占有率等进行在线检测,判断道路交通状况,通过数据传输设备将数据信息传送至数据中心,由数据中心通过道路上的交通诱导可变标志等信息发布系统,发布警告等信息。

平台提供的数据采集和处理支撑服务根据不同类型的数据来源制定了通用化的数据转换格式,即各外场子系统无论采用何种数据传输形式都可通过数据采集和处理支撑服务入口将相关数据集中存储到统一的数据库中进行仿真,吞吐量大、可靠性高、采集面广,而这些数据正是构建数字孪生交通综合管控平台的基础。

(3)交通信号控制智能化

平台交通信号灯智慧控制系统依据微波数字高清双雷达、磁敏无线车辆检测器、视频监控检测器等对道路车辆的速度、流量、道路占有率、车辆密度、测距(位置坐标)和道路设施、道路交叉路口的车辆通过情况进行检测,以数字孪生交通综合管控平台系统为核心,并通过大数据管控平台对区域范围内的感知、互联、预测进行信息处理、仿真与分析,建立点(交叉口)、线(路段)、面(路网)相结合的交通信号控制系统,实时检测并根据路网交通流量变化,实现区域优化协调控制,使城市道路通行能力最大化。

(4) 实时路况算法科学化

通过数字孪生交通环境,可以实时对重点区域比如商圈、桥梁、隧道、高架桥的交通路况(拥堵、事故等)进行全域仿真、分析、预判,自动计算城市道路网密度、干线网密度、人均道路面积、非直线系数、时间可达性、空间可达性等多项指标,对路网进行分区、分段、总体的空间拓扑评价[1]。通过对历史数据的深度挖掘,从多时间尺度进行车流分配计算或者微观仿真,形成多维度的综合交通管理应急指挥预案,进而提高交通效率。人工智能算法可以根据城市民众的出行偏好、生活、消费习惯等方式,分析出城市人流、车流的迁移与城市建设及公众资源的数据,结合排班信息、公交客流需求信息,进行公交客流分配计算或者微观仿真,获取客运量、满载率、高峰平均运营速度等结果,对公交动态运行进行评价,实现对城市地面公交系统专项评价,基于这些大数据的分析结果,为政府决策部门进行城市规划,特别是为公共交通设施的基础建设提供指导和借鉴[1]。

依据外场系统采集到的数据,系统为不同等级、不同通行能力的道路制定了与之相匹配的实时路况计算模型,模型还可依据路面实际情况进行动态制定,尤其针对各个路口的实时路况计算采取特殊算法,使各路段、路口的实际通行状况能够实时、准确地展现在数字孪生交通综合管控平台的操作人员和公众服务对象面前,为路面指挥管理工作提供了强有力的依据。

(5) 交通疏导智能化

平台智能交通信息发布系统不仅能提供实时路况提醒、安全驾驶预警,还能进行一键式导航,并能基于数字孪生交通综合管控平台的判断进行紧急救援、远程诊断、车队编组管理等,提前让车辆在行驶过程中实时获取当前位置前方的实时路况,以及高速公路限行、交通管制及交通事故等信息,同时可以依据孪生体仿真模拟决策处理紧急路况疏导车流。

在城市关键路口和路段设立交通诱导可变标志,根据数字孪生交通综合管控平台交通流实时动态信息检测系统所收集的实时交通流数据按预先设定的算法计算生成诱导信息,以直观的方法指导驾驶员选择合适的行车路线。通过设置在路侧的交通诱导可变标志,显示下游道路的拥堵信息和路况信息,加强路段车流的智能导向和控制,保障道路的有序畅通。

(6) 业务管理集成化

经过统一规划设计,分析各技术子系统的作用和相互关系,在数字孪生交通综合管控平台进行优化重组,将交通电视监视、交通控制信号、交通事故、警用车辆 GPS 定位等实时动态信息、警力分布、交通诱导可变标志等数据采集后,在数字孪生交通环境中进行综合模拟与预判,以调度指挥预案和辅助决策算法模型为依托,对交通动态运行进行宏观、实时的评价与调控,为交通管理部门快速、有效地提供辅助决策,并通过数字孪生交通综合管控平台的交通信息发布系统向公众提供全方位的服务。

(7) 预案管理实用化

数字孪生交通综合管控平台针对不同事故和应急事件类型制定了相对应的预案,预案中对人员调度、设备控制、资源调配做了详细的电子化记录和流程化管理,预案可进行演练操作并根据演练情况进行更改,灵活实用性强。

(8) 加速智能驾驶落地普及化

数字孪生交通综合管控平台具备完整的工具链仿真系统,能够实现道路、地形、交通标志、光线、天气、交通流等的高精度仿真。利用高度逼真、场景丰富的仿真平台,基于真实道路数据、智能模型数据和案例场景数据对自动驾驶车辆进行测试和训练,提升智能驾驶的决策执行力和安全稳定性,加速无人驾驶更加安全地落地推广和普及[1]。

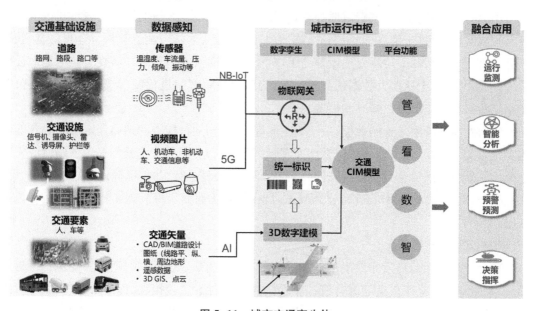

图 5-11　城市交通孪生体

3) 城市规划建设孪生应用

在城市规划之初,就实现城市的数字化建模,并支持城市规划设计、建设、运行等方案模拟与发展推演,实现人口空间、公共设施布局、基础设施建设、城市治理服务等的分析。为科学合理的城市决策和管理提供支持,真正将城市建设与治理提升到"细胞级"的精细化水平,并实现"规建管"一体化的业务融合和数据的动态融通。

数字孪生城市的建设,彻底改变了城市过去先规划建设,再运营管理的分离模式,取而代之的是在动态规划决策下的城市发展建设。过去的城市规划更多地关注土地资源的配置和各项设施的布局,而并没有及时跟踪人和经济业态的发展。基于数字孪生城市模拟规划将空间和人的创新活动以及城市整体的业态发展有机地结合在一起,基于城市数据底盘摸清全要素发展情况,将分区、分类和功能空间关联做科学划定。这种关联的数据分析、模拟效果能够帮助规划人员找到城市中每一个单元存在的问题,以及它与周边环境的关联所在,进而知道未来城市中哪个规划方案最合理、最能满足该区域的需求,哪些规划方案最值得投资,哪些规划方案还有问题需要调整解决。基于人、事、物的泛在链接和实时在线,让全过程、全要素、全参与方都以数字孪生的形态出现,把业态感知数据汇聚起来,对城市发展建设进行全方位的动态精确评估,形成虚实映射与实时交互的融合机制,彻底改变过去城市规划一成不变的"蓝图规划"。

利用城市规划,构建"规建管"一体化的城市信息模型平台,实现城市新规划、新建造和新管理,如图 5-12 所示。

图 5-12　城市信息模型平台

城市规划建设孪生体的构建主要包括三方面:

(1) 城市规划建设 3D 数字化建模

实现城市建筑 BIM 模型、市政设施 BIM 模型的轻量化处理和建模。

(2) 城市规划建设数据感知采集

实现城市空间遥感数据、国土规划数据等的采集。

(3) 城市规划建设资源统一标识

设计统一标识规则,实现城市部件和模型的统一标识。从规划、建设、运营、更新等,实现标识目标的全生命周期的管理。

4) 城市生态环境孪生应用

城市生态环境包括大气、水、土地、野生生物、自然遗迹、人文遗迹、风景名胜区、自然保护区等,实现城市生态环境一体化监测、智能预警。

基于数字孪生城市平台,可实现城市资源环境的智能协同监管。如实现城市规划编制、实施、评估和监督方面的智能化监管;建立土地资源立体化、智能化管理,实现环保与能源、水资源、交通及城管的智能协同监管与服务。

环境污染是由多方面因素引起的,比如大气、土壤、水质、噪声、固废等,随着互联网技术的快速发展,城市管理者可基于数字孪生城市中的海量环境数据来进行监测,并预测演进态势,最终得以用更加精细和动态的方式实现城市环保治理和决策。如通过打通环保局、气象局、交管局等各个系统的数据,并利用城市大数据和人工智能技术对环保数据进行分析,辅助管理部门进行事前规划、实时监测、未来预测和历史溯源,及时锁定污染源头,快速进行城市环保问题的精准治理。

城市圈协同发展是未来城市化建设的趋势,未来基于城市与城市之间的环保数字孪生体、产业数字孪生体、气象大数据等多源数据融合,可实现城市圈区域内的水污染源、气污染源、水环境、大气质量、噪声、生态环境的全面动态监控,为城市圈环境质量、污染防治、生态保护、辐射管理等协同业务提供更智慧的决策。

例如固废处理问题是现代化城市运行管理中面临的严峻挑战之一。处理流程由各不同环节组成,如废物收集、运输、加工、处理和监测等,废物处理耗费巨大的财力、时间和人力。基于物联网技术赋予城市中各垃圾桶和垃圾清运车智能感知功能,实时采集城市各处废物信息,如垃圾数量、垃圾种类等等,构建智慧固废处理动态网络。城市环卫部门可基于相关数据用于开发垃圾收集优化策略,借以节省垃圾清运车的燃油费用。回收处理公司可基于数据预测和追踪流入其公司的待处理废物的来源,从而实现内部处理的优化。卫生监管部门则可以对废物处理过程进行监测和监督,不必再另行耗费巨资进行人工监测。当直接获取数据困难时,可借助附近设施(如通过智慧路灯杆上的通信设备或其他拥有丰富能源和通信能力的设施)间接获取城市中产生的固废数据,也可以通过垃圾清运车、环卫部门其他车辆或在该地运行的公交车辆等完成数据的采集。

城市生态环境孪生体构建主要包括三方面,如图 5-13 所示:

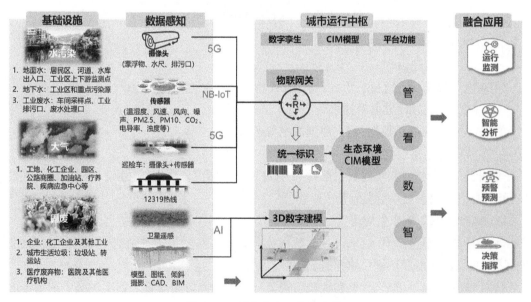

图 5-13　城市生态环境孪生体

（1）城市生态环境基础设施 3D 数字化建模

通过利用遥感卫星、无人机的倾斜摄影、激光三维扫描等技术获取高精度的生态数据,与政务、环保、土地等相关行业的业务数据整合,形成可视化的"地理信息服务一张图"。通过将空间地理信息数据与交通、环保、林业、水利、测绘等各个行业的业务数据进行整合,三维实景自动建模,创建一个与生态环境一模一样的"数字孪生"世界,并与城市业务部门数据对接,完成对城市建筑物、道路、绿地、水系等要素的实景三维建模,从而构建一个集变化发现、违法确认、统计分析、信息发布、三维实景展示于一体的城市智慧生态治理体系,为城市构建一个"测—管—治"于一体的数字孪生虚拟世界,从而实现对城市污染源、大气质量、水环境质量、土壤环境质量、噪声、扬尘、餐饮油烟等的实时监测、治理。通过卫星影像采集的数据与数字孪生数据做比对,能够让工业区和重点污染源问题、工业排污口、废水处理口几乎无所遁形。

城市的生态环境基础发展至今已涵盖了气象、环保、应急、交通、水文等诸多领域的大量地理学模型。随着物联网等技术的发展,无数智能终端设备每分每秒都在产生并传播海量的数据,这给传统的地理学模型提供了更多高精度、实时、丰富的数据来源,同时也对原有的模型提出了新的需求和挑战。地理学模型、物联网及三维模型的融合,能实现城市的精细化模拟,为数字孪生城市建设管理等提供科学的决策依据。以城市内涝为例,一方面,内涝不能再作为单一的自然现象来研究,内涝的发生会引发后续的诸多城市管理问题,如房屋地基因积水而造成的损坏;财产因进水而造成的损失;交通瘫痪对物流行业造成的影响;施工场地因停工而造成的损失。城市内涝会对城市环境造成很大的影响,会导致合流制溢流污染,还会因长时间浸泡垃圾等产生恶臭,对周边水体产生非常大的影响。城市内涝会在短时间给城市带来较大的排水压力,当大量径流沿河道输送至下游时,会严重影响下游城市的泄洪,给下游城市带来严重的排水压力。城市内涝对周边生态系统的破坏也是极其严重的,城市本身处在一个生态环境极为脆弱的体系之中,长期的淹水条件会对动植物生长造成很严重的影响等,所以城市洪涝的研究需要将视角放在整个城市的协调发展上。另一方面,城市内涝的持续时间不会很长,在这种短时性的要求下,仍需为后续的城市管理提供科学的决策信息。因而,计算高效、注重内涝时空过程、实时准确地可视化呈现与提供智慧服务是数字孪生城市发展和管理对城市洪涝模型新的需求。

(2) 城市生态环境线数据感知采集

城市生态环境感知数据分为:①摄像头监控和识别漂浮物、水尺、排污口等情况;②传感器获取温湿度、风速、风向、噪声、PM2.5、PM10、CO_2、pH 值、电导率、浊度等信息;③巡检车辆、巡查人员等移动巡检获取信息;④卫星遥感、模型、CAD 等矢量图。

环境监测信息化系统建设是生态文明建设的重要组成部分,充分运用物联网、大数据、云计算、AI 等先进技术手段,建立天空地一体、上下协同、信息共享的生态环境大数据平台。通过对整体环境数据进行 AI 分析研究,实时掌握环境质量状况及变化趋势,实时了解污染物排放情况和潜在的环境风险,从而实现环境污染防治的精细化和高效化,提升环境监察和监管水平。

(3) 生态环境大数据平台

实现城市部件与信息系统的整合,利用物联网感知环境基础信息,采用大数据平台存储管理环境大数据,使用云计算将"污染监测—追踪溯源—治理评估—预警预报"链条融会贯通,同时为管理人员提供污染源信息管理、环保工作业务管理、监察执法任务管理、污染防控辅助决策等功能,为公众提供环保资讯查看、污染预警、环境监督等功能。

生态环境大数据平台主要监测水环境与空气质量:

① 水环境监测及决策支持平台

集成流域水网数据、点源面源数据、水环境及污染源监测数据,实现水环境质量实时监控、水质变化趋势分析、分区水质监测、污染来源与扩散解析、水质异常预警等综合应用。为推动水环境的精准管理及未来水环境的持续改善提供重要科学依据,为新形势下的日常水环境管理提供有力保障。

② 空气质量监测及决策平台

空气质量监测及决策支持平台基于大气环境监测、污染精细制图、空气质量时空统计分析、大气污染空间溯源与分析以及空气质量预测预报等技术,以空气质量监测数据为中心,实现监测数据统计、GIS制图、污染来源追踪、大气污染治理评估、大气污染智能预警等分析服务。

感知采集城市生态环境线数据,针对水源地突发污染事件、工业废水排放、重点区域大气环境、城市噪声等的监测需求,及城市环境数据多元化、海量化和多源异构的特点,基于城市生态环境的实时感知数据,通过对污染源模式AI识别算法、异构网络构建技术、嵌入式数据融合技术等的研究及智能网关设备的研制,创建数字孪生三维视图,实现环境感知数据的融合、筛选、集成和标准化快速处理。并通过基于物联网的云可视分析技术、数据驱动的环境噪声分级评价模型、城市环境噪声预测模型、环境传感器优化布局模型等,准确、客观地反映目前城市环境污染状况、特征、规律和趋势并实现城市污染源溯源,为建设基于统一云计算平台的环境信息管理系统提供数据支持,为城市环境管理与应急提供科学决策支持。

5) 城市智慧城管孪生应用

智慧城管是智慧城市建设的重要分支。智慧城管整合公共信息资源,通过大数据和云计算技术集成处理海量异构数据,实现城市管理从静态向动态的全息转换,在服务社会公众的同时,为政府决策和职能部门精细管理提供数据支持[174]。目前,杭州、北京等地已在现有数字城市的基础上,实现了数据感知、自动反馈、资源信息共享的智慧城管,城市综合管理水平全方位提升[175]。

智慧城管通过资源整合、功能拓展,实现范围全包容、空间全覆盖、时间全天候的城市管理,主要应用包括:数字化城市管理系统、数字执法、智能管控、公众服务、应急智慧和决策分析等。

通过智慧城管的实施可以全面提高城市管理水平,达成以下目标[176]:

(1)整合多项现代化信息技术,通过空间分区全面准确地获取管理对象的情况;

(2)创新改革被动的传统城管模式,城市管理体系迈向规范化,增强突发事件处置能力,实现快捷高效的城市管理;

(3)明确部门职能,建立城市管理长效体制,做到从发现问题到信息传输再到行动反馈最后到执行解决全方位涵盖;

(4)依靠智能监控系统充分获取信息,提高资源的有效利用水平,尽可能为社会服务与治安管理提供技术与信息支持。

6）城市市政综合管线孪生应用

城市地下管线是城市重要的基础设施,城市地下管线规划管理是对社会公共建设、公共利益、地下空间资源的管理,是政府公共管理的范畴。随着我国城市化进程的加快,越来越多的城市地下安全问题暴露出来,迫切要求尽快提高我国城市地下管线规划管理水平。基于数字孪生城市、大数据、人工智能等技术,挖掘城市不同样本特征,对多源异构数据进行融合,从点规划、线规划到三维规划,彻底解决过去城市化建设过程中因规划不合理造成的堵城、睡城及土地资源经济能效低等问题。

基于城市数字孪生体、GIS、BIM、物联网技术等,通过智能感知设备、无线网络、污水处理设施、给排水管理、智能井盖、水质、水压等在线监测设备实时感知城市供排水系统的运行状态,采用三维可视化方式展示城市综合管线的动态运行,形成城市智慧综合管线孪生体,将采集到的综合管线信息进行 AI 分析、大数据分析、边缘处理,为领导的规划、设计、建设、决策、应急处理提供依据,为操作人员提供精准的运维报务,保障居民用水安全,从而达到数字化智能应用的状态。

基于综合市政管线数字孪生体和城市建筑信息模型的融合,结合区域光照时间、智能建筑能耗等大数据,可以为城市市政及建筑规划提供贯穿整个城市市政或建筑规划流程的辅助决策,基于 GIS、BIM 的融合,实现拆迁分析、控高分析、光照分析、视域分析、天际线分析、规划方案同步对比等应用。同时规划建设新的管线可以与原城市市政数字孪生体的地下管网数据融合应用,有助于给水、雨水、污水、电力、电信、煤气、热力、电视、路灯、工业、公交等地下管线实现三维可视化、数据分析、安全隐患识别,为管网选线、改线提供支持性决策方案,为城市协同应急预案提供支持。

基于地理信息系统技术,采用多源信息一张图的展示方式,可实现将市政综合设施属性、实时监测数据、视频信息、车辆定位、管辖范围、单位信息等业务内容集成到统一、关联、协作的平台上;基于云计算技术,可实现数据分析、统一协调、顶层部署、决策指挥,对城市地理、资源、生态环境、人口、经济、社会综合事务进行三维可视化、数字化、网络化处理,提供给市政部门重大安全隐患预警、辅助决策;基于大数据的概念,将智慧城管系统接入市政综合管理平台,使各市政管理子系统数据互联互通,杜绝单一信息孤岛现象存在,使城市管理更高效,实现以下目标:

① 构建地下管网综合管理互联互通的共享交换与应用平台;

② 构建地下管网综合管理统一审批、监督管理平台;

③ 构建地下管网综合监控、预警与应急指挥管理平台;

④ 形成城市管网综合管控可复制的闭环模式;

⑤ 构建三维地理空间应用与服务框架,提供地理信息服务平台。

（1）城市雨水内涝监测、预警

采用 IoT 技术,在城区道路、下凹式立交桥、城区隧道、雨水聚集低洼处、内涝水泵集水池等位置设置城市道路积水测报终端。在无降雨时间,城市道路积水测报终端处于睡眠状态；当发生降雨时，城市道路积水测报终端自动唤醒，开始按预设采集策略进行积水深度测量；雨水聚集时，利用 GPRS 无线通信网络作为网络平台，依靠自带的 GPRS 通信模块与防汛监测调度中心的上位监测计算机保持数据通信，将路面积水信息上报到防汛监测调度中心，防汛监测调度中心除响应预案外，还将通过专用光纤（或 GPRS 无线网络）将水位信息发布到相关地点的 LED 情报板上，对过往行人及车辆提出警示。

利用 GIS 空间分析技术、内涝模拟模型技术、空间数据挖掘技术、多普勒雷达降雨定量估算技术和内涝预警模糊综合评价法，结合 CBD 城市地形模型、城市降雨模型、城市排水模型、城市地面特征模型、数学计算模型为一体的综合模型，建立城区内涝灾害分析模型，收集城市地理信息、城市内的河道地形信息、工程设施信息、城市化信息、气象信息、城市内涝信息，基于 GIS 的等体积法在 Arc View 中模拟不同重现期的淹没深度和淹没范围，从而得到暴雨内涝灾害危险性评价，形成一个以 GIS 分析技术，数值模型模拟和仿真模型，为城市雨情、汛情、涝情动态实时监测、预警提供基础信息，为城市气象灾害和次生灾害科学预防、领导指挥决策提供依据。利用微信、Web 等技术实现雨情、汛情、涝情相关信息的网络发布，模拟结果为防灾、减灾部门制定防灾、减灾措施提供依据。

（2）管网编辑、查询、统计

① 提供管网编辑功能，满足新区建设时间不断更新、新增的要求，包括管网空间数据编辑、解析录入、撤销和回退等；同时还能够提供灵活多样的批量编辑功能，可根据属性统赋参数或者根据参数统赋属性等，可以直接挂接 Excel 属性表，可批量改变管点设备类型，提供管网设备编码工具。

② 提供丰富的查询功能，以三维动画效果展示，支持移动、坐标定位、缩放、量测、分级分层管理地理信息，同时还能进行组合、分析、查询，能够形象、直观地跟踪、监测管线，支持四遥处理、报警事件、录波曲线等，支持遥控、遥调、复归、闭锁等操作；与视频设备集成，云台控制、视频截图、视频联动及报警信息集成；支持实时/历史趋势分析、系统状态监控、实时/历史报警管理，提供声光电提醒、报警分级/分组、报警过滤、报警切画面、报警联动、报警统计等实现城市市政的全面协同化管理，支持点击查询、快速查询、条件查询、沿线查询、按位置查询、缓冲区查询等多种查询方式，方便用户快速查找到所关注的管网信息。系统可提供消火栓查询功能，支持设置搜索半径，选取事故点，单击查询，系统会将结果列出，并在地图界面显示消火栓所在位置及距离搜索点的距离，为消防救灾提供方便。

③ 提供按口径统计阀门、按管径统计管长、全设备汇总、管长统计、设备个数统计、通用统计等多种统计方式，可生成各种直观的统计结果图，同时支持统计结果的快速导出。

系统可提供管长统计功能，支持设置统计设备、分类字段、统计范围以及统计条件，其中，单击完成一个分类字段的添加，可添加多个分类字段。设置完成后，单击统计，输出统计结果。

系统可提供通用统计功能，支持设置统计图层及统计条件。设置完成后，选择统计范围，统计结果可以以饼状图、柱状图的形式表现。

（3）管网分析

主要用于深层次的挖掘供水管网数据，提供爆管分析、断面观察、连通性分析、区域连通性分析等多种分析方式,为管线规划、抢修等决策分析提供合理性的建议。

系统提供爆管分析功能,支持在地图上单击选择爆管点,系统自动分析,结果中显示需关哪些设备、哪些阀门、受影响的用户、受影响的管段及受影响区域等信息。

系统可对阀门、流量计、调压柜、管线和管件等信息进行综合管理,例如对阀门的厂家、规格型号,管线的压力、材质、口径等进行管理。系统可对设备维修、维护计划进行管理,对设备年限、维修维护等进行预警,还可对维护、维修工作进行记录、分析。

① 风险分级管控

系统依据《危险化学品生产储存企业安全风险评估诊断分级指南(试行)》(应急〔2018〕19 号),内置安全检查表、工作危害分析等安全风险分析方法,或多种方法的组合,开展过程危害分析,确定管网安全风险等级,从高到低依次划分为重大风险、较大风险、一般风险和低风险四级。管理人员可以根据生产单元差异,实时调整权值参数,如图 5-14 所示。

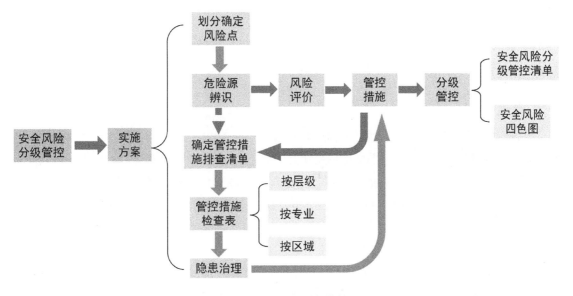

图 5-14　风险分级管控

根据分级管理的结果,结合 GIS 地图,使用红、橙、黄、蓝四种颜色,自动将生产设施、作业场所等区域存在的不同等级风险标示在总平面布置图或地理坐标图上,实现企业安全生产风险分区分布"一张图"可视化展示。

② 管网运行监测,如图 5-15 所示。

通过信息集成与共享,实现管网设施宏观与微观管理融合,实时、全面监管整个城市管线设施运行状态,实现管网压力、流量、温度、水质等监测数据的实时查看和预警分析。为政府部门、权属单位的管网运行规划、异常判断、应急服务等高层次的决策和优化调度提供更强大的基础数据和技术支撑,帮助政府和企业改善管理作业,及时发现安全异常,避免管网事故,降低运行维护成本,抓紧防范。

③ 视频监控查询

集成各类管网的视频监控系统,采取视频监控的集中展示模块,并在地图可视化的基础上,增加了视频图标,通过点击地图视频图标,实现管网现场视频监控影像的调取和查看。

结合监控视频实时查看工程抢险现场的事故发展状态和工作人员的操作情况。

④ 报警管理

在地图上实时显示报警点定位,并计算最优线路和预估通行时间指派车辆前往,可依据车辆实时位置随时调整抢险最佳路线。

(4)断面观察

在获取管线断面交点后,就可进行管线断面可视化分析。管线断面可视化分析可以产生任意切面的横断面图和任意管线的纵断面图。横断面是指垂直于管线位置的一个截面,对横断面分析可以直观地了解相邻管线的空间位置关系;纵断面是指沿某一管线方向的一个截面,纵断面分析可以直观地考查管线的走向和坡度,纵断面对于有高程差的污水管线尤其有用。断面图可以很好地反映出不同管线之间的相对位置、埋深、间距、类型、管径、管线与边缘线、非机动车道、道路中心线之间的距离等数据,一方面可以防止发生挖断损坏其他管线的事故,另一方面可帮助规划单位有效进行管线位置、埋设方案的设计分析。

(5)消防栓分布

基于GIS、BIM、AI、IoT、大数据等技术创建的数字孪生平台,在指挥中心和现场均能运用北斗、App(城市消防水资源手机运用系统)三维定位,快速标明水资源、室外消火栓、室外水泵接合器的定位点信息,根据App的定位检索水资源部位更加精准,消防员采用App实现地图查询、属性查询、鹰眼定位、消火栓定位、最短路径分析等功能,有效解决火灾现场找水难的问题。

基于窄带物联网技术,配置NB-IoT智能数据采集终端,在GIS上三维展示消防水系统的压力、液位、流量等信息,可以实现跨区域、大范围、多场景、多系统一体化监测与管理,有效地保证了城市消火栓及室内消防供水的运营以及突发事件的处置。

(6)按位置搜索

平台可提供按市政综合管线区域、位置搜索的功能,用户可通过输入位置信息快速查找到该位置的所有管线信息,包括埋深、标高、管径、坡度、距道牙的距离等信息,同时系统可提供到达该点的导航服务,方便用户能够快速到达。

平台提供高级查询功能,用户可在地图上选择或通过属性过滤,查询出对应的图层信息,方便用户快速查找目标信息。

(7)管线设施数据修改与参数配置

系统提供管线设施数据修改功能,对已有的管线设备数据,可随时进行修改、添加和删除。在系统中,可以进行某一段或某一区域管线的查找、定位,以及其他的信息修改。可以按不同属性进行查询,可以修改管线的名称、口径、生产厂家、责任人等相关信息,并可对管线的精确位置做一定调整。

提供终端参数配置功能,包含终端采集GPS数据频率、终端上报数据频率,并允许单独设置某些终端的GPS采集频率和上传频率等。此配置可以设置GPS的通信通道、通信方式、上传频率来进行综合设置,达到不同情况下使用不同配置的效果。

平台提供测量功能,系统可提供长度测量和面积测量两种方式。用户可通过长度测量快速计算出管网地图上任意两点的长度;同时用户可通过面积测量快速计算出某一区域的面积,辅助用户进行数据测量。

(8) 隐患的查询与处理

通过手机端,对巡检现场的隐患情况进行上报,管理端的人员可对现场的隐患状况进行任务的下达和处理结果的认定。

可按时间段查询隐患的出现情况,记录所有的历史隐患数据,查询隐患的处理结果和处理过程,统计多发地区、设备材质、老化情况。查询某个时间段内的隐患点分布,并可查询问题级别、现场图片、播放录音。发现某类型隐患或所有隐患在地图上的分布情况,直观地显示出隐患分布,找出多发区域,并显示隐患处理状态。

(9) 爆管分析

当发生漏气事故时,通过确定漏点,查询影响到的区域以及区域内的阀门,确定关阀方案。系统对影响到的阀门及其属性以列表的形式显示,并可以输出打印;用户可以定位选择阀门,以查看其周边情况。建立符合管道事故抢险的应急流程方案。结合不同的预警条件和智能预案分析,自动启动相应的流程。在发生泄漏时,系统调用相关计算模型,在地图上标示出危险警戒区域,提醒用户设立警戒圈,做好安全撤离工作。有了基础的上下端信息,便于分析确定受到影响的管线与片区,并及时通知相关商户、住户。

7) 城市联动指挥应用

基于城市数字孪生中枢,梳理城市的综合感知平台、视频联网、应急广播、基层防汛等项目。要实现跨部门、跨层级的信息共享与业务协同,增强城市治理的可视化指挥效能,以治安防范、生态环境、综合治理、道路交通等为重点,形成集感知发现、上报服务、分析处理、联动指挥、监察管理"五位一体"的统筹化、协同化、智慧化的联动指挥新模式,满足各类日常监控、指挥调度、应急处置和决策支持需求。

城市联动指挥通过网格的数字化孪生,形成孪生网格管理体系,建立网格化管理信息平台,实现区域联动、资源共享、精准服务、精准管理,并与数字城管系统、阳光执法系统、12345系统等对接,支撑发现问题、流转交办、协调联动、研判预警、督查考核的工作机制。

利用孪生网格,全面感知城市运行状态,切实提升突发事件监测、预警和应急处置能力,实现对安全隐患的精准预防、违法犯罪的精准感知、实时警情的精准处置;整合互联网数据、政府数据、行业数据等资源,完善城市舆情监控,在社会治理中做好环境舆论引导与舆情管控,提升舆情响应速度和社会综合治理水平。

图5-15为基于孪生网格的城市联动指挥系统图。

数字孪生技术作为智慧城市下一阶段的最佳技术手段,在服务城市智慧化运行,智能化

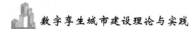

治理方面也刚刚开始探索,随着数字孪生城市底板逐渐完善,孪生应用将会呈现百花齐放的场景。

图 5-15　基于孪生网格的城市联动指挥

第6章
新技术助力数字孪生城市新发展

新一代信息技术的应用是数字孪生城市建设与发展最重要的一个环节,通信技术、人工智能技术、区块链技术与数字孪生城市建设的深度融合是实现创新发展与精准管理的必然趋势。数字孪生城市需要不断吸纳、融合包括5G、人工智能和区块链等新一代信息技术,更好地助力城市发展。从信息流的速度出发,5G技术为数字孪生城市提供了更快速的信息交互能力,提高了数字孪生城市全流程的运行速度。从信息的分析处理能力出发,人工智能技术帮助数字孪生城市更高效地解决问题与事务,提升城市智能化水平。从数据资产的底层信任传递成本出发,区块链可以帮助数字孪生城市用更低边际成本的方式,进行跨信任主体的信息同步,为数字孪生城市增加了数据流通性和数据的可靠性,更好地解决了数字孪生城市的数据治理能力。如何多维度融合全新的信息技术,与时俱进,快速进化,是数字孪生城市在新时代发展中需要不断讨论与探索的话题。

6.1 5G时代数字孪生城市概念模型

数字孪生城市是物理城市的数字镜像,随着新型智慧城市运行数据的爆发式增长,对城市的描述正从原来的二元空间进入社会空间、物理空间、信息空间并存的CPH(赛博、物理、人类)三元空间[177]。5G支持下的新型智慧城市的建设运营将遵循数字孪生理念,以5G为核心的新型智慧城市泛在智能基础设施,将赋能构建数字孪生城市,强化数据智能、信息模型平台支撑,注重实现数据驱动、三融五跨的应用服务发展。5G新型智慧城市将以数字孪生城市作为数据获取、数据处理、数据输出的重要媒介,通过泛在的智能基础设施实现城市居民、地理空间、社会空间和产业空间在数字孪生城市的映射,在此基础上开发政务服务、交通、医疗、安防、教育、产业提升等领域的场景应用。

6.1.1 5G技术催生数字孪生建设

当前,数字化转型成为发展趋势,企业、行业数字化已经大行其道,而城市数字化转型则刚刚起步,面临着技术应用、业务发展等巨大机遇和挑战。5G时代的到来,为城市数字化转型注入了新的动能,表现在5G将重塑城市智能体系,赋能千行百业,推动智慧创新应用发展,成为数字经济发展的新引擎。

1) 5G 的技术优势

第五代移动通信技术简称 5G,5G 的性能目标是提高数据传输速率、减少成本、节约能源、降低延迟、增大系统容量和大规模设备连接[178],相比 4G,其优势如表 6-1 所示。

表 6-1　5G 和 4G 的技术对比

	速率	延迟	每 km² 最大连接数	移动性
4G	100 Mbps	30～70 ms	1 000	350 km/h
5G	10 Gbps	1 ms	1 000 000	500 km/h
差距	100 倍↑	30～50 倍↓	100 倍↑	1.5 倍↑

（1）低功耗大连接

传统移动通信将会在支持物联网及垂直行业应用时逐渐力不从心,而 5G 拥有低功耗大连接的优势,该技术可以应用于智慧城市、智能农业、森林防火、环境监测等以传感和数据采集为基础的领域,此类终端的分布范围较广且数量多,对网络提出具备超千亿连接的支持能力的要求,需要满足 100 万/km² 连接数密度指标的要求,除此之外还要保证终端的超低功耗和超低成本[179]。

物联网将是 5G 发展的主要动力,业内认为 5G 是为万物互联设计的。到 2021 年,将有 280 亿部移动设备有望互联,其中 IoT 设备将达到 160 亿部。2020 年到 2030 年间,各行各业的用户都有望成为物联网领域的服务对象[180],M2M 终端数量将大幅度增加,应用无所不在。从需求层面思考,物联网首先能够满足对信息读取和物体识别的需求,之后运用网络进行信息传输和共享,随着联网物体量级增长进行系统管理和信息数据分析,最终实现对企业商业模式和人们生活模式的改变,实现万物互联[181]。业内人士对未来的物联网市场进行预测,认为市场将向细分化、定制化和差异化的方向改变,未来的增长极有希望超出预期。有预测认为 2020 年物联网连接数将达到 500 亿,这可能仅仅只是一个起点,未来物联网连接数规模将近十万亿[182]。

（2）低时延高可靠

相对于 4G 的 30～70 毫秒,5G 网络拥有更低的网络延迟(更快的响应时间),甚至低于 1 毫秒。较低的延迟差可以满足全新的移动网络需求,例如车联网、远程控制、远程医疗、工业控制等,可以为用户提供毫秒级别的端到端时延和高可靠性的业务服务[183],还包括多人移动游戏、工厂机器人、自动驾驶汽车和其他需要快速响应的应用[184]。

（3）高速下载和传输

安卓、iOS 系统已经应用于各类平板电脑和智能手机等设备上,当 5G 无线通信技术应用于安卓系统,能够有效分离硬盘驱动和系统基础文件,将硬盘驱动从云端快速同步到终端,提高数据读取速度,充分利用终端存储空间,有效提高硬件设备性能[185]。同时,5G 网络将达到 1Gbit/s 用户体验速率、数十 Gbit/s 峰值速率和每平方千米数十 Gbit/s 的流量密度能力。在用户密集分布的局部热点区域,如写字楼、居民小区、繁华商业地段,为用户提供极高的数据传输速率,满足用户实时传输超高清视频和高速下载的需求[186]。

2) 5G 助力数字孪生城市建设

（1）5G 成为数字孪生城市建设的基石

5G 技术的应用能够从多层面为数字孪生城市带来崭新的变化。就网络本身而言，5G 网络不是 4G 网络的简单升级，而是未来网络的变革。它提供更高的带宽、更多的连接、更低的时延、更可靠的服务，从而极大丰富了智慧城市的数据来源，使得数据采集更加全面、数据处理更加高效，使万物互联成为现实。

在 5G 时代，以 5G 为基础的"泛在传感连接网络"将成为数字孪生城市建设的基石。首先，5G 与行业深度融合，接入的智能终端将更加多样，规模化趋势愈加明显，通过结合网络切片、百万级物联网设备并发等技术，能够有效推动新型物联网终端体系建立；其次，5G 与边缘计算融合，能够更好发挥出低时延、高速率价值，将 AI 技术的具体应用下沉，开展本地化智能服务，建立全新的边缘 AI 分布体系；另外，5G 能够为公众客户以及专业客户（如公共安全部门、园区等）提供更安全、更高效、更灵活的定制化网络服务，实现"公众网络 + 专用网络"的全连接智能网络体系。通过与物联网终端、边缘 AI、智能网络三大体系的融合，5G 为智能基础设施建设与智慧应用创新带来更强大的技术支撑。

（2）5G 重塑城市智能体系

传统的城市智能化管理方式主要以垂直智能体系为主，各行业及领域分散化、碎片化的智慧建设使得信息不互联、数据不互通，容易形成"信息孤岛""数据烟囱"，甚至"智能烟囱"。5G 网络的普及和 5G 与大数据、人工智能、物联网、边缘计算、云计算等新一代信息技术的融合发展，将打破传统智能的桎梏，重构城市智能体系，形成"端－边－枢"全域一体的新型城市智能体系，即 5G ＋末端感知智能、边缘计算智能、中枢决策智能[187]。

5G 网络与人工智能＋物联网（AIoT）、移动边缘计算（MEC）、智能运营管理平台的融合发展，串联起"端－边－枢"分级智能场景，赋能城市全域一体智慧。5G ＋ AIoT 开启万物智联，从需求场景出发，辐射所有末端感知节点（如摄像头、智能灯杆、环境监测设备等），助力全域数据采集，满足感知设备对网络能力的更高要求，建立起互联互通、实时共享的城市"神经末梢"，从而带来海量数据。5G ＋ MEC 构建边缘智能，以本地服务为立足点，让云端 AI 处理能力下沉，离本地数据更近，形成云边协同的新型基础设施，催生城市感知与城市智能的无缝连接。如视频监控场景，视频流在边缘侧实时集中处理，不再需要全部上传至云端处理或者摄像头就地处理，有效降低成本，提升响应效率。5G ＋ IOC 实现中心智能，以数据融合应用为核心，推动数据流通共享与交互协同。IOC 作为智慧城市建设的核心和关键，具备采集、存储、计算、挖掘、展现为一体的城市数据运营能力。通过 5G 网络可以向下连接基础的端云底座，向上承载开放的能力与应用，为海量数据赋能赋智，重塑城市智能化体系[187]。

3) 5G 时代数字孪生城市的趋势

（1）快速增长的数据成为城市管理重要的基础资源

5G 的核心本质是人和人、人和物、物和物之间的泛在连接，是万物互联的基石。无处不在的连接使得智能终端和传感器加速应用，人、机、物逐步交互融合，物理世界的大量信息通过数字化进入数字世界。这些快速增长的数据也已成为与土地并列的城市重要基础资源。

通过分析、挖掘物联网、互联网、政务、时空等来源广、类型多、时效强的大量数据,形成指导城市决策的海量信息。借助人工智能等新技术也将呈现出更大的发挥空间和想象力,使得真正意义上的智能世界成为可能[187]。

（2）智能基础设施助力提升城市感知能力

城市各类基础设施正面临着物联化、智能化的重大变革,以适应5G时代新技术体系下的数据采集、传输和分析的需要。当前,智能充电桩、智慧路灯、智慧抄表系统等智慧化的基础设施在城市中的应用场景越来越多。城市通过科技手段提升硬件基础设施,改善了感知环境变化的能力。5G边缘计算的出现使得末端基础设施具有了及时的计算处理功能,无须上传至中心即可就地解决,不仅处理效率快速提升,也大大节约了中心计算资源与上下行传输资源。可主动感知与边缘处理的智能基础设施构成了感知灵敏、互联互通、实时共享的城市神经末梢系统,打造战略性基础资源,与软件应用相辅相成,共同助力提升城市感知能力[187]。

（3）5G与新一代信息技术融合为数字孪生城市发展带来新机遇

5G作为底层技术,也是数字孪生城市发展的新引擎。任何新技术都不是独立存在的,5G超高速率、超大连接、超低时延的三大能力,融合人工智能、大数据、云计算、边缘计算、物联网等核心技术[188],充分发挥技术引领作用,凝聚合力推动智慧城市发展进入全新阶段[189]。5G结合物联网技术将深入推动城市实现万物互联,极大丰富了智慧城市的数据来源,借助AI与大数据技术,将深度学习注入人与人、人与物、物与物连接应用中,真正实现万物智联。通过5G与边缘计算、云计算的结合,搭建多元计算设施,可形成功能层次分明、高效集约的云服务布局,实现城市应用的集约建设、快速部署与敏捷响应[187,190]。

（4）创新应用场景持续出现

当今数字经济发展日新月异,我国5G商用已正式拉开帷幕,有力推动VR/AR、AI、边缘计算等多种前沿技术真正实现落地,孕育了一大批服务于城市多领域的全新应用,全面赋能垂直行业,从而在交通出行、智慧能源、文化娱乐、智慧医疗、工业生产等领域产生颠覆性的效果,重构行业业态,日益丰富数字孪生城市应用场景。5G网络下,出行、公共安全等多个领域将实现智慧化管理和运行,推动城市的可持续发展;5G的应用将打破空间的局限,在医疗、教育、文娱及家居等多方面优化市民的生活;5G也将改善传统工业的生产条件,提高生产的远程操作和可控性,推动产业转型升级。然而基于5G的创新应用还远不止当前已设想的,就如在4G出现时,我们并不能想象到移动支付将对我们的生活产生如此巨大的影响[187]。

6.1.2　5G时代数字孪生城市概念模型

1）5G时代数字孪生城市概念模型的基本内容

（1）内涵

5G时代数字孪生城市概念模型从城市应用建设的角度出发,从"行业领域""通用能力""城市空间"和"数字空间"4个维度给出了5G数字孪生城市发展的一种抽象描述(图6-1)。

5G 时代的数字孪生城市,可以视为以城市空间划分为单位,基于 5G 与各种新一代信息技术加速突破融合形成的通用能力,赋能在城市善政、兴业、惠民的各行业领域,在不同空间形态形成全新的应用场景发展模式。它以新一代信息技术为支撑,以数字化的方式建立起与实体空间对应的数字镜像空间,可与实体空间精准映射、智能交互、虚实融合实现数字孪生,通过各要素间的相互联系与作用,共同助力城市整体发展[191]。

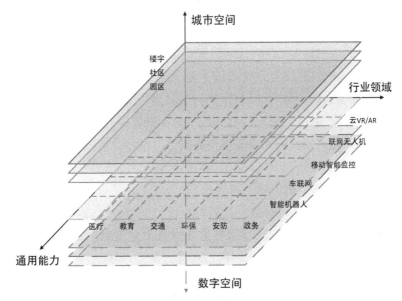

图 6-1　5G 数字孪生城市的抽象描述[191]

（2）基本特征

系统性:数字孪生城市是一个复杂的巨系统,基于 5G 实现的数字孪生城市是由通用能力、行业领域等若干个相互作用、相互依存的部分组成的有机整体,各部分无法孤立地存在,其本质上也是一个需要全局部署、整体性思考的系统[191]。

复杂性:数字孪生城市涉及面广,并非技术与行业领域简单地相加。一种通用能力运用在不同的行业领域后,会产生全新的场景,而这些场景在不同的城市空间中,又具有符合相应空间需求的特点。另一方面,通过数据可以把真实世界虚拟成数字世界,而这一过程要综合考虑到城市本身各环节的关联关系,建模过程极为复杂[191]。

动态性:首先,社会在不断地发展进步,信息技术也从未停止随之迭代更新,因此基于信息技术的通用能力不断被优化,相应的场景应用将朝着更加智能化的方向前进。其次,城市各项活动无时无刻不在产生大量的数据,这些数据在空间和时间维度上多数为非静态的,数字世界也不断实时动态感知[191]。

（3）主要内容

通用能力:5G 与人工智能、云计算、边缘计算、传感技术、视觉技术等基础技术相互结合,可构建或优化大量通用能力,即云 VR/AR、联网无人机、智能移动监控等,通用能力再与垂直行业领域结合,赋能城市政务、产业、民生等方面的具体场景,助力营造智慧城市美好的城市环境、创新的产业发展、便捷的服务体验和高端的生活品质,全面升级智慧城市建设。如 5G 与云计算、VR/AR 技术相结合,形成云 VR/AR 的通用能力,能够大大推进在云端进行渲染的效率,并通过可靠的高速网络实时返回给终端,广泛地应用于城市安防、家庭娱乐等具体的场景中,提升业务的获取性和产品的体验性[191]。

城市空间:按照城市空间的不同表现形态,将城市空间上的楼宇、街区、社区、园区、小镇等作为智慧城市建设的微单元。城市微单元能够最大限度地推动 5G、人工智能、物联网、三维可视化等前沿信息技术的高度集成应用。且在各个单元层面,数据的汇聚和统一管理相比于城市体量较易实现,这是 5G 时代构筑智慧城市的落脚点[191]。

数字空间:智慧城市的建设与发展过程无时无刻不在产生着数据,这些数据在城市的数字空间描绘着物理空间的一举一动,数字映射实时呈现智慧城市整体运行,形成了与实体世界相对应的数字世界。数字空间充分利用城市的基础数据、行为数据等,实现物理实体的镜像,并通过各种智能化的模型反向为实体世界提供干预和决策依据,全方位地构建了智慧城市的智能管控体系[191]。

2)5G 时代数字孪生城市概念模型的应用

(1)以通用能力为支撑,全力打造发展基石

5G 与众多基础技术的相互融合发展,打造智慧城市建设通用能力,将产生万物智能连接的全新生态。大力推进 5G 引领的新一代信息基础设施升级,进一步推动 5G 与新技术深度融合,打造一个计算无处不在、网络包容万物、连接随手可及、宽带永无止境的"新智能环境",为智慧城市建设奠定基础。5G + 物联网深入推动城市万物互联,多样化、规模化部署的智能终端不断涌现,如电脑、智能手机、智能摄像头、智能机器人、智能电表、智能井盖等全面渗透到城市生产、生活、生态各方面,完成城市数据的实时采集与快速传递。5G + 人工智能全面赋能城市智能升级。5G 将为 AI 提供更好的网络基础,AI 也将使城市真正实现"万物智联",在此基础上融合边缘云计算,大大缩短终端数据处理与回传时间,为智慧城市各领域的智能应用提供便利,如 AI 辅助智能头盔、AI 使能的视频监控等通用模块在安防和巡检等领域发挥重要作用。强大的网络能力可以支撑更多样业务的存在,5G 网络联合新一代信息技术形成的基础生产力正在使能各行业数字化,借助各类技术融合的强大合力,达到 1 + 1>2 的效果,夯实了城市智能化基础[191]。

(2)以微单元为切入点,统筹引领智慧示范

智慧城市落地形态表现出从城市整体建设向空间单元建设,即楼宇、社区、园区等空间单元的发展趋势。智慧楼宇、智慧社区、智慧园区是智慧城市建设的探索,是智慧城市理念的延伸和拓展,也是建设新型智慧城市的落脚点。当前国内以园区、社区、商圈、楼宇为代表的微单元智慧化建设如火如荼,具有较大的市场前景。以城市微单元为建设的切入点,将场景下沉,从系统的角度进行规划思考,以顶层设计为指引,统筹规划,分步实施,在小范围区域内实现各项技术的集成应用和数据的融合汇聚,将为智慧城市的建设积累经验、提供范本。同时,为规范城市微单元的规划建设、运行维护、服务管理和安全保障等工作[192],在建设时需建立完善的标准体系,为实现技术集成应用和数据融合统一提供重要保障[191]。

（3）以数字孪生为引擎，同步建设虚实空间

数字城市与现实城市的精准映射、虚实融合将成为智慧城市建设的重要方向。三维建模、数据融合、场景协同是数字孪生的重要特征。以多源数据为驱动，数字空间与物理空间同步与建设，实现城市空间全要素数字化、全过程可视化，将为城市精细化管理奠定良好的基础[193]。智能运营管理中心紧跟智慧城市建设向数字孪生城市演进及 5G 时代万物智联的趋势，以三维建模为基础，融合智慧城市的多样化数据，对城市各物理空间基础运行体征进行实时监控，以数字空间镜像再现物理空间，对城市或不同城市单元的人、物、环境、事件进行统一管理，最终达到城市或城市微单元虚实互补的可视、可管、可控的协同体系。因此在未来智慧城市建设中，以 IOC 为基础的数字空间的建设和运营将成为践行"数字孪生"理念至关重要的落脚点[191]。

6.1.3 5G 与数字孪生城市的融合应用前景

5G 是低时延、高可靠、可连接万物、可实现海量信息传输的网络，是构建万物互联的基础，5G 与新一代信息技术的结合将极大激发数字经济发展潜能，服务于生活娱乐、消费零售、交通出行、城市管理、工业制造、农业生产、医疗健康、教育文化、旅游等领域[194]。

1）5G＋云 VR/AR

5G 与云 VR/AR 的结合，将有效解决传统 VR/AR 数据传输速度慢以及高延时的网络痛点。一方面，通过充分运用 5G 大带宽网络特性，可实现存储上云、计算上云，有效降低 VR/AR 眼镜的重量及成本，加速 VR/AR 技术在场景端的应用；另一方面，利用 5G 网络可有效降低传输时延，避免佩戴 VR 眼镜时由于时延造成的眩晕感，进一步拓展 VR/AR 的交互性和沉浸式体验[194]。

未来，5G＋云 VR/AR 将广泛应用于教育、旅游、医疗、直播、云游戏等领域，带来随时随地的视觉盛宴。一方面，5G＋云 VR/AR 可广泛应用于云游戏、社交和影视直播、虚拟社区、VR 巨幕影院、VR 全景直播等大众应用；另一方面，5G＋云 VR/AR 也会为智能制造、智慧医疗、教育科普、商贸创意等行业应用赋能。以工业领域为例，普通工人通过佩戴 5G VR/AR 眼镜，可以利用后台专家提供的技术方法，实现对复杂生产过程的操作及设备检修，可降低对工人技能水平的要求，提高工业生产效率与质量[194]。

2）5G＋超高清视频

5G 与超高清视频的结合，将有效解决超高清视频产业传输痛点。5G 在超高清视频领域的应用，将从技术、硬件、应用等多方面带动并实现产业升级。在 2019 中国篮球世界杯、北京世界园艺博览会以及未来 2022 北京冬奥会赛事的推动作用下，超高清视频采集设备、VR 视频应用设备将成为产业新的突破点[194]。

5G 与超高清视频技术的应用，还将带动文教娱乐、智慧医疗、安防监控、工业制造等相关产业创新发展。在文教娱乐领域，5G 超高清视频与 VR/AR 结合能带来更真实逼真的体验，可应用于影视娱乐、体育赛事直播、远程教育、科研交流等场景。在智慧医疗领域，5G 超高清视频可以提供超高清晰显示，显著提高医学图片的解析度，为教学诊治、手术导航规划

提供有力技术支撑。在安防监控领域,5G+超高清视频可以弥补环境缺陷,真实还原各区域细节,应用于各类智能安防场景。在工业制造领域,5G超高清视频可以实现原材料识别、质量检测、精密定位测量、工业可视化、机器人巡检、人机交互协作等场景,提高工业自动化、智能化水平[194]。

3) 5G+智能交通

自动驾驶走向5G时代,真正实现人-车-路协同。目前,国内自动驾驶汽车以单车智能技术为主,通过汽车自身传感器获取信息,自主判断,调整行驶方向与速度。但是面对复杂的交通环境,单车智能自动驾驶汽车,无法准确判断人、车的意图及意外因素,安全性有限。此外,单车智能自动驾驶汽车由于采用大量传感器,成本高昂,难以大规模使用。5G网络的赋能,让车路协同、人车协同成为可能,信息的获取不再仅仅依靠车配雷达、激光等传感器,还可以通过前车与后车、车与路、车与人、车与路边灯杆的联系获取。在人-车-路协同下的自动驾驶汽车,成本将大幅降低,安全性也会得到更好的保障[194]。

5G让出行更智慧,让城市管理更便捷高效。随着技术发展,车联网、辅助驾驶、编队行驶等5G应用将从试验场走向城市道路。从个人出行角度来看,5G与智能交通的融合应用可以降低汽车使用成本,提升乘车体验和出行效率,让交通出行更加“智能化”;从城市管理角度来看,5G与智能交通的融合应用可以提高道路交通安全、行人安全和道路运行效率,减少尾气污染和交通拥堵,有效缓解城市交通压力,提高交通、运输、道路和环保的管理能力,打造未来城市交通与城市生活样本[194]。

4) 5G+智能医疗

5G可助力医疗品质与效率进一步提升。5G网络在医疗领域能够完成医疗健康应用中各要素之间的全连接。随着云在智能医疗行业中的应用,信息系统、医疗设备、医务工作人员、患者、管理者可以利用5G等完成互联互通。无线监测、导诊服务、机器人查房、物资管理、多学科会诊、电子病历、视频监控、VR探视、VR虚拟教学、移动急救、远程手术直播等智能化5G应用,将极大提升医疗品质、提高医疗效率与效益,降低医疗人工出错率[194]。

5G可助力医疗资源分配优化。通过远程问诊、远程机器人监测、远程手术等典型5G应用,解决小城市和边远地区医疗资源不足、医疗水平低的问题,帮助患者得到及时的救助,消除医疗专家与患者在途时间消耗,提升医疗工作效率。5G与智慧医疗的融合应用可以让诊断和医疗突破地域限制,提升优质医疗资源的普及率,助力分级诊疗政策实施[194]。

5G可助力医疗服务走向院外,走向家庭。未来,医疗信息服务将从无线化向远程化和智能化发展。通过5G、人工智能以及云计算,满足线上与线下的对接,利用便携式5G医疗终端来与远程的医疗专家和云端的医疗服务器进行沟通,随时随地享受医疗服务[194]。

5) 5G+智能教育

提升教学体验,让教学更生动。5G、VR/AR、人工智能等技术的应用将改变现有教学的刻板印象,以可触达、多互动的表现方式,实现教育领域的个性化与智能化。一方面,借助5G与VR/AR技术,学生的课堂体验将从2D跃升到3D,展示内容不再是图书或黑板呈现的平面内容,而是栩栩如生的三维内容。对于日常中可见的实物,学生不需要用回忆去想象,对于电波、磁场、原子、几何等抽象或肉眼不可见内容,学生们可以通过 VR/AR 形象可视化的展示,提升认知和理解。另一方面,5G 与 VR/AR 技术可有效增强教育的互动性与参与性。通过 5G、VR/AR 等应用,让学生通过亲眼看、亲耳听、亲手动的方式学习,此外还可以通过游戏化教学,大幅度提升学生学习意愿,提高学习效率[194]。

增强教学互动,让教育更智能。交互智能大屏、学生终端、答题反馈器、录播、授课宝、展台等硬件终端的 5G 应用,可实现教学信息化与智能化。在课前,教师可以通过 5G 移动手机端进行移动备课;在课上,教师可以通过答题反馈器了解学生课堂测验数据,实时调整授课方式,提升课堂效率;在课后,教师可以通过课上学生行为分析,为学生建立多维度教学报告和个人成长档案,并通过随时随地的网络接入,实现个性化辅导[194]。

平衡教育资源,让教育更公平。双师课堂、远程全息课堂等 5G 应用,以全息投影的方式,将名校名师的真人影像通过裸眼 3D 的真实效果展现在远端听课的学生面前,不同地区的老师、学生得以聚集在同一个虚拟课堂,达到体验真实、实时互动的效果,有效解决乡村教学点“缺师少教”、课程开设不齐全的难题,实现多地区共享优质资源,促进城乡教育均衡发展[194]。

6) 5G+智能制造

5G 推动传统生产向智能生产转型升级。在智能制造领域,5G 低时延、高可靠、广连接的网络特性,将为远程作业、柔性生产、自动控制、辅助装配、云化机器人、机器视觉、场外物流追踪配送、远程监控与调度、大规模调度、多工厂联动等智能制造应用场景提供支撑。目前,商飞、徐工、三一重工、鞍钢等企业已经应用了基于 5G 技术的智能生产线,大大提高了生产效率,有效控制了故障率,提升了产品品质[194]。

5G 打造一体化智慧工厂样板。5G 网络可以实现生产设备间的无缝连接,进一步打通设计、采购、仓储、物流等多个环节,使生产全过程更加扁平化、定制化和智能化。在研发设计环节,可通过 5G 网络实现多地协同在线研发设计;在供应链管理环节,可通过 5G 网络实现供应链、市场供需等信息实时化对接;在生产制造环节,可对生产数据实时采集,并通过 5G 网络实现远程控制;在质量管理环节,可基于 5G 与机器视觉,提升质量管理的实时性,降低人力成本;在运营维护环节,可对产品数据高速采集、分析,提供远程服务。5G 时代的智能工厂将让生产控制更精准,让生产要素的利用更高效,让生产过程配置更柔性,极力改善现有生产条件,提高生产可控性[194]。

7) 5G+智慧旅游

5G 在文化旅游行业的应用将有效改善旅游行业管理水平,提升游客感知体验。通过 5G 网络,结合人工智能、VR/AR、超高清视频、无人机等技术,提供智慧监控、沉浸式导游、全景直播、智慧酒店等多种服务[194]。

全新的游览体验,沉浸式游览感受。未来,从游客入园前直至离开,景点可提供全方位的陪同式导游服务,以全新的游览、消费体验,提升导览效率。重要景点将以 VR/AR 技术为核心,整合边缘计算、大数据和定位等技术,让人们快速体验景区的人文沉淀,给游客带来沉浸式的游览感受与安全保障[194]。

打破时空边界,让历史浮现眼前。通过采用 5G 网络及云计算、VR/AR、全息、超高清视频等技术打造新型智慧博物馆,以更为广泛的渠道和多样化的体验方式提供文化服务,同时实现对馆内文物和设施的智慧化管理[194]。

智慧酒店服务,让旅行更舒适安全。一方面,5G 智慧酒店可以通过智能监控、人证识别与智能门禁等多项信息化服务,让酒店住宿更加安全、便捷。另一方面,可以通过 5G 网络全面提升旅客体验,为游客提供超高清影视、高清视频会议、云游戏、VR/AR 互动娱乐等酒店增值服务[194]。

8) 5G+智慧城市

在智慧城市领域,5G 与新兴信息技术的结合将大大提升智慧安防、智慧市政、智慧环保、设施维护等公共服务平台响应速度和服务能力,让城市实现智能化管理与运行[194]。

5G 智慧政务——更便民的政府服务。通过 5G 网络与超高清视频、VR/AR 等技术的结合,可提升智慧政务远程服务水平与用户体验能力,真正做到让老百姓少跑腿,易办事。当前,各地均在布局和发展 5G+智慧政务,积极打造智慧政务大厅,在法院、海关等部门陆续开展个性化应用试点[194]。

5G 智慧安防——更可靠的安全系统。通过 5G 网络与边缘计算、视频监控等技术的结合,可有效改善传统安防反应迟钝、监控效果差等问题,以更快的速度提供更加精确的监控数据。与此同时,5G 的大连接能力也使安防监控范围进一步扩大,通过机器人、无人机等方式获取更丰富的监控数据,为安防部门提供更周全、更多维度的参考数据[194]。

5G 设备维护——更高效的城市管理。通过 5G 网络与边缘计算、人工智能、视频监控等技术的结合,可以将底层感知设备与城市基础设施运维部门的管理平台互联,对城市基础设施智慧化维护、城市整体管理与运营效率的提升产生积极作用[194]。

5G 智慧楼宇——更舒适的办公居住环境。通过 5G 网络与人工智能、视频监控、建筑信息建模等技术的结合,可以将各类楼宇系统、运维管理体系及人的行为,有序地组合在一起,从而使楼内环境更为舒适、安全[194]。

5G 智慧环保——更绿色的城市环境。5G 网络可为海量环境监控设备提供数据接入与传输支撑,结合大数据、视频监控、无人机等技术,实现环境与平台、平台与人之间的实时信息交互,传输污染位置、污染成因、污染图片与视频,提高污染溯源准确率,还可为多个城市之间提供共享数据,协助联防联控[194]。

6.1.4　5G 在数字孪生城市建设过程中的挑战

虽然我国在 5G 研发中占有较大的优势,但是目前在技术应用和落实建设中仍有待完善。

首先虽然我们较之以往,在芯片研发上有了质的突破,但在一些核心技术上仍受制于人,例如射频组件等核心部件主要依赖于进口,同时,我国 5G 基站还在建设中,仅能在部分地区应用于手机系统,社区治理、智慧交通、智慧物流等其他领域尚在尝试中。

其次,5G 技术的全面推广困难重重,一方面 4G 技术普及时间不长,很多地区基础设施才刚刚投入使用,若即时淘汰,必然造成成本过重的压力,以及 5G 光纤和新频谱投资回报方面的担忧。另一方面在于,现今基础设施的更新换代存在着许多问题,投入较大且不确定性因素较多,很难在短时间内实现服务的精准化和全覆盖。另外,5G 无线网络技术通常采用的通用硬件与工业互联网、车联网等难以实现完全兼容,需要通过完善通用硬件来实现协议可靠。虽然移动接入设备可以升级为临时基站,能够极大拓展网络的覆盖面,但安全层级方面需要具备更高的权限,会导致信息安全的问题。因为 5G 技术能够供大量用户访问,服务端的用户安全认证较难,用户加密方法、安全性能和智能病毒等问题亟待解决[195]。

6.2　人工智能＋数字孪生助力智慧城市新发展

城市是一个动态变化的复杂巨系统,其稳定健康发展离不开有效的管理运营秩序,高效率的社会组织形式也是人们选择在城市居住、工作的重要因素之一。这些属性促使未来城市趋向越来越智能的方向发展。构建各重要功能朝着"信息化"发展的智慧城市,将成为未来城市不可避免的发展趋势[196]。在城市建设过程中,数字孪生城市理念以其虚实结合的特点受到政府与企业的广泛关注,为智慧城市建设提供新思路。中国信息通信研究院为数字孪生城市建设提出了六大关键技术,其中以深度学习为代表的人工智能便是重要的一项技术。如今我们仍在探索数字孪生城市的建设,关于人工智能的发展对数字孪生城市有何作用与影响、人工智能怎样推动城市的智能运行、人类要采用何种方式来应对人工智能带来的挑战与风险等诸多问题,都有很大的可研究空间[197]。

6.2.1　人工智能技术的未来发展态势

近年来,人工智能技术得到广泛研究,算法、软件框架和基础硬件等都有一批新的研究成果出现,为数字孪生城市提供了技术支持,也为在数字孪生城市中更灵活地应用人工智能技术提供了多样化的选择[197]。

1) 深度学习算法层出不穷,底层技术不断更新

现今的人工智能技术的热点主要在于用深度学习来主导算法和完成技术路线,人工智能技术被深度学习深刻地改变。典型的人工智能深度学习模型有深度置信网络、卷积神经网络以及堆栈自编码网络等,然而它们的算法仍不完善,这些年诸如胶囊网络、迁移学习和联合学习的新型算法理论成果被提出和应用,这些理论的提出在不同的角度上提高了人工智能技术的精度和准度,极大改善了应用成效。例如,胶囊网络可以同时处理多个不同目标的多种空间变换,极大地提升了识别精度;迁移学习能够大幅度减少深度网络训练所需要的数据量,从而缩短训练时间;联合学习不仅可以丰富数据集,还能保护敏感数据,保障个人隐私。除此之外,深度学习算法与知识工程、神经科学等领域的融合成为不可逆转的形势,这种融合有利于深度学习发展新的技术路线,从而推动人工智能技术进入"后深度学习时代"[197]。

2) 软件生态体系趋于成熟,开源框架推动人工智能进一步普及

软件框架是人工智能技术体系的核心,通过框架来实现对算法的封装、数据的调用和对计算资源的运用。深度学习的训练框架技术和生态目前已经较为成熟,除了少数企业为了打造技术壁垒,选择开发闭源的软件框架,目前业内主流软件框架基本都是开源化运营。其中由谷歌大脑主导的 TensorFlow、由亚马逊主导的 MXNet、由 Facebook 主导的 Caffe2 + PyTorch、由微软主导的 Microsoft Cognitive Toolkit(CNTK)、由百度主导的 Paddle Paddle、由腾讯主导的 NCNN 等都是当前主流的深度学习开源软件框架。开源软件框架降低了人工智能行业的门槛,使更多企业参与进来,能够应对开发者对训练新算法和部署新模型的需求,有助于推动人工智能技术的普及。斯坦福大学等于 2019 年 12 月发布的《人工智能指数报告》指出,伴随着 AI 算法的快速发展,其训练成本日益便宜,据统计,在流行数据集的训练上,机器视觉算法所需的时间已从 2017 年 10 月的 3h 减少到 2019 年 7 月的 88s,成本也从数千美元下降到数百美元[197]。

3) AI 芯片研发迅猛,人工智能技术终端化边缘化趋势明显

AI 芯片也叫作计算卡或者 AI 加速器,能够处理人工智能应用中涉及的各类算法,是人工智能计算能力的基础。当前,国内外各大科技企业如苹果、高通、华为、阿里巴巴等均大力研发人工智能芯片,已经研制出很多优秀的产品。随着手机、平板电脑、可穿戴设备等智能终端的普及和物联网技术、5G 技术的迅猛发展,对 AI 端侧迁移的需求成为显著趋势。根据 IDC 的预测,未来几年内由终端采集和产生的边缘侧数据将达到总数据量的 50%,而利用端侧 AI 芯片就近分析处理数据是最佳选择。据德勤的《2020 科技、媒体和电信预测》预测,预计 2020 年全球将售出超过 7.5 亿个边缘 AI 芯片,带来 26 亿美元收入;到 2024 年,边缘 AI 芯片的出货量极有希望突破 15 亿,而年出货量至少增长 20%。发展人工智能的终端化和边缘化,有望大幅度改善系统的隐私保护和即时响应能力,即使是在网络连接不稳定的情况下,也能保障对实时性与安全性要求极高的应用场景的可靠性,解决网络时延可能带来的安全隐患[197]。

6.2.2 数字孪生城市应用人工智能的必要性

人工智能是数字孪生城市六大关键技术之一,它能够对数字孪生城市的海量数据进行处理,完善系统的自我优化,确保数字孪生城市可以有序、智能地运行[197]。

1) 数字孪生城市拥有海量数据亟待处理

数字城市中有着数量庞大的视频、音频、图像、文字等数据,其中包含了大量非结构化信息,因此对数据挖掘与分析能力提出了很高的要求。数字孪生城市能够感知、分析和提取城市系统的各种信息,在此基础上还需要做出相应的即时反馈,所以数字孪生城市还需要具备处理大量非结构化信息的能力,将非结构化信息转化为上层应用平台可直接调用处理的结构化信息,在此过程中分析提炼出关键信息,方便决策层使用,实现对城市全域的智能分析决策和协同指挥调度。对于基于深度学习的人工智能技术来说,实现算法依赖于海量的数据。在拥有高效算力的基础上,人工智能技术能够高效利用数据,通过自动学习得到有效信息。深度学习算法能够实现信息挖掘,并进行结构化保存,通过各种分析模型衍生新的数据来满足各类系统平台的调用需求,有助于城市从杂乱冗沉的信息中解脱出来,分析得出清晰高效的运行调度路径[197]。

2) 数字孪生城市有自我迭代优化的深层需求

现实的物理城市拥有各自的特征,城市的发展建设瞬息万变,复杂多变的现实场景对数字孪生城市的构建提出巨大的挑战。数字孪生城市最理想的状态就是无须人力干预即可完成系统的持续自动学习、自我优化和更新迭代。通过及时检测物理世界的细微变化,根据这些变化来改变计算策略并调整运行规则,从而确保数字孪生系统与物理世界的吻合,未来甚至可以对物理世界的演变进行精准预测。数字孪生城市可以借助人工智能技术深度学习、自我优化的能力,选择合适的算法,提高系统的执行效率并优化性能,从而更好地响应不断发展的物理世界[197]。

6.2.3　人工智能在数字孪生城市中的应用

1) 人工智能提升数字孪生城市系统能力

在数字孪生城市的系统架构中多层次部署人工智能、综合应用多种技术,能够赋予数字孪生城市感知智能、数据智能、决策智能的能力,大大加快系统智能运行的速度[197]。

(1) 人工智能赋予数字孪生城市三重能力,提升系统智能水平

在数字孪生城市中,人工智能可以全方位、多维度发挥作用,赋予数字孪生城市感知智能、数据智能、决策智能(图 6-2)。感知智能主要集中在基础设施的终端感知方面,通过部署到城市各个角落的传感器、智能化城市部件,实时获取终端数据并进行初步分析。数据智能、决策智能分别体现在智能中枢层、应用服务层。数据智能指基于知识图谱等技术,形成高精度 CIM 模型,实现城市数据的实时更新和虚实交互,为城市治理提供全视角、多维度的数据支撑。决策智能指数字孪生城市系统在数据智能的支撑下,快速判断城市调度运行路径,提供问题最佳解决方案[197]。

(2) 人工智能在数字孪生城市多层级部署,提升系统运行速度

在数字孪生城市中,人工智能可部署到边缘、大数据平台、公共云等各个位置,包括了总体架构中的新型基础设施层面、智能运行中枢层面和智慧应用体系层面。从边缘和终端系统中捕获视频、图像和音频等复杂数据,运用深度神经网络进行分析后,将所得信息运送至大数据平台、城市大脑等位置,以供接下来环节的信息汇聚并进行深度分析。运行中枢在完成调度运行决策后,信息会被传至应用平台或边缘终端,应用平台和边缘终端据此执行相应的程序。整个过程里,需要数字孪生城市具备对物理世界快速响应的能力。系统能否运行流畅与各个层面上人工智能的决策速度息息相关,通过促进边缘 AI 发展和提高存储运算能力,有望稳步加快数字孪生城市的智能运行速度[197]。

(3) 多项人工智能应用技术综合使用,提升系统运行能力

诸如计算机视觉、自然语言处理、生物特征识别、知识图谱等技术都属于人工智能技术的应用。其中,计算机视觉能使得计算机拥有类似于人类对图像提取、处理和分析的能力;

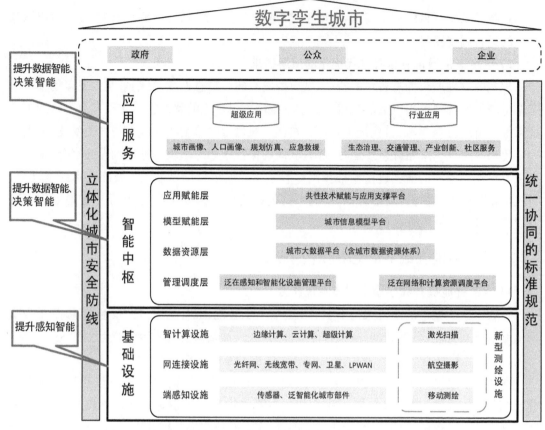

图6-2 人工智能在数字孪生城市各层面中的应用效果示意图[197]

自然语言处理能实现人与计算机之间文字、语音类的自然语言交流;生物特征识别则基于人体的独特生理特征和行为特征完成识别认证;而知识图谱是构建用以描述物理世界的定义、概念以及相互关系的结构化语义知识库。综合使用以上几种技术,可赋予数字孪生城市系统更全面、更高阶的能力,构建更为复杂的应用场景。例如,在处理重大案件时,计算机视觉和自然语言处理可以对现场监控视频进行图像分析、视频摘要,对网络空间进行情报侦察和分析;计算机视觉和生物特征识别可以锁定犯罪嫌疑人,并对其行动轨迹进行追踪定位;知识图谱能对嫌疑人及相关人员、相关事件进行关联分析,寻找案件突破口[197]。

2)人工智能多领域融入数字孪生城市

(1)人工智能加固智慧安防

人工智能技术不断发展,AI技术也在现代安防中发挥着越来越重要的作用,智能安防稳步迈向智慧安防,智慧城市的建设安全得到有效保障。新型智慧城市的发展目标涵盖城市治理、数据开放、共融共享、经济发展、网络空间安全等。安防是智慧城市建设中的重要部分,目前智能安防在公安、交通、金融、工业等多个领域和行业都有亮眼的发挥。在安防领域,AI技术主要用于对人脸、车辆的识别,可以帮助公安部门执行图侦、实战、预判等功能。比如,AI可以对嫌疑人的信息进行分析,得出最可能真实的线索,犯罪嫌疑人的轨迹锁定由之前的几天缩短到如今的几分钟,大大加快了案件侦破进度。通过建立城市大脑,利用 AI 技术实时分析城市中各道路的交通状况,从而确保合理调配资源,提高通行效率。比如,可实时分析城市交通流量,调整红绿灯间隔,减少车辆的等待时间,通过实时掌握停车场的车辆信息和城市道路上通行车辆的轨迹信息,能够提前半个小时模拟出交通流量变化和停车位数量变化,合理调配资源,实现大规模交通联动调度等。这其中涉及的 AI 技术就包括生物特征识别技术、大数据技术以及视频结构化技术[198]。

生物识别技术是利用人体固有的生理特性和行为特征来进行个人身份鉴定的技术,已经成为个人身份识别和认证技术的重要方式之一。比如人脸识别技术是最容易被广大用户所接受的,因为用户能够以最直观的方式进行非接触式识别。此外,公安系统借助人脸识别技术,可以对"人、车、物"进行追踪、分析和排查,经过人脸对比到身份确认再到人脸追踪,从而使警方能够在人群中快速锁定目标对象身份,节约警力,且极大提升了警方办案效率[198]。

随着城市的快速发展,海量的数据信息亟待处理,大数据技术能够整合海量的非结构化、半结构化、结构化数据,并对数据进行分析计算。大数据技术可以人工智能提供强大的分布式计算能力和知识库管理能力,支撑人工智能进行分析预测、自主完善。大数据技术包含三大部分:海量数据管理、大规模分布式计算和数据挖掘[199]。大数据技术的应用,解放了人力,提高了效率,甚至使一些人工难以完成的任务成为可能,如车牌查找、视频关联、身份证库重复人员查找、人脸大数据库检索、运用语义描述从视频中提取信息等[198]。

此外,目前在安防领域中对物体识别较为广泛的应用是车辆识别,利用外设触发和视频触发两种方式来采集车辆图像和自动识别车牌。通过识别车辆的外形特征和车牌,可以掌握车辆的属性,还可以获得车主属性、行为特征、关系人属性等信息,将其与生物识别相结合,有望形成立体的防控体系。在实际应用中,车辆识别将车辆与车主属性等数据进行串联比对,对出现的高危车辆进行预警;通过提取车辆车型、颜色、遮挡板和挂件等几种重要特征,可以解决"套牌车"难题;筛选过往车辆时,在大量数据库的基础上过滤可信车辆,从而能够更快锁定目标车辆,提高警方工作效率[198]。

生物识别和物体识别的基础是视频结构化,视频数据由 AI 技术进行结构化处理后,视频查找速度会得到极大提升。警方从过去需要人工视频查找、逐一排查目标人员的繁杂工作中解脱出来,在视频数据结构化后,只需要数秒就可以从百万级的目标库中查找到嫌疑人。另外,深度挖掘结构化数据还可以开发出预测功能。除此之外,在储存层面上,结构化后的视频数据占用更小的内存空间,能够有效减轻传输和存储的压力[198]。

（2）人工智能助力智慧交通

自动驾驶汽车是一种通过计算机系统来实现无人驾驶的智能汽车。自动驾驶汽车通过运用智能路径规划、计算机视觉以及全球定位系统等技术协同合作,使计算机能够在无人情况下自主驾驶机动车辆。自动驾驶车辆可以分为半自动驾驶和完全自动驾驶。半自动驾驶汽车在具备某些如自动停车、紧急制动等自动功能的基础上,需要由人来进行操控。完全自动驾驶汽车能够在完全不需要人类操作的情况下自主完成自动功能,在一定程度上避免了人为错误和某些不明智的判断。随着人工智能技术的发展,自动驾驶汽车已经越来越呈现出实用化的趋势。国外的谷歌公司以及国内的百度公司均在无人驾驶汽车领域处于领先水平[200]。

无人驾驶技术的运用已渗透到诸如快递车、有轨电车、出租车以及工业车辆等领域,为老年群体、残疾人的出行问题提供了解决思路。无人驾驶汽车的驾驶模式更为高效,能够有效改善道路交通的拥堵现象,并且在相应层面上降低了对自然环境的污染。除此以外,无人驾驶汽车具备紧急制动与自主规避障碍等功能,能够排除人为失误和不符常规的判断,最大限度规避道路交通安全事故的发生[201]。

（3）北斗三号系统协助人工智能推广无人驾驶技术深入日常生活

2020年7月31日上午,北斗三号全球卫星导航系统建成暨开通仪式在北京举行。中共中央总书记、国家主席、中央军委主席习近平出席仪式,宣布北斗三号全球卫星导航系统正式开通。北斗系统是党中央决策实施的国家重大科技工程。工程自1994年启动,2000年完成北斗一号系统建设,2012年完成北斗二号系统建设。北斗三号全球卫星导航系统全面建成并开通服务,标志着工程"三步走"发展战略取得决战决胜,我国成为世界上第三个独立拥有全球卫星导航系统的国家。目前,全球已有120余个国家和地区使用北斗系统[202]。

随着北斗三号全球系统核心星座部署完成,用户体验将通过全天候、全天时、高精度的定位、导航和授时服务进一步得到提升。交通运输领域是北斗规模化应用的重点区域。小到自主泊车,大到智慧港口自动化港机设备的交互,都"嵌入"了北斗高精度设备[203]。

未来自动驾驶作为交通类基础设施的一部分,相关技术必须做到自主可控,才能不受制于人。北斗将在自动驾驶领域大放异彩。北斗高精度芯片将作为新车的标配,为自动驾驶提供亚米级甚至厘米级定位服务,而相关的北斗高精度服务也将迎来最大的客户需求。

另外,智能交通机器人也是人工智能的产物,它是指运用于道路路口交通指挥的智能机器人。它运用人工智能技术来实时监控交通路口的交通状况,获取路口的交通信息,然后根据算法与辅助决策来进行道路交通指挥。它可以与路口交通信号灯系统实施对接联网匹配,通过对周围交通情况的分析来控制信号灯。机器人可以通过手臂指挥、灯光提示、语音警示、安全宣传等功能,有效提醒行人遵守交通法规,增强行人交通安全意识,降低交通警察的工作量。此外,机器人可以通过图像识别技术来监测行人、非机动车交通违法行为,并让行人和机动车及时意识到自己的交通违法行为,增强其交通安全意识[200]。

除了智慧交通领域,无人驾驶在智慧农业领域也将有不可忽视的作用。比如,基于北斗系统的无人驾驶收割机,可以自动规划路线,前进、转弯,精准高效地完成了一块块稻田的收割作业;基于北斗系统的无人驾驶联合耕播作业机,可以在田间运行自如,并且可以保证施肥均衡、播种深度和播种带宽一致。这样智能化的作业机的推行,可以有效解决农业市场存在的劳动力紧缺、生产成本高、作业质量差等问题,进而推动中国农业技术向现代化、智能化、高效化发展。

（4）人工智能推动个性化教育

"中国高度重视人工智能对教育的深刻影响,积极推动人工智能和教育深度融合,促进教育变革创新",这是习总书记在给人工智能教育大会的贺信中提到的一句话[204]。2017年,国务院发布了《新一代人工智能发展规划》,并明确提出,要逐步开展全民智能教育项目,在中小学阶段设置人工智能相关课程,逐步推广编程教育,培养复合型人才。紧接着,教育部发表了《教育信息化 2.0 行动计划》,尝试为智能教育搭建好平台。《中国教育现代化2035》中也提到了,要以"智能"为先驱,以人才培养为核心,提升校园智能化,推动新型教学模式、教育服务新业态,推进教学治理方式变革[205]。

在 2015 年的政府工作报告中,首次明确提出"互联网＋"计划,并具体到教育领域,可大致概括为一个简单等式:互联网＋教育＝智慧教育[206]。

信息化技术已然渗透到社会的各个方面,教育领域中正在进行一场信息化的颠覆性变革。著名经济学家汤敏曾经设想:如果哈佛大学和斯坦福大学的课程被大部分印度年轻人掌握了,10 年后几千万甚至上亿的印度年轻人都是哈佛或斯坦福毕业的,而中国的青年人才还是传统教育教出来的,届时我们要如何与别人竞争[207]。

中小学生的学习和生活早已离不开网络。他们平时在学校网站上下载作业,在微信群中与老师同学探讨功课以及在网上搜寻资料。网络的运用有助于同学间的互相讨论、互相学习、取长补短、共同进步,还能够增强他们与老师、父母之间的沟通与交流,让学生健康成长。

在现代信息社会中,互联网的特点表现为高效、迅速和易于传播。互联网是学生们学习的好帮手,已经成为他们学习和生活中不可替代的一部分。它为中小学生学习和交流提供了更为广阔的环境,培养孩子们的求知欲和好奇心,帮助他们增长知识、开阔视野,从小养成独立思考、勇于探索的良好习惯。

如果说互联网＋教育为中国教育公平提供了理论上的解决途径,那么 AI＋教育就有可能是完成个性化教育的唯一可行方案。随着科技不断进步,人工智能技术也获得极大发展,许多行业在面临着机遇的同时,也面临着巨大挑战,其中自适应教育行业就是典型代表[208]。我们几千年来一直在追求却从未真正实现的"因材施教",很有可能在 AI 技术的推动下得以实现。

自适应意为自我调节和匹配,指根据数据的特征来自动调整处理方法、顺序、条件与参数,以期获得最优处理效果。它本身并不是特指某项具体的技术,而是许多种类知识和技术融合所达到的结果[208]。

艾瑞咨询发布了《2018 年中国人工智能自适应教育行业研究报告》(以下简称"报告")。报告认为,人工智能自适应教育的本质是可规模化的个性化教育,人工智能自适应教育的核心价值是降本提效,促进行业升级。人工智能自适应教育是一次行业改革实验,对机构、对学生、对老师三方都具有降本提效的价值。其核心价值是把教育行业从劳动密集型的农业时代带向成本更低、效率更高的工业时代[208]。

大数据是催生数据驱动型教育的有力武器。大数据的来源广泛,客观记录、主观记录、学生行为、教师行为、社交媒体上的发言等都可以形成大数据语言。这有助于在教育信息化的基础上促进教学管理科学化、学习个性化、管理精细化。一方面是个性化地"教",教师更能够展现自己教学过程中的个性化,"过去老师都是猜,现在可以通过数据辅助"。另一方面是学生可以个性化地"学","以前的学生总是听,现在可以通过个性化数据辅助,学得更有序,从此建立个性化学习模式"[205]。

目前,AI+教育已经渗透到"教、学、测、练、评"等教学全流程,在对应的细分领域中,也诞生了诸如北极星AI、英语流利说、学霸君、猿题库等品牌,在这些细分领域中,都有可能会诞生出新的行业独角兽。马化腾曾在2017年财富全球论坛上预测,下一个能超过BAT的千亿美金市值公司将会出自AI+教育或AI+医疗领域。

随着人工智能技术的突破和社会对人才评价标准的更替,未来人工智能自适应教育领域将迎来内容体系的新革命,实践式教学、沉浸式教学等理念带来的新型学习方式将更多地融入自适应学习系统,正如目前在线教育领域教研岗人才稀缺一样,未来各人工智能自适应教育企业的技术差距将逐渐缩小,而能深刻理解教学教研、具备新技术创造能力的教研人才将受热捧[208]。

未来,学校的功能、教育的内容和环境都将会发生转变,AI结合教育才刚刚起步。可以说,从"互联网+教育"到"AI+教育",技术创新在不断变革传统教育教学方式,改善教育资源均衡化和学习个性化的现状[209]。

6.2.4　人工智能与数字孪生的未来融合

人工智能的应用包括准确的分析决策和精确的执行操作,两者一软一硬相辅相成,共同促进人工智能的发展。执行操作需要在精准的时空框架下完成,因此能够为各类应用提供精准时间和空间位置信息的北斗系统是执行操作的基础所在。准确的分析决策取决于基础数据的质量,高质量的数据不仅能够准确反映对象的特征,还包含有可追溯的时空信息。因此,北斗时空智联是解决实际工程应用问题的有力手段[210]。

北斗系统将会协助人工智能技术落实无人驾驶深入到日常生活中。北斗系统能够提供精准且统一的时空基准,利用5G技术将感知信息传输到管理平台,再运用人工智能技术进行科学决策与分析,由具体的执行机构形成闭环。可以预见,北斗、人工智能与5G通信所构成的技术共同体能够实现与其他产业的深度融合,从而催生更大的产业应用。这不仅是对传统行业的赋能与拓展,而且是对新兴产业的辅助与提升[210]。

以传统的城市管理行业为例,数字孪生城市将成为解决城市管理中各类问题的有力支撑,以北斗为核心的综合PNT(定位、导航、授时)体系将提供统一的时空基准,以5G为核心的低时延、低功耗、高并发通信技术将提供实时万物互联的传感器网络,以人工智能为核心的深度学习、精准执行能力将提供从自动到自主的提升。因此,在人工智能视角下,数字孪生城市应用可以被视为多种分类、识别、检测、决策问题的集合。泛在精准定位、自驱动数据获取、知识型大数据服务等核心技术起到了提取特征的作用,国家北斗精准服务网、行业专用设备和软件平台、数据分析平台等基础设施起到了聚合特征的作用,精准定位授时、跨行业全过程智能感知协同计算、知识驱动型城市运营综合决策等数据集合起到了匹配特征的作用,最终在数字孪生城市的管网、电力、水务、环卫、交通、应急、养老等应用场景中得以实现[210]。

6.3 区块链与数字孪生的融合探索

区块链与物联网、人工智能等新技术融合是未来智慧城市的重要基础。其中,物联网的一大问题是安全性难以得到保障,而安全问题的核心缺陷是缺乏设备之间的相互信任机制。区块链网络提供了共识机制,可以抵御单点失效等问题;同时,区块链点对点的互联传输数据方式,可以解决计算能力的问题,能高效地实现设备之间的信息交换与通信。人工智能的发展要以海量大数据为基础,区块链可以确保数据的安全性和可信性,可以创造安全的智能学习环境,创造具有更高的智能制造和智能管理水平的组织,为数字孪生城市建设提供更广泛的智能应用。

6.3.1 区块链技术在数字孪生系统中的应用

1) 区块链驱动数字孪生城市的必要性

区块链是点对点网络、密码学、共识机制、智能合约等多种技术的集成创新,提供了一种进行信息与价值传递交换的可信通道,并具备不可篡改、可溯源等特性。数字孪生城市虽然每天都会生成无数的数据资产,但是这些数据资产并不能在可信环境中进行授权、交易甚至统一使用。换句话说,很多数据资产并没有被定义价值,从而造成了新时代的资源浪费。将区块链技术应用到数字孪生城市中,将会为数字孪生城市提供重大的提升与进步空间。援引《经济学人》对于区块链的定义"区块链,信任的机器",区块链技术正在通过技术手段传递信任。对于数字孪生城市来说,利用区块链技术可以用节约信任成本的方式汇聚、生成智慧数据资产。在数据资产成为生产要素的今天,区块链可以作为一个可信底层源源不断地帮助数字孪生城市生成标准化的数据资产,并且在可信环境下促进数据资产跨信任主体授权、交易以及协作。在大数据的时代下,数字孪生城市的数据每天都在非标准化的生成中。可信的区块链底层为数据资产铸造提供重要依托,让数字孪生城市的日常智慧数据作为一种高级生产要素不断生成。未来数字孪生城市的最重要资产是数据资产。区块链技术可以帮助数字孪生城市进行数据资产的标准化构造以及信任传递。

(1) 孪生城市的可信基础设施

区块链等新技术的应用,正在大幅提升智慧城市的供给能力。区块链正重塑社会信任,成为维系智慧城市有序运转、正常活动的重要依托,具备全网节点共同参与维护、数据不可篡改与伪造、过程执行透明自动化等特性,有助于全面升级基于信任的智慧城市应用与服务。智慧城市正在构建新的创新生态。在开放的体系中,创业者、企业、创新服务机构等创新主体围绕城市治理、公共服务、生产效能等方面的需求,提出各种创意,并通过创新创业过程将创意变成现实,随着区块链、人工智能、移动物联网等领域的重大技术突破,未来在智慧城市领域将出现更多的独角兽企业。

智慧城市经过十几年的发展,已有长足进展,但仍存在一些根本性的问题,包括发展路径不清、数据共享不足、应用体验不佳以及体制机制等方面。其中在技术层面，围绕数据的"可用""可享""可管""可信"等问题更为突出。

城市基础设施转型需求迫切。一是城市信息基础设施急需实现协同共用。随着我国城镇化的快速发展，城市人口和产业承载能力不断提升，城市信息基础设施将拥有超过百亿级传感终端。当前，单一传感终端获取所需信息相对片面，而不同传感终端所属不同提供商，设备间信息协同需聚合至统一平台，信息协调效率低，且存在较高商务壁垒。此外，智慧城市发展遵循以人为本，应面向自然人、法人、城市三大对象提供全方位服务。但当前，各地、市仍缺乏"云、管、端"一体化协同发展的信息基础设施，导致针对不同对象、使用不同载体的信息交互协同能力薄弱。二是城市传统基础设施亟待加强运行管控。在能源方面，城市内、城市间能源传输网络已基本建成。以电力为例，随着城市用电量持续上升，城市峰值用电差日益显著，城市内、城市间电力运营调度及电力公司与企业、用户用电交易管理等方面矛盾日益突出，能源设施运行管理能力亟须提升。

（2）孪生城市的数据治理

城市数据治理亟待攻坚克难。一是城市数据流通共享难。电子政务应用不断发展深化，产生大量的政务数据，数据资源有效共享成为提升城市治理能力的关键，但目前政务数据面临着"纵强横弱"的局面。一方面，行政区划形成天然屏障。政府部门存储着个人、组织及项目等大量数据，这些数据分散保存在不同部门的不同系统，条块打通困难。此外，政务系统重复性建设，缺乏标准统一的数据结构与访问接口，业务数据难以实现跨部门流通共享。另一方面，政务协同共享缺乏互信。在"谁主管、谁提供、谁负责"和"谁经手、谁使用、谁管理、谁负责"的政务信息共享原则下，当前技术手段难以清晰界定数据流通过程中的归属权、使用权和管理权，政府部门之间缺乏行之有效的互信共享机制。二是城市数据监督管控难。在城市治理中，对于政府重大投资项目、重点工程与社会公益服务等敏感事项，政府监管出现纰漏或政策约束力不足，容易造成社会不良影响。一方面，伪造篡改导致监管乏力。如政府投资重大项目建设过程中，建设主体出现违法违规操作，谎报或瞒报关键活动信息，如挪用资金、事后篡改文件或伪造证据。这些漏洞如不能及时发现，容易导致监管缺位。另一方面，存证不足造成追责困难[211]。

在现有政府信息资源管理框架下，业务监管的数据采集、校核、加工、存储及使用的全过程管理体制仍不完善，缺少基于数据信息的全流程可追溯手段。一旦发生违法违规事件，证据缺失将给调查取证带来困难。三是数据安全有效保障难。在智慧城市建设与发展进程中，人与人、物与物、人与物将加速联结，智能化产品和服务将不断涌进城市管理和人民日常生活，产生大量的公共数据和个人数据。城市数字化发展形势下的隐私保护，成为数据治理不可规避的重要问题。当前，隐私数据泄露事件频发。用户作为数据的生产者，在本质上缺少数据所有权和掌控权，往往未经同意就被第三方平台采集和出售，导致用户隐私大规模泄露事件频频发生。此外，数据授权使用举步不前。数据授权使用尚无明确规范，数据安全使用缺乏保障措施，潜在风险难以评估，我国在推进政务数据授权使用方面进展缓慢[211]。

（3）数据治理可信可溯

大数据时代,传统城市管理方式正向基于数据流通共享的数据治理与服务创新转变。运用区块链有助于促进政府多个部门达成共识,实现高效协作,优化城市治理。一是构建共享数据基础。运用区块链的技术,按照预先约定的规则同步数据,建立新的数据更新规则,构建流通共享的数据基础。二是建立协同互信机制。政府各部门通过本地部署区块链节点,实现共享数据的本地化验证,对数据来源和真实性进行确定,上链信息并不涉及原始的完整数据,从技术角度实现不依赖第三方的数据共享互信[211]。基于区块链数据共享机制,可在金融创新、政务公开、产权登记、协同治理等领域开展应用。如南京市现有政务数据和电子证照绝大多数是通过区块链共享到各个业务系统,涉及工商、税务、房产、婚姻、户籍等信息,都是通过平台交汇和共享。用户能接触到的,非本部门内部的应用和场景,其实都和区块链有关。南京政务服务相关的区块链平台主要有两个,一个是区块链电子证照平台,一个是区块链普惠金融平台。南京市信息中心牵头,于 2017 年启动了区块链电子证照共享平台项目建设,涉及房产交易一体化、营商环境优化、人才落户、政务服务一张网等几十项民生事项,实现政务数据跨部门、跨区域共同维护和利用。

电子证照平台借助区块链交易签名和不可篡改的特点,构建跨部门高效安全多方协同,使政府部门办事更高效,企业市民办事更便捷。

（4）区块链 + 普惠金融 + 数字孪生技术

普惠金融这一概念由联合国在 2005 年提出,是指以可负担的成本为有金融服务需求的社会各阶层和群体提供适当、有效的金融服务,小微企业、农民、城镇低收入人群等是其重点服务对象[212]。

普惠金融的客户通常有如下特征：个人信用记录不完善、缺少相关金融经验、单笔贷款资金需求量偏小、群体基数大。

区块链 + 普惠金融就是在保护数据安全与隐私的情况下,用区块链联盟链的方式,将政务链上的全量公民与法人数据对银行有序开放,连接银行、保险、证券等金融机构,通过共识的智能合约,有监督地、合法地使用授权数据,借助政府的数据、窗口以及信息化的基础支撑,为市民和法人提供精准的金融服务,如房产按揭贷款、信用贷款、智慧保险等[213]。普惠金融平台将成为政务服务向社会化服务公开的一个可信通道,并逐步成为金融机构、服务机构之间互相认可的安全可靠的沟通渠道,大幅提升了金融的可获得性[214]。从 2016 年,"我的南京"App 中"金融超市"的信用贷试运行开始,截至 2019 年 9 月,发放的信用贷已经有117 亿元,坏账率极低。对于市民来讲,既可以全程网上办理,又可以节约各类申请材料的准备时间,轻松便捷地体验到了普惠金融的优质服务。

普惠金融平台利用区块链安全与隐私保护机制,解决了个人、企业、银行、政府部门之间的互信问题,构建了政府与金融机构的可信连接,提高金融服务效率,降低金融机构成本,为优化营商环境和金融服务惠民提供了强有力的技术和场景支撑。但是,普惠金融因为普惠的性质,服务的人群抗风险能力偏低,这就让风险控制能力需要同步提升。在数字化时代,数字孪生技术恰好为金融风险治理提供了全新的视角。通过引入数字孪生技术,重构风险治理理论、模式与技术,找准数字化转型的新抓手。按照金融风险特征和治理需要,多维和动态地获取风险信息,构建接近"镜像"的可视化展示,提供实时的风险评估和预警以及适度的风险反馈和控制。例如,在传统金融风险管理理论、模型和技术基础上,如巴塞尔协议、COSO 等,全面导入数字主线理念,在数据、算法和算力赋能的基础上,集成风险治理诉求,重新检视风险分类与关系,继而重构风险治理架构,提升金融风险治理能力[215]。

(5)"区块链+政务"为数字社会增信

破除"信息孤岛"、打通数据壁垒、提升为民办事的效率,一直是国家对于政务工作的整改目标。习近平总书记在政治局集体学习时也强调探索利用区块链数据共享模式,实现政务数据跨部门、跨区域共同维护和利用,促进业务协同办理,深化"最多跑一次"改革,为人民群众带来更好的政务服务体验[216]。可见,区块链将在智慧政务领域有更加深入的应用。

凭借区块链的共享、安全特性,通过"区块链+政务"的形式,构建共同参与的信息交互平台,使得工商、公安、城管、交通等政府部门都可以通过区块链系统共享信息,避免信息的重复采集,降低各部门信息收集成本。同时,整合城市化建设中沉淀下来的海量数据,促进城市政府的信息资源统筹和共享。

但是,各个政府部门和参与人在提供共享的数据时都会有数据安全方面的担忧,而区块链具有不可篡改的特性,再结合数字签名手段、沙盒技术,可防止恶意节点或者黑客恶意修改数据,消除顾虑。

同时,结合分布式数据同步备份机制,以及数据的可追溯特性,无须担心数据丢失,有利于实现对泄露隐私或者非法使用信息者的追责。最重要的是,区块链的匿名性为参与人的信息安全和隐私提供了多重保障。未来,数字孪生城市的智慧数据会远超今天的量级,个人的数据权也会得到越来越清晰的确权。区块链与数字孪生技术的融合可以在政务领域催生更多便民服务诞生。比如未来数字孪生城市可以清晰地收集、归纳车辆违章记录的数据。区块链可以基于可信的底层记录数据,而个人在区块链上轻松授权给任何可信主体使用,比如车险公司。通过这种融合技术的手段,帮助个体更方便地办事办公、更自由地使用自己的数据。

(6)鼓励使用公共交通

公共交通在城市中扮演着十分重要的角色,而未来,区块链在公共交通领域将发挥巨大作用。比如上海市民可以通过关联支付 App 直接扫码乘车出行;纽约市也将过去的MetroCard 充值卡过渡到电子阅读器;在旧金山和伦敦等城市使用公交系统,乘客只需扫描手机从 Apple Pay 或 PayPal 等关联账户中扣除付款。智慧城市的下一步是使用基于区块链的系统进行支付。通勤者在他们的智能手机上安装区块链钱包,就可以支付任何公共交通费用,彻底实现无卡(票)出行。区块链支付系统会激励人们更多地使用公共交通出行。

在交通基础设施方面,尝试将智能网联汽车与区块链结合,共享驾驶数据,构建面向自动驾驶汽车的数据市场,同时利用区块链技术提升车辆数据安全保障能力。交通基础设施的信息可以在区块链的系统上,进行跨部门、跨主体的信息同步。数字孪生技术既可以帮助城市的管理者更好地了解城市的交通现状,也可以帮助个人更好地了解相关的公共交通信息。区块链为这些信息的流转与应用,提供了新一代基础设施,而两者的融合可以更好提升城市的智慧交通能力。

区块链的优势是去中心、非信任、隐私自主,痛点是如何做到实时、准确、高效,而不只是数据的存储、安全与共享。与此同时,每个人都可以构思自己认为较好的"区块链 + 智能交通"应用:

① 利用区块链的半公开,可将车辆和提币地址绑定,进行车辆认证管理,像"电子车牌号"。

② 对一些交通违章罚款,可以由电子代币即时支付。

③ 根据区块链与数字孪生城市的融合,能记录车所在位置,判断交通拥堵情况,智能疏导交通。

④ 智能调整各路段的收费标准,不同时间、不同路况的收费不同,可最大效率地缓解堵车,提高道路效率。

由此,智能交通与区块链技术、数字孪生技术等尖端科技相结合可改善道路安全、缓解交通拥挤、降低能源消耗、减少环境污染,还能提升运输系统的能效、加强交通资讯的整合,以及更好地配合交通管理与监控。

(7) 提升城市管理效率

世界各地的城市都在努力建设"智慧城市",用物联网连接设备,从监测枪击到监控交通和空气质量。所有这些物联网设备都可以在区块链上注册、升级使城市管理者更容易访问和管理相关数据。但是,在城市数字化转型道路上存在着一个大问题,即数据孤岛。并非每个安全摄像头或电子门禁都是由同一家公司制造的,并非每个停车场都使用相同的停车传感器来记录容量,而且,所有这些不同的物联网间的数据处于"割据"状态。如果有一种方法,能够将不同网络上的数据安全地汇集到可互操作的骨干网上,那么行政执法部门(或任何被允许访问数据的人)将无须向多个拥有数据的实体或者部门逐一申请授权就能直接获得数据访问权限(同时又不会与隐私保护、数据管辖权和合规冲突),从而大大提升城市管理效率。同时,很多城市管理低效的问题,都可以从区块链中寻找解决之道。

基于 GIS、BIM、IoT、AI 等技术构建一个区块链网络,将城市管网如给水、雨水、污水、燃气、热力、空调、电力、通信、交通等地下管线的关联单位部署为区块链的节点;通过节点获取城市管网的关联数据,并将关联数据写入区块链;基于 GIS、BIM 对关联数据进行三维可视化处理,并将生成的三维图像数据发送给各个用户。由于区块链本身具有防篡改、丢失的功能,确保了市下管政管网关联数据的真实性和安全性[217]。为城市的规划决策、城市项目建设提供可靠的依据,有效避免市政综合管道被挖断、挖破的事故发生。

在城市管网方面,地下管线已成为保障城市健康运行的重要基础设施,而随着城市快速发展,地下管线建设规模不足、管理水平不高等问题凸显。建成统一规划、统一建设、统一管理的地下综合管廊运营管理系统,同样面临参与主体多、数据规模大等挑战。区块链技术在城市管网方面,可以提供一个去中心化的信息采集以及同步机制。MIT Media Lab 最新的一篇研究报告就以马萨诸塞州剑桥市为例,设计了 BASIC(Blockchained Agent-based SImulator for Cities,基于区块链代理的城市模拟器)系统可以帮助智慧城市进行数据交换[218]。以车联网信息交换为例,去中心化的信息同步可以帮助智慧城市更好地收集信息,又能保护用户隐私。在一周的运行中,每个车联网节点内存使用率符合现有系统需求,可以方便地在现有车联网中使用从而进行基于区块链的信息搜集以及同步。

（8）帮助城市筹集资金

政府发行债券,进行民政民生的建设。但政府债券的效率低下,因为责任追究的工作不到位,政府在债券发行的过程中不得不增加额外的费用。而且,城市项目的投资回报率难以测算,无法评估每一个项目的有效性。而以区块链为基础的加密货币解决了这个问题:首先,区块链分布式存储信息的特点让信息更加安全私密,每个数据库的副本都被永久记录,公开可查。因为其交易公开透明的特点,挪用资金的风险也大大降低了。而且,传统的基金一般会设立起投资金并规定年限,如果利用区块链技术,投资者可以根据自己的情况进行无门槛投资,选择适合自己的投资时间。并且,投资者可以清楚地看到自己的钱被用在了哪个项目上,真正做到了用钱投资。

2）区块链在数字孪生城市建设中的应用

区块链为数字孪生城市提供了新一代数字基础设施,数字孪生城市未来的核心生产要素之一就是智慧数据,区块链技术为这个核心生产要素的构造提供了一种自动化的生产工具。

（1）城市数据交易

华为区块链白皮书中写到,数据是城市的根本,各行业领域的有效数据交换与融合是整体推进城市智慧化的前提。区块链的不可篡改和可追溯性让参与主体间建立信任,智慧城市各方通过交易实现数据的可持续大幅增长:数据所有权、交易和授权范围记录在区块链上。数据所有权可以得到确认,精细化的授权范围可以规范数据的使用;同时,数据从采集到分发的每一步都记录在区块链上,保持透明,使得数据源可追溯,进而对数据源进行约束,加强数据质量;去中心化数据交易网络能很好地支持城市物联网分布及实时和精细化的数据交易;基于区块链的去中心化数据交易平台可以形成更大规模的全球化数据交易场景,让城市各方获得更多需要的数据。区块链使城市数据交易过程透明、可审计,重塑数字城市公信力。

（2）智慧资产

伴随着城市数字化进程的加速,身份认证的场景越来越广泛,包括互联网、物联网、社会和经济生活等。但目前身份服务一直面临着隐私泄露、身份欺诈以及碎片化等问题,给用户、设备和系统均带来极大的挑战。区块链技术的高可靠性、可追溯和可协作等特质使之具备应对挑战的潜力。将区块链技术应用到身份以及接入管理服务中,将有可能形成一种协作、透明的身份管理方案,这种去中心化身份帮助所有用户更好地管理自己的数据,而这些数据也是个人资产的一种,进而形成城市的数字资产。数字资产证明的流动性远远超过了传统的实体证明,可以降低交易成本、缩短投资周期以及快速募集资金等。数字资产证明可以应用于各种城市中实体的产品登记,例如房产、广告牌和汽车等。除了资产证明,区块链还可以为资产构造新的生产模式。标准化的数据产生将会为智慧城市源源不断地创造新的智慧资产。一个智慧园区的能源管控如果可以通过区块链每天存证,可信可溯源地记录下来,就能够标准化园区能耗的数据资产。通过智能合约技术把数据的使用权、计算权、引用权等各种权利分权使用,分端铸造成对应的非同质化代币方便授权以及使用。清晰明确的智慧资产,可以授权给学者进行科研使用、授权给能源公司进行计算开发、与新的园区联合学习等,这些都是标准化数据资产铸造后大大提升了价值并发掘了使用场景。

（3）智慧能源

城市的可持续发展需要新能源的广泛利用。在新能源领域,区块链正通过 3 大价值改变现有行业,实现能源互联网从数字化向信息化、智能化发展。精准计量,基于区块链的数据公正可确保信任和公私钥结合的访问权限,从而有效保护隐私;泛在交互,以可信计量为基础,通过区块链构建能源互联网交互主体之间的信任传递,实现基于信任的能源互联网之间的互操作;优化决策,基于区块链部署的能源互联网设备间点对点交互,形成分区局部共识,避免大量分布式设备之间未来产生直接的共识而导致的复杂地带和死循环共识机制,从而有效提高效率。在能源输送与追踪上,也可以通过区块链技术完成全流程溯源与追踪。在复杂的定价机制上,比如智能电表的定价、多路天然气的混合定价上,可以使用智能合约进行清晰明确的价格核算。同时,智能合约提供了自动化做市商的可能,在某些高频变化的场景里提供算法的定价建议与执行。

（4）智慧医疗

从生命孕育到生命终止,医疗有如下特点:大量数据,包括各类医疗器械产生的影像数据、诊断数据、处置数据和药物使用数据等;多方参与,包括医院、疾控中心、社区卫生服务机构、妇幼保健院和保险公司等;利益不一致且无单一可信方,例如用户、保险和医院之间存在一定的利益博弈;需客观取证,例如事故记录等客观事实会被多方采用;大量流程交互,例如就医往往都涉及多方流程交互,一个统一的数据交互机制将大大提升其效率。可以发现,区块链的优势与上述特征不谋而合。利用区块链,可以通过数据防篡改和可追溯的统一账本来记录个人整个生命周期的医疗服务信息,该账本可以在各参与方之间共享,实现去中心化的信息互通;同时,结合智能合约、链上链下数据互通等更前沿的技术,可以实现整个价值链上各种流程的自动化,以进一步提升效率。例如,通过智能合约简化医疗保险报销流程,以及通过对药品流转供应链进行全程监控确保药品的安全性与真实性。联合国在尝试的医疗联盟链也是智慧医疗的创新案例。在非洲不同国家之间的病人信息互不相同,跨信任主体信息不同步构成了数据孤岛。医疗联盟链把病人的一些核心信息通过自己的私钥加密上链,当病人转院之后,可以通过自己的私钥为转诊医生提供自己的数据。在这个场景下病人拥有自己的数据权,无论美国医院还是非洲医院都无法获得病人信息,只有相关主治医生才有病人信息的知情权,保护了用户的隐私。

（5）智慧交通

中国制造业信息化门户认为,智慧出行是指基于移动互联网、人工智能、云计算、大数据、物联网等技术,将传统交通运输业和新兴科技有效融合,以实现智能、高效、安全和低成本出行的新交通模式和交通业态,在交通信息化快速发展的浪潮中,区块链技术必将以其去中心化、数据无篡改性和数据公开透明的特质脱颖而出,在城市交通的方方面面融合创新,发光发热。区块链技术在智慧出行中有如下优势:

① 构建人、车、路的全面统一

对于智慧出行来说，最核心的关键点有两个，一个是如何获取信息，这个随着高速发展的 RFID 技术已经实现了快速的普及，最终形成物联网的体系。另一个则是在物联网获得信息之后如何处理应用，区块链就能够在其中发挥出决定性的作用。以百度超级链为例，百度超级链可以通过智能协同的方式，实现数据在红绿灯、路测单元、收费站以及车载设备之间无缝连接，无论是路面的信息，人的信息，还是车的信息都能够连接到一起。交通管理部门可以借助不同区域设置的传感器、监控等来收集信息，然后通过物联网技术的连接来传递信息，用百度超级链的去中心化技术实现点对点的数据直接联系，这样不仅可以用远超传统中心化的网络处理信息，还能以区块链分布式的优势，形成人、车、路的有机统一，从而实现信息传递与处理的第一步。

② 融合区块链的车联网

随着车联网技术的发展，车辆通过先进的智能感知技术，可以完成自身和周围交通状态的采集。在车载通信系统和车辆终端控制系统的辅助下，车辆可以为用户提供路径导航、智能避障等功能。

车联网技术的核心是，每一辆车利用车载单元与其他车辆、固定基站之间，一方面实现交通信息的大范围协同与共享，另一方面通过信息实现自身的智能避障等功能。然而，信息一旦泄露或者被黑客篡改，原本想保护用户安全的智能避障功能可能会危害用户。因此，只有充分考虑异质性信息网络的特性（车辆节点数量多、移动性强、切换频繁、传输信息多源异构），采用计算快速的信息安全技术，才能保证车辆网络中用户信息的安全性和有效性。采取基于分散区块链结构的分布式密钥管理方案，可以更好地保证车辆信息交互的安全性。

利用区块链的共识过程、封装块来传输密钥，然后在相同的安全域内对车辆进行重新编码，从而充分利用区块链中数据无法篡改这一特性，保证数据的安全。此外，选择动态方案可以进一步减少车辆交接期间的密钥传输时间，适应不同车流量水平下的通信场景。

③ 形成可信化的数据综合统筹体系

在进行信息的传递和处理之后，基于交通的百度超级链，可以利用区块链的优势实现对于各种数据的增信，让这些数据都变成可信的数据，而不同数据的使用部门之间则可以进行数据的联通和交互，从而打破交通数据各个部门之间互不统属而形成的数据孤岛。这些可信数据最终汇集到交通指挥部门，从而为城市交通的大脑输出精准的指挥疏导策略，实现区块链赋能智慧交通的第二步。

④ 数据分析进行公共交通的预判和事前处理

在前两步的基础之上，交通部门指挥部门可以把精力从信息收集、信息甄别、信息联通当中抽身出来，以综合化的信息处理和协调真正实现交通的综合治理。出现交通拥堵之后，快速实现信号灯的切换，将车引导到其他的道路实现交通分流，然后派出抢险指挥体系进行快速应急处置，如果出现交通事故则在第一时间进行处理。而这些增信的区块链数据则可以第一时间完成对于信息的可信化传递，让保险公司不用去现场也可以快速认定责任，从而让交通的顺畅程度快速提升。甚至，当区块链的应用进一步成熟之后，交通主管部门甚至可以根据数据预判可能出现的交通拥堵,及时进行疏导,让交通拥堵解决在发生之前。

3)"区块链"+"孪生城市"实践

(1)中东迪拜:"地球上最幸福的人"

"智慧迪拜计划"以其创新性和革命性的特性,在区块链领域广为人知。迪拜政府与私营企业之间的合作始于 2013 年,旨在实现明智的转型,"为居民和游客提供高效、安全和有影响力的城市体验"。"迪拜 2021 年智慧城市"路线图设想迪拜将在 2021 年成为世界领先的智慧城市。迪拜不是该地区唯一致力于建设智慧城市的国家。这不仅可以快速转移,还能节省资源。迪拜将区块链技术视为打造迪拜未来的重要工具,并制订了明确的区块链战略,致力于打造全球第一个由区块链驱动的政府。2016 年 10 月,迪拜官方宣布:到 2020年,全部的政府文件处理都将放到区块链上。迪拜的区块链战略主要分为三个方面:为城市所有交易建立一个新的无纸化数字层,提高政府运营效率;建立一个新的业务系统,为私营部门带来更多机会;向全球伙伴开放其区块链平台。据阿联酋副总统称,2020 年该国将通过区块链处理 50%的政府交易。

(2)韩国首尔:"区块链首尔城"

韩国首尔正在运用区块链技术进行城市升级,建造"区块链首尔城"。2018 年 10 月,首尔市市长宣布了一个在韩国首都发展区块链产业的五年计划,2018 年至 2022 年区块链城市规划将涵盖 5 个领域的 14 项公共服务,政府预算总额为 1 233 亿韩元(约 1.08 亿美元),目标是将首尔发展为一个由区块链驱动的智能城市。据悉,首尔政府计划投入 5 000 多万美元建立综合型商业中心,并在商业中心建立不少于 200 家区块链企业;有报告显示,综合型商业中心位于人流较大的地区。其中一个商业中心约占地 600 m^2,另一个预计具有超过2 000 m^2 的办公区域。与此同时,政府还预备建立几个培训中心,用于培训区块链行业的专业人才,并计划在 5 年内培训完成 800 多个行业专家。同时,区块链解决方案将被整合到首尔的行政系统中,包括投票系统、慈善管理和车辆历史报告等,并将区块链技术也融入其居民身份证。2019 年 7 月,市政府官员首次与一些私营部门的代表展开研讨,目标是激活与区块链相关的产业生态系统,并协助市政府执行创新的行政服务。据韩国媒体报道,总计有 3项计划将于 11 月上线,分别是电子资格证明(青年津贴、审计索赔等文件电子化)、积分综合管理,和首尔市民卡扩展服务(市民使用公共服务时,可进行数字认证或电子签章)。其中,积分综合管理是即将推出的区块链积分系统的一部分,政府将发行 S-coin,供市民用于公共服务;民众参与纳税、民意调查、协助政府运作等活动,就可以获取 S-coin,其后还可以用取得的代币去兑换奖励。

(3)爱沙尼亚:"区块链数字帝国"

爱沙尼亚是世界上第一个在区块链上建立数字公民身份的国家,爱沙尼亚数字公民的项目底层由区块链技术作为支撑。甚至,德国总理默克尔、法国总统马克龙、日本前首相安倍晋三等知名人士都是该国的数字公民。早在 1999 年,爱沙尼亚提出了"数字爱沙尼亚"计划。计划有三个支撑性项目:X-road、数字身份证项目、区块链系统项目。"X-road"是爱沙尼亚创建的一个跨国家、跨部门的信息共享基础设施,是大数据共享的联盟链形式。打通爱沙尼亚、芬兰、瑞典等国数百个不同的政府部门、大型公关企业和银行机构的数据库,实现数据的互联和互通。数字身份证项目使爱沙尼亚公民皆能拥有属于自己的电子身份证卡,用于在生活中各方面的需求。如在网络上投票,检视与编辑自动化报税表格,申请社会安全福利,取得银行服务以及大众运输服务等方面。2014年,爱沙尼亚宣布将数字公民身份向全世界公民开放,推出了 e-Residency 项目。区块链系统项目则指无签名区块链系统,目前已在爱沙尼亚的行政、司法、商业、医疗、交通体系中得到充分应用。该无签名区块链系统是由爱沙尼亚人提出的,其概念的提出甚至早于中本聪 2009 年发表的论文。而在 2017 年 8 月,爱沙尼亚官员还曾宣布计划发行一种由政府支持的加密货币——爱沙尼亚币(Est coin),并推出世界上第一个由政府支持的代币发行。但 2018 年 6 月,在欧洲央行行长和地方银行当局的批评下,爱沙尼亚缩减了建立国家加密货币的计划。

(4) 中国杭州:"万向创新聚能城"

在 2019 年 9 月 17 日举行的第五届区块链全球峰会上,万向创新聚能城首席创新官王允臻介绍了万向创新城的规划。万向创新聚能城是 2016 年 9 月时,万向集团宣布投资 2 000 亿元计划建设的以区块链为技术驱动的智慧城镇。创新聚能城共覆盖 1 000 多万 m²,位于杭州大湾区,背靠钱塘江,是与上海陆家嘴相似的大型城市项目。就在 2019 年 2 月份,万向聚能城第一期项目正式开工。以区块链为技术驱动的万向创新聚能城,主要是使区块链赋能于项目建设的两个方面:一是对于人与人之间利益的协调;二是对于产业之间的数据链接。在协调利益方面,创新聚能城规划者指出,由于居民和参观者对城市的贡献有差异,为使不同利益方的利益得以协调,将整合区块链技术的逻辑与经济逻辑,形成代币经济。并通过这一逻辑打造新的业务模式:当走进一座城市时,可通过利益整合的区块链平台,了解个人的行为、需求,以及商业实体和政府利益等。在链接数据方面,万向创新聚能城将在智能制造、智能建筑、智能交通等方面运用区块链,促进城市联动。例如,在智能制造方面,由于万向集团原就有电池相关业务,他们了解到,牵引蓄电池成本较高,几乎占了电动汽车成本的一半以上。而两年后电池的效率会下降80%,为寻找电池的二次生命,就需回收牵引蓄电池,放在地下的储能设施中,从而实现可再生能源和电网连接。但这一运作过程中的关键问题是,存在数据孤岛。而区块链技术恰可以解决这一城市智能制造方面的问题。创新聚能城可利用数字金融设计分布式的数据库,运行于区块链上,每一个节点就是一个数据的所有者,如充电站、制造场、地下储能设施、汽车生产商等,以达成数据互通。

(5) 中国雄安:中国的"区块链之城"

雄安新区区块链涵盖民生、政务、商业三大领域应用,以数字金融生活之城建设为目标,建设协同治理信用之城、普惠民生绿色之城、金融科技创新之城、安全运营示范之城。

① 区块链租房平台

2018 年 2 月,阿里巴巴参与搭建的区块链租房应用平台在雄安新区上线。这是我国把区块链技术运用到租房领域的首例,蚂蚁金服是核心区块链技术提供方。该基于区块链技术的房屋租赁管理平台上的挂牌房源信息、房东房客身份信息、房屋租赁合同信息等,将得到多方验证,不得篡改。

② 数字森林

雄安"千年秀林"项目同步创建"数字森林",运用大数据、区块链、计算等高科技建立森林大数据系统智能平台,实施从苗圃到种植、管护的可追溯的全生命周期管理。

③ 食品安全溯源及商品正品溯源

蚂蚁技术实验室的区块链技术正在致力于食品安全溯源及商品正品溯源的研发;蚂蚁区块链技术已开放给跨境电商,为澳大利亚、新西兰等国家进口食品提供食品安全溯源支持;开放给合作伙伴,为茅台等品牌提供正品溯源支持。未来,雄安可以实现通过支付宝扫一扫就可以验证买到的商品是不是正品,和此前商家自录入商品信息不同的是,区块链是让多位"记账师"公正、独立、不可抵赖地完成记账。

④ 四大银行雄安分行业务办理

中国银行主动对接"数字雄安",运用区块链技术参与新区的土地补偿、"智慧森林"供应链融资等核心业务,代理发放了新区首笔临时占地补偿款。

中国建设银行依托区块链等新技术,协助雄安新区管委会搭建好住房租赁监测平台和住房租赁交易平台,并在雄安新区三县上线运行。

(6) 中国禅城:"智信禅城"

智信城市是在城市数据化、社会互联化、信用感知化的基础上,由智慧城市进化升级而来。以区块链技术依托,通过横向打通个人及组织的"条数据",形成跨平台、跨部门、跨地区,开放共享、真实可信的"城市块数据"[219]。

智信禅城平台以区块链为底层技术,以自然人和法人真实信用身份(Intelligent Multifunctional Identity,简称 IMI)和智信信用体系为核心的平台。智信禅城平台上的智信信用体系,依托于区块链底层技术和 IMI 能力,保证了数据的真实性,避免了传统大数据征信中无法克服的数据确权问题[219]。

第一步,构建个人数据空间,实现"我的数据我做主"。

2014 年禅城开展门式政务服务以来,累积办理了 490 万件事项,服务 126 万人,沉淀 3 亿多条数据[220]。为确保数据的真实和安全,禅城在一门式自然人库的基础上,叠加区块链技术,推出 IMI 身份认证平台。IMI 个人信用身份认证体系,以政府现场实名认证作基础,利用区块链安全、可溯源、不可篡改、不可抵赖的技术特点,解决目前网上或自助办事时所面临的人员真实身份的确认问题,达到了用"IMI 身份认证平台"就如本人亲临的效果[220,221]。

第二步,打造新型信用体系。

依托"智信禅城"平台,禅城区行政服务中心将推动"一门式"向"零跑腿"服务发展。据悉,禅城区已经筛选出首批具有代表性的 20 个行政服务事项,涵盖证件办理、证明出具、资格认证、小额津贴发放四类必须本人现场确认身份的服务事项。市民只要下载并登陆"智信禅城"平台,通过验证"我是我"后,可以更加简化办事流程和减少提交的材料[220]。

第三步,升级智慧城市。

在 IMI 身份认证平台和"智信禅城"平台的支撑下,禅城正式推出"智信城市"计划。"智信城市"将广泛应用于政务、民生、产业等多角度、多场景,提供标准权威的 BaaS(Backend as a Service,后端即服务),满足城市管理与发展需求,通过信用互通互认推动治理现代化[220]。

6.3.2 区块链的思考

1) 区块链的构成

区块链的技术对于现在的所有信息系统底层进行了解构与分离。区块链上多方共识的机制,可以形成了一个跨信任主体的信息同步。

简单来说,数据层的真实性与信任机制在区块链的系统上,有了全新的定义。区块链背后的数据以及信任的传递,不再是靠单一的主体信任背书,而是全部基于代码可重复验证的。未来的智慧城市中会有无数事务由指挥中心直接或辅助完成,利用区块链技术,可以更好地帮助信息公开、透明的同步与传递,降低不同主体之间摩擦成本。比如在疫情期间,应急抗疫的医疗物资的捐赠、运输、追溯、管理、发放就是个非常适合区块链技术区应用的场景。如果使用区块链技术,所有捐赠的物资、运输到达的位置、物质可追溯的源头、管理物资的信息以及受赠的发放领取都会公开透明、忠实地记录在区块链上。结合数字孪生技术,抗疫指挥的工作人员可以方便地定位、归并、整理所有物资的流转,定位所有物资到达的位置,预测出未来每天物资的进场、分配、调度,规划所有进场货车的位置、路径和分布。相关信息又会大大提高城市的公信力与信息化程度。每个捐赠者都可以看到捐赠的物资的溯源、定位,验证每一条信息的真实性。这样利用交叉融合的技术手段,既提高了救援物资的管理效率,也增强了捐赠者的信任感。另一方面,这样的解决方案也促成了救援物资在链上不同信息源的相互监督,实现了指挥中心的穿透式监管。通过技术手段实现了责任归属,加快一线抗疫人员领取物资的速度,从而提高抗疫的整体效率,更大程度地挽救民众的生命财产。

2) 区块链与跨信任主体的信息传递

传统的云服务器架构与信息系统不能够实现跨信任主体的信息传递。事实上,传统的信息系统也能实现跨信任主体的信息传统。不过在效率和成本上,可能要付出更大的代价。

不同系统之间的差异化与兼容性各不相同。传统的信息系统的打通,是靠人力在不同系统里进行对接。举个最简单的例子,大型企业完成服务系统与外部单位新增业务的接口打通是一个边际成本十分高昂的项目。需要双边的开发团队,深度合作、打磨,联合研发才能够打通系统。因为涉及双方的开放权限、系统的兼容性测试、系统的架构设计、敏感信息的加密处理、业务接口的稳定测试等多项开发任务。而且这样的开发是边际成本无法递减的一个业务。比如当系统 A 与系统 B 在某个业务上进行了打通,经历了开发与测试终于稳定了业务流程,但当系统 B 与系统 C 进行类似业务的打通时,所需要耗费的人力成本与时间成本并不会降低,因为系统 A 与系统 C 的接口、兼容性、服务与权限等所有属性各不相同。

区块链其实可以提供一种低成本信任以及信息同步的模式,它改变的是一种新型的信息化协作的方式。

在信息科技时代,信息科技公司想要为数字孪生城市构建的是一个大而全的标准化软件。软件公司想要通过一个立体化的软件服务,节约不同信任主体之间的信任传递成本。例如像 SAP 等公司的 ERP 软件会构建全场景,这是一种单边平台化的商业模式,和工业时代的工厂想要定义统一的标准去不断复刻减少产品生产的边际成本,在本质上没有区别的。同一个公司的产品之间信息传递没有任何兼容性问题,但是一个行业肯定会有多家公司竞争。虽然可以通过统一的软件来降低不同信任主体之间的信息同步,但是商业缠斗成本大大提升。不同的信息科技公司都想要研发这样的产品抢占市场,其他竞争对手的复刻以及销售团队都在大大提高商业上的缠斗成本。一旦客户的管理软件有多套不同的系统,而为了不同系统、不同客户之间实现跨主体信息同步,付出的边际成本没有任何的降低。在这样的趋势之下,只有达成完全的市场垄断,才能更好地降低跨信任主体数据同步的边际成本。

在数字化的时代,双边平台诞生,不同信息科技公司直接靠云计算以及 API 接口协作起来,可以较为快速地互相调用数据。更为重要的是,在这样的云平台上大家拥有更好的双边链接能力。对于数据的汲取以及产品的研发,进入一种动态成长。我们看到今天的 AI 能力,每天汲取的数据可以更快地驱动产品能力的提升。在双边平台的时代,我们的跨信任主体的信息同步成本更低,更多的是依赖与对于信任主体的能力认同。比如我们很信任阿里云的 AI 能力,就会使用阿里的 API 来帮助我们解决智慧交通的问题,但是我们并不一定会让阿里来帮忙制作整个系统。但是在这个数字化时代,也有很多问题也愈加凸显。双边平台的模式不需要达成市场垄断,就可以降低传递成本。但是这个时代,我们越来越发现数据垄断成为一种新的商业导向,掌握数据的公司会拥有更好的能力,而这些数据权并不属于孪生城市的管理人员。这样的结果也会逐渐由数据垄断导向,发展成巨头垄断的市场。

那么我们如果把目光投向更远的地方,在引入区块链的技术作为底层为什么可以降低中间的摩擦成本。其实,区块链的介入能够推动整体的方式变成一种多边平台的生态模式。

区块链作为一种可以低成本信任协作的底层,既让数字孪生的管理人员拥有智慧城市的数据权利,也赋予了管理人员智慧城市数据分级治理的权利。

在区块链的生态里,公司之间不是需要基于股权关系或者合作关系。基于区块链底层的可信数据,整个生态内的企业可以分层级去尝试解决不同的孪生城市的问题。无数各行各业的企业,对于与他们相关的区块链拥有开发和探索能力,很容易与完全不认识的企业达成协作,打通服务。在区块链上,他们可以编写不同的智能合约,去达到各自不同的服务。同时他们之间又可以互相调用,互相信任,互相协作,就像以太坊所说的——"世界的计算机"。

6.3.3　区块链与孪生城市的创新探索

1) 区块链与数字孪生城市的数据治理

区块链是个低成本的信任方式,在数字孪生城市实际的运用当中,这里构造了一种多维度数据治理区块链底层结构作为讨论起点。

（1）"一主多侧"的区块链架构

数字孪生城市治理所需的区块链不可能、也不应该只有一条区块链。主链上的信息同步应该是经过凝练融合的关键信息，细节的每一个传感器的每分钟监测数据不应该全部堆砌到主链上。但是，另一方面，管理人员能够通过主链上的信息穿透到细节的每一条侧链，追踪到每一个数据，从而建立起一个立体化的数据治理结构。

那么其实，一条数字孪生的主链，可以用来同步记录所有侧链上凝练融合的信息。而无数条侧链，可以用来精细化地治理同步各自不同领域的细节数据。

比如，一条数字孪生的主链，可能会能够链接起金融科技链、智慧交通链、规划设计链、物联网监管链、数字身份链等多条功能性侧链，从而更好地完成各自应用领域的底层支撑，如图6-3所示。

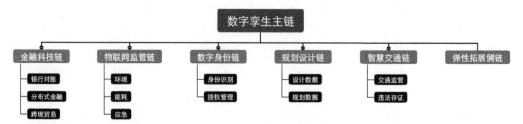

图6-3 一主多侧区块链设想架构

（2）"一体多翼"的战略布局

在围绕不同的业务主体上，都会由聚焦于某一业务的侧链进行底层的数据支撑。围绕着不同的业务主体，我们会拓宽业务覆盖范围的翼展。做好全流程的区块链底层覆盖，方便后续所有数字孪生的数据采集。由于各个侧链都可以独立运行，所以这样的设计大大提升了区块链底层的可拓展性。比如在物联网监管链里，可以定义统一的物联网设备ID，当作一种设备的分布式身份。这样在后续的数据归并以及横向智能合约编写的时候，可以方便地进行管理。像这样的每条业务侧链，都可以定义符合自己业务特性的数据结构、协作方式以及治理方法，既可以更好地服务业务，又可以更方便地不同群组进行数据的分级治理与授权，如图6-4所示。

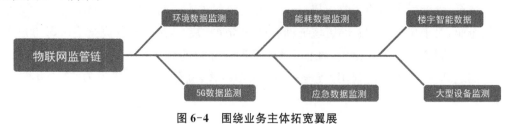

图6-4 围绕业务主体拓宽翼展

（3）多维度的穿透式数据治理

多维度的穿透式数据治理包括横向数据归并，这样可以把拥有同样分布式身份的链上数据进行融合，统一地利用智能合约进行管理以及筛选。比如当要监管某些关键的传感器信息会不会触发预警,我们就可以把相同字段的数据归并起来,利用智能合约构建监管合约,进行一个横向融合的全面监管,如图6-5所示。

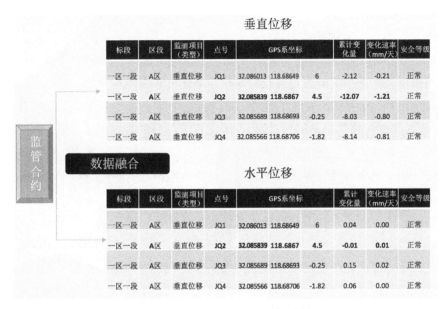

图6-5　横向融合与智能合约监管

在另一个维度上,区块链可审计、可溯源、防篡改的区块链底层,拥有可以永久记录、保证数据过程正义的特点。我们通过"一主链多侧链"的架构,对纵向数据进行穿透式治理。通过主链的数据穿透到任意一条业务侧链的任意一次数据同步,大大提升多维度的数据穿透式治理,如图6-6所示。比如当某个物联网设备触发了应急的警报,例如室内温度过高,可能触发了火灾,我们从孪生城市的智慧大脑可以直接穿透到侧链上看到不同温控传感器跳动的超过阈值的设备,从而可以对于火灾情况、火灾预案进行全方位的监控。

图6-6　纵向穿透式数据治理

横向纵向的联合治理,可以从多个维度对于孪生城市的底层数据进行穿透治理。在拥有完整数据权的同时,进行不同维度的归并、融合以及治理。这种多维度的区块链架构的设计,可以对所有孪生数据进行多维度、全项、全生命周期的治理。

2）区块链与知识图谱在数字孪生城市的融合应用

在图书情报界知识图谱被称为知识域可视化或知识领域映射地图,是显示知识发展进程与结构关系的一系列各种不同的图形,用可视化技术描述知识资源及其载体,挖掘、分析、构建、绘制和显示知识及它们之间的相互联系[222]。

2012 年,美国 Google 公司首次发布产品级的知识图谱应用,其语义网络包含超过 570 亿个对象,超过 18 亿个介绍,这些不同的对象之间有链接关系[223],用来理解搜索关键词的含义。Google 知识图谱使用语义检索从多种来源收集信息,大幅度提高了 Google 搜索的质量。

知识图谱可以帮助孪生城市把复杂的知识领域通过数据挖掘、信息处理、知识计量和图形绘制而显示出来,揭示知识领域的动态发展规律,为学科研究提供切实的、有价值的参考[224]。基于区块链可信数据的底层,我们已经完成了部分的数据归并以及相关的预处理工作。基于对于孪生城市相关的治理需求,我们可以把这个多维度的数据作为知识获取和知识融合的源数据。把融合处理好的动态模型存储进图数据库,提供多样、动态的决策辅助分析工具集。

这样的工具集可能包含相关领域的关联性分析与预测。孪生城市的管理每一次决策会根据一些基于自己过往经验的假设,而每一个假设又由一系列的事实和数据来支持。构建知识图谱意在覆盖管理决策中的事实和数据收集步骤,节省时间,并提供一站式、高兼容、覆盖不同咨询面的数据供应接口。这样的数据接口可以很方便地与数字孪生模型进行联动以及交叉融合,并且清晰地呈现事实与数据之间的关联,快速地辅助数字孪生进行预测,如图6-7所示。

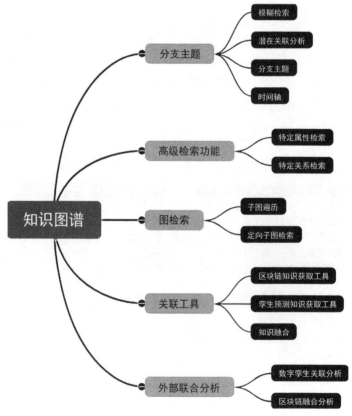

图 6-7　基于数字孪生的知识图谱联合工具集

3) 区块链与隐私计算

随着大数据时代的到来,海量的数据被规模化的采集、筛选、存储、利用、分析。在数字孪生领域也不例外。然而,在实际的发展中,B 端以及 G 端用户对于数据的重视程度已经达到前所未有的高度。就算在同一个数字孪生系统之中,不同部门之间的数据也是分级管理的。区块链用一种低成本的信任方式把跨信任主体链接了起来。那么,如果有一种可以在多主体间共赢,同时又不触碰协作方数据隐私的方式,就可以最大限度地降低信任成本,同时大幅提高合作意愿。

隐私计算的概念最早是在 2016 年被提出的。隐私计算是面向隐私信息全生命周期保护的计算理论和方法,是隐私信息的所有权、管理权和使用权分离时隐私度量、隐私泄漏代价、隐私保护与隐私分析复杂性的可计算模型与公理化系统[225]。隐私计算是从数据的产生、收集、保存、分析、利用、销毁等环节中对隐私进行保护的方法。在数字孪生的区块链底层构造中,也用到了隐私计算的方法。比如对于一些敏感的数据,选用一种方式不直接把数据全部存在链上,通过符合国家密码法的加密手段,存储可以验证文件或者数据真实性的 Hash,类似于一种数据指纹;或者也可以使用类似于非对称加密的方法,对于数据利用公钥进行加密,通过分级的私钥签名才能进行解密,从而保证链上存储的信息安全。数字孪生会是一个大规模的数据交融应用场景,数字孪生城市与所有合作伙伴的数据安全需要得到保障。集中化、规模化的数据中心可能出现问题也并非危言耸听。就在 2019 年 2 月,由于阿里云代码托管平台的项目权限设置存在歧义,导致开发者操作失误,造成至少 40 家以上企业的 200 多个项目代码泄露,其中涉及万科集团、咪咕音乐、51 信用卡旗下 51 足迹、百度无人车合作伙伴 ecarx 等知名企业。

区块链技术与隐私计算在多个领域擦出了火花。其中一个可信计算最早由可信赖运算平台联盟提出。其主要思路是在计算机硬件平台上引入安全芯片架构,通过提供的安全特性来提高终端系统的安全性。由全球平台组织提出的概念可信执行环境(Trusted Execution Environment,简称 TEE),在移动设备主处理器上设置一个安全区域,保证加载到该环境内部的代码和数据的安全性、机密性以及完整性。然而,笔者在实际与各大厂商交流过程中发现,TEE 其实某种意义上也是一种枷锁。一旦一个项目应用了 TEE,类似于一个加密盒子一样的硬件,那么后续的所有的数据出入口都是由这个盒子也就是这个加密硬件把控。这样其实在很大程度上增加边际成本。有客户反映,TEE 把所有云计算带来的优势全部锁死在线下,所有数据要到线下的盒子中去读取,大大降低了效率。另一个是基于 MPC(安全多方计算,Secure Multi-Party Computation)的方式。MPC 是一种在无可信第三方的情况下,安全地计算一个约定函数的方式,计算参与方只需参与计算协议,无须依赖第三方就能完成数据计算,并且各参与方拿到计算结果后也无法推断出原始数据[226]。MPC 源于"图灵奖"获得者姚期智院士的百万富翁问题,后来魏茨曼科学研究院的 Oded Goldreich 教授进行了比较细致系统的论述[227]。当前 MPC 的问题主要在于性能和效率,大部分现有的 Demo 实现都是基于 Semi-honest 模型,更强的 Malicious-security 模型性能更低。不过随着区块链技术、5G 技术的发展,安全多方计算会在数字孪生城市里有更多应用。

区块链和安全多方计算在技术特点上具有一定程度的重合,又各有自己独特的一面。区块链的数字签名、不可篡改、可追溯、去中心化等优点,结合安全多方计算的输入隐私性、计算正确性、去中心化等特征,有可能构成了下一代数字孪生"共享智能"的计算服务平台,实现去中心化、数据保护、联合计算等综合特点[228]。其他隐私计算还包括联邦学习、迁移学习等。各种方式其实都是为了更好地保护数据的隐私性,让参与方在不共享数据的基础上联合建模,能从技术上打破数据孤岛,实现 AI 协作[229]。这些新型的计算方法都有可能与区块链进行深度融合,从而对数字孪生城市上层业务形成强有力的技术支撑。

6.3.4　区块链与孪生城市的未来展望

1）共智蓝图设想

"共享智能"在未来的数字孪生城市建设中会成为一个可期的现实。安世在成立数字孪生实验室之后,就把共智作为数字孪生体最终的目标。在他们的设计中,"共智"是通过云计算技术实现世界上所有数字孪生体智慧的交换和共享。其隐含的前提是单个数字孪生体内部各构件的智慧首先是共享的。多个数字孪生单体可以通过"共智"形成更大的数字孪生体。这种"共智"不仅仅是信息和数据的交换,而是需要通过不同孪生体之间的多种学科耦合仿真才能让思想碰撞,才能产生智慧的火花[230],如图 6-8 所示。

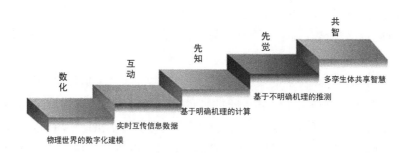

图 6-8　数字孪生发展路径设想

从可期的未来来看,数字孪生体之间的共智是能够大幅提高数字孪生建设水平的一个协作手段。一个新的数字孪生城市在开发、建设、管理、运营的过程中,不可避免地会遇到很多新的问题。如果能够基于多个数字孪生体之间的数据共享、算法共享、智能共享,将会大幅降低数字孪生城市的建设成本。

2）共智架构构想

共智的实现过程可能需要多种新兴技术的融合。首要的是能够进行局部问题的共享智能。比如一个数字孪生城市大脑遇到了一个紧急的地震预测孪生任务,那么这项任务的执行就需要联合多个数字孪生体多个学科维度进行共享智能。

首先提出一个粗略的架构设想:

比如第一步联通城市内 3 个子孪生园区的底层区块链系统,形成一个横向的数据融合以及纵向的数据穿透多维度可信数据支撑。

第二步运用 AI 知识图谱的方法，快速筛选出可能涉及的不同子链，预测任务之间的关系，动态建立起知识图谱的关联性模型，从而完成对地震预测孪生任务的分析。

第三步运用大数据和智能合约技术从自身多维数据支撑系统里抽取出可信的数据，部署强关联以及强监管的智能合约，方便联动模拟。

第四步联通数字孪生系统，进行预测孪生，并且实时地在数字孪生的模型里展示出来。与之配套的大数据分析、知识图谱关联性分析、区块链底层数据、人工智能算法以及模拟的参数都可以作为可插拔的联合工具集，进行不同量级的模拟。

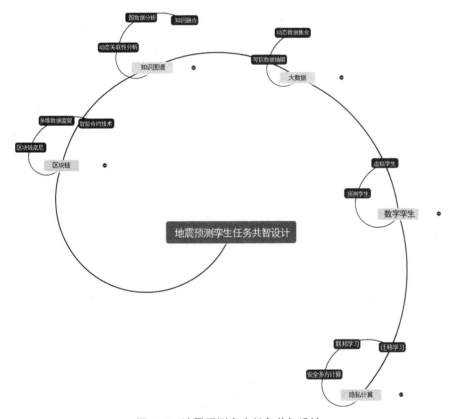

图 6-9　地震预测孪生任务共智设计

第五步把已经完成预测孪生的模型与不同数字孪生城市进行安全多方计算、联邦学习或者迁移学习，共同提高数字孪生的地震预测模型精度。多个数字孪生城市体之间的数据不用公开给对方，在隐私保护的同时多方的预测模型质量都会有提升。同时每一条数字孪生底层的区块链数据，都可以在不用确切知道任意城市任何单一数据的具体数字情况下，从横向融合以及纵向穿透去验证任意城市任意子链上的一个数据的合法性与准确性，从而可以形成园区与园区、城市与城市、国家与国家之间的共享智能。

在各种新技术的融合创新下，智慧城市将会建立在无线城市、数字孪生城市、宽带城市、感知城市的基础之上,资源匹配更加优化、能源使用更加节约、经济发展更加绿色、人与自然更加和谐,而这些恰恰是以区块链为代表的新技术发展的真正使命,只有将区块链技术充分融合到城市未来发展的每个角落,才能真正助推数字孪生城市朝着更加高效、便捷、宜居、安全的方向发展,才能让百姓真正从科技的高速发展中切切实实得到实惠。

参 考 文 献

［1］中国信息通信研究院.数字孪生城市研究报告(2019 年)[EB/OL].(2021-01-26)
　　［2019 - 10 - 30］. http://www. caict. ac. cn/kxyj/qwfb/bps/201910/t20191011 _
　　219155.htm.

［2］周瑜,刘春成.雄安新区建设数字孪生城市的逻辑与创新[J].城市发展研究,2018,25
　　(10):60-67.

［3］李柏松,王学力,王巨洪.数字孪生体及其在智慧管网应用的可行性[J].油气储运,
　　2018,37(10):1081-1087.

［4］刘大同,郭凯,王本宽,等.数字孪生技术综述与展望[J].仪器仪表学报,2018,39
　　(11):1-10.

［5］杨洋.数字孪生技术在供应链管理中的应用与挑战[J].中国流通经济,2019,33(6):
　　58-65.

［6］达索系统[EB/OL].(2021-01-26)[2021-01-26].https://www.3ds.com/zh/.

［7］泰瑞数创[EB/OL].(2021-01-26)[2021-01-26].http://www.smartearth.cn/.

［8］陶飞,刘蔚然,张萌,等.数字孪生五维模型及十大领域应用[J].计算机集成制造系
　　统,2019,25(1):1-18.

［9］徐辉.基于"数字孪生"的智慧城市发展建设思路[J].人民论坛·学术前沿,2020(8):
　　94-99.

［10］范如国.复杂网络结构范型下的社会治理协同创新[J].中国社会科学,2014(4):
　　98-120.

［11］章政,柴洪峰,孙权.基于复杂系统工程思想的智慧医疗模式研究[J].科技进步与对
　　策,2018,35(24):36-40.

［12］钱学森,于景元,戴汝为.一个科学新领域:开放的复杂巨系统及其方法论[J].自然杂
　　志,1990,12(1):3-10.

［13］段汉明,余淑君.智慧类型、钱学森智慧与智慧城市[J].智能城市,2020,6(6):
　　20-24.

［14］段汉明.钱学森复杂巨系统理论与城市系统的复杂性[M].上海:上海交通大学出版
　　社,2016.

［15］吴德华,杨冰.基于复杂性科学的智慧城市建设方法研究[J].电脑知识与技术,2019,

15(33)：237-238.

[16] 张菊馨.智慧城市建设分析[C]//2016 国际园林景观规划设计大会论文集.厦门，2016：198-201.

[17] 唐怀坤，刘德平.智慧城市复杂巨系统分析[J].中国信息化，2020(9)：47-49.

[18] 顾洁.复杂系统视角下的智慧城市生态分析与推进思路[J].上海城市管理，2019，28(2)：18-23.

[19] 单志广.智慧城市建设要避免设计局限化[J].中华建设，2015(8)：22.

[20] 中国信息通信研究院.数字孪生城市研究报告(2018 年)[EB/OL].(2021-01-26)[2018-12-31].http://www.caict.ac.cn/kxyj/qwfb/bps/201812/t20181218_190859.htm.

[21] 面向可持续性设计的建筑信息模型[C]//工程三维模型与虚拟现实表现：第二届工程建设计算机应用创新论坛.中国上海，2009：11.

[22] 吴吉明.建筑信息模型系统(BIM)的本土化策略研究[D].北京：清华大学，2011.

[23] 魏来.建筑信息模型(BIM)与《绿色建筑评价标准》的相关性分析[J].建设科技，2019(16)：20-25.

[24] 王龙.BIM 技术在建筑结构设计中的应用[J].住宅与房地产，2019(21)：68.

[25] 王宝令，郝聪慧.从建筑信息模型到城市信息模型[J].科技风，2019(21)：118.

[26] 邱嘉文.智慧城市整体建模技术初探[J].中国科技资源导刊，2016，48(5)：35-41.

[27] 王文跃，李婷婷，刘晓娟，等.数字孪生城市全域感知体系研究[J].信息通信技术与政策，2020(3)：20-23.

[28] 周奎翰，李刚，田亚娜.数字孪生城市中边云协同互联方案[J].数字化用户，2019，25(26)：139.

[29] 崔颖.智慧城市建设进入第三次浪潮 助力城市高质量发展[J].区域治理，2019(15)：10-13.

[30] 张育雄.数字化浪潮下城市治理：从精细化向智能化变迁[J].电信网技术，2018(3)：9-11.

[31] 张辉.智慧城市发展特点与趋势分析构建城市智慧生态[J].科学与财富，2019(18)：4.

[32] 周澈思.资源型城市生态文明建设存在的问题及对策研究：以郴州市为例[D].湘潭：湘潭大学，2017.

[33] 方维慰.江苏生态城市建设的路径措施与主攻方向[J].金陵科技学院学报(社会科学版)，2019，33(3)：1-5.

[34] 马世骁，王一，杨明泽.智慧城市视角下的低碳生态城市建设[J].沈阳建筑大学学报(社会科学版)，2018，20(6)：574-578.

[35] 百度百科.智慧国家 2025[EB/OL].(2021-01-26)[2016-01-16].https://baike.baidu.com/item/%E6%99%BA%E6%85%A7%E5%9B%BD%E5%AE%B62025/15419288? fr=aladdin.

［36］袁伟华.智能城市 开启新篇［N］.河北日报，2018-05-29(T07).

［37］雄安新区：构建高效、智能、绿色交通网［J］.中国公路，2018(9)：14-15.

［38］河北雄安新区规划纲要［EB/OL］.（2021-01-26）［2018-04-21］.http：//www.
xiongan.gov.cn/2018-04/21/c_129855813.htm.

［39］董庆.浅谈工程结构健康监测［J］.城市建设理论研究(电子版)，2014(36)：1717.

［40］杨海斌，姜长泓.基于 WSN 的建筑物结构健康监测系统［J］.吉林农业科技学院学报，
2014，23(1)：38-41.

［41］刘天龙.基于物联网的建筑健康监测方法研究［J］.物联网技术，2014，4(6)：86-87.

［42］许彪，张耀洲.城市道路智能交通中物联网技术应用探讨［J］.智能建筑电气技术，
2020，14(3)：25-27.

［43］张伯昆，马原.物联网无线网络技术在智能交通中的应用［J］.电子制作，2020(7)：
91-92.

［44］王庆贺，何威.无线传感网气象监测系统的设计与实现［J］.电子设计工程，2020，28
(8)：99-103.

［45］亓东霞，王馨，朱大铭，等.大数据在气象行业中的应用探讨［J］.数字技术与应用，
2017(10)：233-234.

［46］曹华杰，刘源.北斗/GPS 伪卫星定位系统中信号跟踪算法研究［J］.计算机技术与发
展，2017，27(9)：179-181.

［47］百度百科.2000 国家大地坐标系［EB/OL］.（2021-01-26）［2021-01-25］.https：//
baike.baidu.com/item/2000%E5%9B%BD%E5%AE%B6%E5%A4%A7%E5%9C%
B0%E5%9D%90%E6%A0%87%E7%B3%BB/7262512? fr＝aladdin.

［48］邓权.GPS 辅助空中三角测量在大比例尺地形图测图中的应用：以四川某测区 1：500
地形图测图为例［D］.成都：成都理工大学，2009.

［49］陈锐志，陈亮.基于智能手机的室内定位技术的发展现状和挑战［J］.测绘学报，2017，
46(10)：1316-1326.

［50］裴凌，刘东辉，钱久超.室内定位技术与应用综述［J］.导航定位与授时，2017，4(3)：
1-10.

［51］董学明，李厚鹏.基于 1588V2 协议的视频同步显示方法和装置及拼接显示系统：
CN105491433B［P］.2019-05-17.

［52］百度百科.时钟同步［EB/OL］.（2021-01-26）［2020-12-15］.https：//baike.baidu.
com/item/%E6%97%B6%E9%92%9F%E5%90%8C%E6%AD%A5/3601484? fr
＝aladdin.

［53］范庆宝，马睿，王振宇.时钟同步系统：CN202957986U［P］.2013-05-29.

［54］百度百科.网络授时［EB/OL］.（2021-01-26）［2019-12-22］.https：//baike.baidu.
com/item/%E7%BD%91%E7%BB%9C%E6%8E%88%E6%97%B6.

［55］黄帅豪.水泥智能控制云平台数据管理子系统研究［D］.济南：济南大学，2018.

[56] 胡昌军，徐一军，汪建华. 时钟同步技术的发展前景[J]. 电信网技术，2010（10）：58-61.

[57] 续博雄. 基于Cortex-M3处理器基站GPS时钟同步系统设计与实现[D]. 北京：北京工业大学，2014.

[58] 尚浩，宋晓帅，李虎，等. 济南泉域岩溶地区多源多尺度数据三维耦合模型及应用[J]. 地质学刊，2019，43（3）：385-392.

[59] 王玲莉，戴晨光，马瑞. GIS与BIM集成在城市建筑规划中的应用研究[J]. 地理空间信息，2016，14（6）：75-78.

[60] 邓晓. 基于建筑信息模型（BIM）的工程管理[J]. 企业改革与管理，2015（10）：30.

[61] 谢博全，吴嘉敏，雷鹰. 基于BIM+3DGIS的城市基础设施物理信息融合智能化管理研究[J]. 智能建筑与智慧城市，2020（3）：9-13.

[62] 邵彦. 建设项目信息系统集成管理理论与方法研究[D]. 武汉：武汉理工大学，2006.

[63] 周成，孙恺庭，李江，等. 基于数字孪生的车间三维可视化监控系统[J]. 计算机集成制造系统，2020-08-17.

[64] 宋美娜，崔丹阳，鄂海红，等. 一种通用的数据可视化模型设计与实现[J]. 计算机应用与软件，2017，34（9）：38-42.

[65] 韩征，郭萌，秦俊生，等. 首都地质资源环境承载能力监测预警信息平台建设思路[J]. 城市地质，2017，12（2）：1-6.

[66] 吴永. 全球数字经济十大发展趋势[N]. 经济参考报，2018-09-18（8）.

[67] 于良. 世界主要国家和地区网络空间竞争的主要举措与政策建议[J]. 全球科技经济瞭望，2018，33（Z1）：30-34.

[68] 刘博宜. 智慧城市建设背景下株洲市渌口区政务公开问题研究[D]. 长沙：湖南大学，2019.

[69] 孙凯，郭涛. 基于数据运营的新型智慧城市发展模式分析[J]. 地理空间信息，2020，18（4）：27-30.

[70] 成竹. 重庆市江津区新型智慧城市建设问题与对策研究[D]. 武汉：武汉大学，2019.

[71] 韦颜秋，李瑛. 新型智慧城市建设的逻辑与重构[J]. 城市发展研究，2019，26（6）：108-113.

[72] 余丽燕. 工行江西省分行农村金融市场拓展研究[D]. 南昌：江西财经大学，2015.

[73] 田鹏颖. 坚持"两个毫不动摇"奏响非公有制经济发展新乐章[N]. 光明日报，2020-07-10.

[74] 卫浩. 拉萨市智慧城市建设探析[J]. 环球市场，2018（36）：269.

[75] 本报评论员. 以供给侧结构性改革持续激发新动能："全力做好下半年经济工作"系列谈之二[N]. 经济日报，2020-08-04（1）.

[76] 李晓燕. 数字小流域构建的理论、技术及应用研究[D]. 咸阳：西北农林科技大学，2002.

［77］李竞闻. 湖北出台方案推动城市建设绿色发展［N］. 中国城市报，2018-01-29(10).

［78］百度百科. 国家优质工程奖［EB/OL］.（2021-01-25）［2021-01-25］. http://baike. baidu.com/view/3397455.html.

［79］吴明亮. 打造智慧南京升级版 更好服务发展服务民生［N］. 南京日报，2018-04-13 （A01）.

［80］王青娥，柴玄玄，张譞. 智慧城市信息安全风险及保障体系构建［J］. 科技进步与对策，2018，35(24)：20-23.

［81］柳霞，张发平. 舟山建设智慧社区的对策思考［J］. 农村经济与科技，2018，29(23)：249-251.

［82］浙江省咨询委决策咨询研究中心. 借鉴国际一流湾区经验 加快浙江湾区经济发展［J］. 决策咨询，2017(6)：21.

［83］张育雄. 数字孪生带来的城市治理模式变革［N］. 人民邮电，2017-12-22(6).

［84］周挺. 推动福州新型智慧城市建设的思考［J］. 福州党校学报，2019(2)：66-69.

［85］张育雄. 数字孪生推动智慧城市高质量发展［N］. 人民邮电，2019-02-26(6).

［86］陈才. 数字孪生城市的理念与特征［N］. 人民邮电，2017-12-15(6).

［87］卜玉江. 扬州智慧城市建设中的问题与对策研究［D］. 扬州：扬州大学，2016.

［88］史杰. 扬州市智慧城市建设问题研究［D］. 扬州：扬州大学，2016.

［89］杨晓娟. 综合管廊施工阶段安全管理分析［D］. 兰州：兰州交通大学，2019.

［90］薛惠锋. 钱学森智库论当代中国仿真的融合发展之路［J］. 中国航天，2018(7)：16-20.

［91］谢海啸，李媛敏，王强，等. 新型智慧城市业务与声频工程探讨［J］. 智能建筑，2016 （12）：49-57.

［92］何军. 智慧城市顶层设计与推进举措研究：以智慧南京顶层设计主要思路及发展策略为例［J］. 城市发展研究，2013，20(7)：72-76.

［93］廖晓红. 数字孪生及其应用跟踪［J］. 广东通信技术，2019，39(7)：13-16.

［94］白天宝. "互联网＋"时代大数据成就智慧城市［J］. 数码世界，2018(9)：114.

［95］陆杰，周起如，余丽丽. 用于智慧城市的公共信息管理系统：CN111459930A［P］. 2020-07-28.

［96］刘柯妗. 重庆市南岸区智慧城市建设现状与对策研究［D］. 重庆：重庆大学，2015.

［97］祝荣. 合肥市智慧城市建设的问题与对策［D］. 合肥：安徽大学，2014.

［98］左芸. 数字经济时代的智慧城市与信息安全［J］. 中国信息安全，2019(11)：

［99］李谷. 智慧城市背景下有线网络企业战略转型及对策研究：以 ABC 公司为例［D］. 南京：东南大学，2018.

［100］容晓峰，杜志强，袁峰，等. 智慧城市信息安全保障体系的设计方法：CN105096229A ［P］. 2015-11-25.

［101］田春. 全媒体融合平台安全体系建设［J］. 中国新通信，2018，20(8)：149-150.

［102］鲁冰. 基于云技术的文献信息体系支持系统［C］//2010 全国文档信息处理学术会议

论文集.北京,2010:246-249.

[103] 胡昌琪.标准化促推智慧城市建设[C]//标准化改革与发展之机遇:第十二届中国标准化论坛论文集.杭州,2015:1807-1811.

[104] 任敏.追梦想,创新思路促发展,地理信息共享平台助力智慧西安建设[C]//2014中国地理信息产业大会论文集.成都,2014:1-7.

[105] 李蔚,冯晓良.基于"互联网+"的绿色低碳技术在智慧城市中的集成应用[C]//2016中国国际建筑电气节能技术论坛论文集.武汉,2016:1-7.

[106] 戴剑.金智智能经营环境及战略分析[D].上海:复旦大学,2011.

[107] 孙岩.智能家居系统技术研究及应用[J].现代建筑电气,2016,7(5):17-21.

[108] 胡黎明,王东伟.直面挑战 实现向智慧城市的跨越[J].智能建筑,2014(4):73-74.

[109] 周逢权.配网智能化促进智慧城市建设[N].国家电网报,2014-10-23.

[110] 欧舟,张昕,徐巍.城市智慧道路建设与思考[C]//2019年中国城市交通规划年会论文集.成都,2019:1386-1395.

[111] 余有刚.基于SWOT分析的N工程公司发展战略研究[D].郑州:河南农业大学,2014.

[112] 林云志,祁小兵,陈浪先,等.基于综合监控系统数据的城市地铁3D运维平台应用研究[J].机电工程技术,2018,47(10):39-42.

[113] 丁冬.大数据可视化决策系统在智慧城市领域应用研究[C]//2016中国自动化学会智能建筑与楼宇自动化专业委员会年会暨工作会议论文集.北京,2016:84-89.

[114] 谢俊涛,郝俊华.浅析智慧物管建设理念与策略[J].通信电源技术,2016,33(2):149-151.

[115] 胡世昌,张茹.基于虚拟现实技术的数据中心可行性研究[J].中国新通信,2018,20(5):51.

[116] 吴竞.某银行数据中心可视化管理系统的设计与实现[D].北京:北京工业大学,2016.

[117] 沈育祥,蔡增谊,王玉宇,等.一种建筑大脑的架构:CN110942287A[P].2020-03-31.

[118] 胡希捷,赵旭峰.中国交通40年[J].中国公路,2018(15):52-61.

[119] 张寿龙.智慧水务顶层规划及应用[J].建设科技,2018(23):77-80.

[120] 推动建筑业转型升级 提升"南京制造"品牌[N].南京日报,2018-04-25.http://njrb.njdaily.cn/njrb/html/2018-04/25/content_497311.htm? div=-1.

[121] 王辉,张宇.一种具有清洁功能的便于更换的智慧管廊监控装置:CN108343828B[P].2020-02-18.

[122] 蔡宏宇.多数据融合技术的管廊智慧化研究[J].自动化与仪器仪表,2018(1):157-159.

[123] 乔新杰.浅析历史文化街区传承创新中应关注的几点新变化[J].数字化用户,2018,

24(51)：227,234

[124] 聂伟庆,汪贤德.丰城全力推进开放型经济[N].江西日报,2011-05-04.

[125] 翁毅.青海省高等级公路信息化建设的回顾与展望[C]//中国公路学会养护与管理分会成立大会论文集.南宁,2009：250-253.

[126] 谢玮成.浅谈"智慧工地"的应用与发展[J].中国房地产业,2017(23)：43.

[127] 舒文琼.智慧城市建设：技术为先还是回归应用?[J].通信世界,2015(32)：20.

[128] 邱春凤,肇慧茹.建设智慧小城 打造宜居环境[J].有线电视技术,2018,25(3)：83-84.

[129] 乔健成,杨乌拉,王艳辉,等.一种应急处理方法和装置：CN108881771B[P].2019-08-27.

[130] 阮重晖,李明超,朱文晶.智慧城市建设的商业模式创新研究[J].浙江学刊,2015(6)：216-221.

[131] 刘辉.智慧城市评价指标体系构建研究与应用[D].北京：中国科学院大学,2018.

[132] 宫攀,赵杰美.基于新标准的青岛市智慧城市建设水平评价[J].国土资源科技管理,2017,34(5)：82-89.

[133] 罗力.全球智慧城市评价指标体系发展和比较研究[J].城市观察,2017(3)：126-136.

[134] 阎正平.大庆建设智慧城市发展战略研究[D].哈尔滨：哈尔滨工业大学,2014.

[135] 李超民.智慧社会建设：中国愿景、基本架构与路径选择[J].宁夏社会科学,2019(2)：118-128.

[136] 牟红光,黄金平.智慧城市信息安全保障体系构建[J].信息化建设,2016(11)：239.

[137] 韩言锋,韩雅静,张滨娜.利用BIM技术的项目管理模式研究[J].建筑工程技术与设计,2017(7)：1937.

[138] 甄龙,徐辉,陶李,等.电厂"智慧工地"的建设与应用[J].电力勘测设计,2020(S1)：188-193.

[139] 王友群.BIM技术在工程项目三大目标管理中的应用[D].重庆：重庆大学,2012.

[140] 张并锐.江苏省数字工地智慧安监的应用分析[J].建筑技术开发,2019,46(7)：47-50.

[141] 邢进才.浅谈基于BIM的建筑工程进度、质量、安全管理[J].建筑工程技术与设计,2017(10)：3825.

[142] 百度百科.安全管理组织机构[EB/OL].(2021-01-26)[2017-12-19].https://baike.baidu.com/item/%E5%AE%89%E5%85%A8%E7%AE%A1%E7%90%86%E7%BB%84%E7%BB%87%E6%9C%BA%E6%9E%84/6580884? fr = aladdin.

[143] 施红军,陶传峰,林彬.BIM技术在五里桥商办项目中的全过程应用[J].建筑技术开发,2019,46(18)：79-81.

[144] 杨苏云.昆明机场转场期固定资产投资研究[D].成都：西南财经大学,2009.

[145] 喻兰.BIM技术与工程项目成本控制探讨[J].城市建设理论研究(电子版),2015

(9)：1467.

[146] 刘文龙，孟祥龙. 一种古建筑管理系统：CN111222190A[P]. 2020-06-02.

[147] 百度百科. BIM[EB/OL]. (2021-01-26)[2021-01-25]. https://baike.baidu.com/
item/%E5%BB%BA%E7%AD%91%E4%BF%A1%E6%81%AF%E6%A8%A1
%E5%9E%8B/5034795? fromtitle = BIM&fromid = 9526764.

[148] 张雄. 浅析 BIM 技术在装配式建筑中的应用[J]. 建筑与装饰，2018(8)：184.

[149] 秦莹. 基于 BIM 技术的工程项目投资控制[J]. 科技创新导报，2016，13(23)：41-42.

[150] 黄杰，吴涛. BIM 在人防工程中的应用研究[J]. 土木建筑工程信息技术，2016，8
(3)：74-77.

[151] 胡永发. BIM 技术在大型复杂旅游项目施工中的应用研究[D]. 广州：广东工业大
学，2017.

[152] 杨天雷. 基于 BIM 技术的建筑工程项目施工管理研究[D]. 郑州：华北水利水电大
学，2015.

[153] 贾朋，李振波. 基于 BIM 抽水蓄能电站施工进度可视化仿真的研究与探讨[J]. 科技
创新与应用，2018(30)：70-72.

[154] 陈华安. 晋江市地下管线数据采集与建库的方法探讨[J]. 测绘与空间地理信息，
2013，36(10)：260-262.

[155] 刘勇，张韶月，柳林，等. 智慧城市视角下城市洪涝模拟研究综述[J]. 地理科学进展，
2015，34(4)：494-504.

[156] 朱祖乐. 基于 WebGL 的郑州市区积水路段暴雨洪水三维场景模拟[D]. 郑州：郑州大
学，2016.

[157] 汪再军，李露凡. 基于 BIM 的既有建筑运维管理系统设计及实施研究[J]. 建筑经济，
2017，38(1)：92-95.

[158] 王备民. 基于"互联网＋"的 BIM 全生命周期建筑信息化应用探索[J]. 绿色建筑，
2017，9(4)：60-63.

[159] 张泽鑫. 基于 BIM 的绿色住宅设计：以 LEED 认证为目标[D]. 天津：河北工业大
学，2014.

[160] 冯延力. 基于 BIM 的设施运维管理系统的开发与应用[C]//大数据时代工程建设与
管理——第五届工程建设计算机应用创新论坛论文集. 上海，2015：181-190.

[161] 顾建祥，杨必胜，董震，等. 面向数字孪生城市的智能化全息测绘[J]. 测绘通报，
2020(6)：134-140.

[162] 贺仁龙. "5G＋产业互联网"时代数字孪生安全治理探索[J]. 中国信息安全，2019
(11)：33-36.

[163] 邵晔. 传统机械设备制造企业的战略管理研究：以森松中国为例[D]. 上海：华东理
工大学，2017.

[164] 姚玉秀，尚丹. 5G 商用 赋能生活[J]. 信息系统工程，2019(11)：5-8.

[165] 陈泓汲，王凯，杨艳冉，等. 一种智慧城市三维综合指挥中心：CN110825728A[P]. 2020-02-21.

[166] 周翔，林华，罗克刚. 一种平安城市安保管理系统：CN103778495A[P]. 2014-05-07.

[167] 艾卫琦. 彩电产品："超高多"定义屏价值[N]. 中国电子报，2020-07-28(8).

[168] "智"在天津滨海 推动高质量发展[N]. 人民日报，2019-05-23.

[169] 刘刚，谭啸，王勇. 基于"数字孪生"的城市建设与管理新范式[J]. 人工智能，2019，6(6)：58-67.

[170] 赵孟伟. 黑龙江省公路水路安全畅通与应急处置系统工程设计[J]. 中国交通信息化，2015(7)：83-86.

[171] 黄凯. 金义都市新区智慧综合管廊管理平台的设计与研究[J]. 科学与信息化，2019(27)：132-133.

[172] 卢拉沙. 智慧政府视角下南沙新区政府大数据应用研究[D]. 广州：华南理工大学，2019.

[173] 刘琪，洪高风，邱佳慧，等. 基于5G的车联网体系架构及其应用研究[J]. 移动通信，2019，43(11)：57-64.

[174] "智引城管，慧及城市"新探索[J]. 中国建设信息化，2016(17)：52-54.

[175] 汪芳，张云勇，房秉毅，等. 物联网、云计算构建智慧城市信息系统[J]. 移动通信，2011，35(15)：49-53.

[176] 杨钊，葛亮. 智慧城管平台建设研究[J]. 中国科技信息，2020(20)：106-107.

[177] 贾晓丰. 智慧城市基础运行管理的信息协同体系研究[D]. 北京：中国科学院大学，2015.

[178] 王斌，葛迪，李峙，等. 基于SA组网的5GC网络信令数据采集方法探讨[J]. 邮电设计技术，2020(5)：27-30.

[179] 高谦，冯慧琼. 面向5G无线通信系统的关键技术探讨[J]. 数字化用户，2019，25(27)：19-20.

[180] 杨理. 基于认知无线电的传感网信道分配算法研究[D]. 重庆：重庆邮电大学，2019.

[181] 赵晖，彭广成，吴彦铭. 5G智慧校园应用[J]. 江西通信科技，2020(1)：18-20.

[182] 李明春. 放飞物联网[J]. 中国新通信，2019，21(5)：47-49.

[183] 曹三省. 面向全媒体格局的智能融媒体创新发展路径[J]. 领导科学论坛，2019(16)：60-81.

[184] 朱常波，程新洲，叶海纳. 5G + 大数据赋能智慧城市[J]. 邮电设计技术，2019(9)：1-4.

[185] 李彬. 5G无线通信技术的优势及关键技术分析[J]. 电脑迷，2018(23)：160.

[186] 孙鑫，王欢. 浅析5G无线通信网络物理层关键技术[J]. 通讯世界，2019，26(10)：192-193.

[187] 朱常波，郭中梅，孙亮. 5G重塑城市智能体系，开启智慧城市新征程[J]. 邮电设计技

术，2020(2)：1-4.

[188] 张超．云南移动与高校共建 5G 创新示范中心［N］．人民邮电，2020-07-02.

[189] 王茗倩，顾卫杰，曹帅，等．高职物联网专业群课程思政教学实践机制探索［J］．常州信息职业技术学院学报，2020，19(2)：18-23.

[190] 孙玲，毛峥．产业园区回归本质 科技赋能智慧园区：北京经开关于产业园区发展的回顾与前瞻［J］．中国科技产业，2020(3)：25-28.

[191] 孙亮，郭中梅，单斐，等．5G 时代智慧城市概念模型的研究与思考［J］．邮电设计技术，2020(2)：9-12.

[192] 安红玲．宁夏电信本地网资源管理系统研究［D］．沈阳：东北大学，2007.

[193] 李跹宾．"数字烟台"地图正式启动 可三维立体俯瞰烟台全景［EB/OL］.(2021-01-26)[2011-03-25]. http://blog.sina.com.cn/s/blog_6d042c0b0100qk9x.html.

[194] 杨骅，王雪颖．5G 新基建打造数字社会新图景［J］．移动通信，2020，44(8)：66-72.

[195] 陈青元．5G 在智慧城市中的效益与挑战［J］．环球市场，2019(14)：385.

[196] 孙仁礼．人工智能影响下未来城市理想空间模式研究［D］．济南：山东建筑大学，2020.

[197] 陈婉玲，刘青松，林洁群．浅析人工智能在数字孪生城市中的应用［J］．信息通信技术与政策，2020(3)：16-19.

[198] 毛亮，朱婷婷，刘爽爽．成就智慧城市：AI 在安防行业的应用［J］．中国安防，2019(8)：29-33.

[199] 王家栋．人工智能在安防领域的深度应用［J］．中国公共安全(综合版)，2018(10)：38-40.

[200] 董志强．人工智能技术在智慧交通领域中的应用［J］．建筑工程技术与设计，2018(23)：937.

[201] 赵崇军．智慧交通领域中人工智能技术的应用分析［J］．法制博览，2019(2)：205-206.

[202] 新华网．习近平出席建成暨开通仪式并宣布北斗三号全球卫星导航系统正式开通 李克强韩正出席仪式［EB/OL］.(2021-01-26)[2020-07-31]. http://www.xinhuanet.com/2020-07-31/c_1126310703.htm.

[203] 章文．北斗三号全球系统核心星座建成意味着什么［N］．光明日报，2019-12-19(10).

[204] 刘邦奇．面向未来，构筑线上线下教学一体化新形态［N］．光明日报，2020-06-16.

[205] 明星．"AI＋教育"时代已来临［J］．中关村，2019(9)：68-71.

[206] 赵海峰．对学校信息化建设的认识和思考［J］．学周刊，2016(21)：133-134.

[207] 百度百科．互联网＋教育［EB/OL］.(2021-01-26)[2021-01-26]. http://baike.baidu.com/view/16960476.html.

[208] 吕红星．我国人工智能自适应教育行业前景广阔［N］．中国经济时报，2018-02-26(8).

[209] 李霞，李云，王菲．人工智能辅助成人远程教学的方式和途径［J］．山东广播电视大学学报，2020(2)：15-18.

[210] 王博.北斗技术将与人工智能、5G 通信深度融合,催生新业态[N].中国商报.2019-09-26(4).

[211] 张佳宁,陈才,路博.区块链技术提升智慧城市数据治理[J].中国电信业,2019(12):16-19.

[212] 李双飞.浅析普惠金融作为新形势下商业银行发展的必然选择:以中国建设银行普惠金融战略为例[J].商情,2019(2):72.

[213] 百度百科.江苏荣泽信息科技股份有限公司[EB/OL].[2020-04-07].https://baike.baidu.com/item/%E6%B1%9F%E8%8B%8F%E8%8D%A3%E6%B3%BD%E4%BF%A1%E6%81%AF%E7%A7%91%E6%8A%80%E8%82%A1%E4%BB%BD%E6%9C%89%E9%99%90%E5%85%AC%E5%8F%B8.

[214] 王剑,张辉.一种基于区块链的普惠金融服务平台及方法:CN111127188A[P].2020-05-08.

[215] 王和.数字孪生:重构金融风险治理范式[EB/OL].(2021-01-26)[2020-08-24].https://news.caijingmobile.com/article/detail/421495? source_id=40.

[216] 付小颖.区块链赋能政府治理的技术逻辑与应用路径[J].领导科学,2020(16):27-30.

[217] 葛祥麟,庞松涛,商广勇,等.一种基于区块链的城市管网的管理方法、设备及介质:CN111105334A[P].2020-05-05.

[218] Marrocco L, Ferrer E C, Bucchiarone A, et al. BASIC: towards a blockchained agent-based SImulator for cities[C]//Massively Multi-Agent Systems II.Stockholm:2019.

[219] 姜红德.区块链首创佛山"智慧+信用"城市[J].中国信息化,2017(7):40-41.

[220] 高绮桦,梁志毅.一个制造大市的区块链应用探索:禅城如何构建新型信用体系与智慧城市?[EB/OL].(2021-01-26)[2017-06-23].http://static.nfapp.southcn.com/content/201706/23/c501347.html.

[221] 韩志明.从"互联网+"到"区块链+":技术驱动社会治理的信息逻辑[J].行政论坛,2020,27(4):68-75.

[222] 张晨,曾途,吴桐,等.多版本知识图谱的存储方法、装置、存储介质及电子设备:CN111475602B[P].2020-07-31.

[223] A S. Introducing the Knowledge Graph: things, not strings[EB/OL].(2021-01-25)[2015-01-02].http://googleblog.blogspot.pt/2012/05/introducing-knowledge-graph-things-not.html.

[224] 百度百科.知识图谱[EB/OL].(2021-01-26)[2020-08-31].https://baike.baidu.com/item/%E7%9F%A5%E8%AF%86%E5%9B%BE%E8%B0%B1/8120012? fromtitle=knowledge%20graph&fromid=2305158.

[225] 百度百科.隐私计算模型[EB/OL].(2021-01-26)[2019-12-03].https://baike.baidu.com/item/%E9%9A%90%E7%A7%81%E8%AE%A1%E7%AE%97%E6%

A8％A1％E5％9E％8B.

[226] 徐云峰. 推动新一代隐私计算技术的研究和应用[N]. 中华读书报,2020-08-26(19).

[227] ODED G, A W. Secure Multi-Party Computation [J]. Information Security & Communications Privacy,2014.

[228] 王童. 基于区块链的隐私保护机制研究[D]. 西安:西安电子科技大学,2019.

[229] 刘毅,赵瑞辉. 分布式数据处理方法、装置、计算机设备及存储介质:CN111784002A [P]. 2020-10-16.

[230] 安世亚太数字孪生体实验室. 数字孪生体技术白皮书(2019)[EB/OL]. (2021-01-26) [2019-12-30]. http://www.peraglobal.com/content/details_155_20653.html.